EMIL@A-stat

Medienreihe zur angewandten Statistik

Karl-Heinz Waldmann • Ulrike M. Stocker

Stochastische Modelle

Eine anwendungsorientierte Einführung

Zweite, überarbeitete und erweiterte Auflage

Springer

Prof. Dr. Karl-Heinz Waldmann
Dr. Ulrike M. Stocker

Karlsruher Institut für Technologie
Institut für Operations Research
Karlsruhe
Deutschland
waldmann@kit.edu

ISBN 978-3-642-32911-1   ISBN 978-3-642-32912-8 (eBook)
DOI 10.1007/978-3-642-32912-8
Springer Heidelberg Dordrecht London New York

Die Deutsche Nationalbibliothek verzeichnet diese Publikation in der Deutschen Nationalbibliografie; detail-
lierte bibliografische Daten sind im Internet über http://dnb.d-nb.de abrufbar.

Gedruckt auf säurefreiem Papier

Springer ist Teil der Fachverlagsgruppe Springer Science+Business Media (www.springer.com)

Vorwort zur zweiten Auflage

Neu hinzugekommen ist ein umfangreiches Kapitel zu Markovschen Entscheidungsprozessen, das einen Einblick gibt in die optimale Steuerung von Markov-Ketten in diskreter und stetiger Zeit, bei endlichem, unendlichem und zufälligem Planungshorizont sowie unter Unsicherheit.

Karl-Heinz Waldmann
Ulrike M. Stocker

Karlsruhe, im Juni 2012

Vorwort zur ersten Auflage

Es hat sich gezeigt, dass auch in der Praxis immer häufiger Modelle benötigt werden, die zufällige Einflüsse adäquat erfassen. So gewinnt die Markov-Kette als einfachstes mathematisches Modell zur Beschreibung der zeitlichen Entwicklung stochastischer Phänomene zunehmend an Bedeutung.

In der vorliegenden Einführung wollen wir die Faszination, die von der Markov-Kette als Analyseinstrument ausgeht, an den Leser weitergeben. Dabei war es uns wichtig, dass neben der mathematischen Exaktheit die Anschauung nicht zu kurz kommt und der Leser immer wieder zur Entwicklung eigener Modelle angeregt wird. Dem Buch liegen umfangreiche Erfahrungen im Umgang mit stochastischen Modellen in Theorie und Praxis zugrunde. Hierzu zählen auch langjährige Erfahrungen aus Vorlesungen für Studierende des Wirtschaftsingenieurwesens und der Informationswirtschaft an der Universität Karlsruhe (TH).

Eine Besonderheit des Buches ist die Verknüpfung zweier Lehrmethoden: Neben der klassischen Vermittlung des Stoffes in Form von Sätzen, Beweisen, Beispielen und Aufgaben wird immer wieder auf rechnergestützte, meist interaktive Elemente verwiesen. Diese sind im Rahmen des BMBF-geförderten Projekts EMILeA-stat (`http:\\www.emilea.de`) entstanden und dienen dem leichteren und besseren Verständnis stochastischer Gesetzmäßigkeiten und deren Kenngrößen.

Karl-Heinz Waldmann
Ulrike M. Stocker

Karlsruhe, im Juni 2003

Inhaltsverzeichnis

Kapitel 1
Einführung

1

1

Einführung

Gestern hatte ich Glück! Die Warteschlange am Fahrkartenschalter war kurz. Nur zwei Personen warteten auf Bedienung. Auch sie wollten keine Beratung, sondern lediglich eine Fahrkarte. Schließlich stand ich viel zu früh auf dem Bahnsteig. Nun, wir wissen, es hätte auch ganz anders kommen können.

Die Anzahl wartender Kunden, die ich am Fahrkartenschalter antreffe, hängt vom Zufall ab: Von den zu zufälligen Zeitpunkten eintreffenden Kunden und deren Bedienungszeiten, die in der Regel auch eine zufällige Dauer haben. Wir haben es also mit der Überlagerung von zufälligen Einflüssen zu tun, die uns das Leben schwer machen können.

Unterstellen wir einmal, dass die mittlere Dauer zwischen zwei aufeinander folgenden Kundenankünften (sog. Zwischenankunftszeit) genauso groß ist wie die mittlere Bedienungszeit eines Kunden, wenn also im Mittel genau so viele Kunden ankommen wie bedient werden können, so ist das System - bei deterministischer Betrachtungsweise - im Gleichgewicht. Aber nicht bei stochastischer Betrachtungsweise. Ganz im Gegenteil. Die Warteschlange kann beliebig lang werden! Aber auch verschwindend kurz sein!

Müssen wir den Zufall so hinnehmen? Sicher nicht. Natürlich können wir ihn nicht ganz eliminieren; wir können aber Gesetzmäßigkeiten erkennen, sie analysieren und steuernd in das System eingreifen. Ihnen ist sicher aufgefallen, dass die Bahn ihre Fahrkartenausgabe neu organisiert hat: Statt separater Warteschlangen vor den einzelnen Schaltern eine gemeinsame Warteschlange mit Zuweisung zu freien Schaltern gemäß der Reihenfolge der Ankünfte.

Eine Verbesserung für den Kunden? Ohne Zweifel. Die mittlere Wartezeit eines Kunden hat sich auf diese Weise reduziert. Damit sind wir im Begriff, das Bedienungssystem „Fahrkartenausgabe" einer quantitativen Analyse zu unterziehen: Vergleich der Situation vor und nach der Umstellung im Hinblick auf die mittlere Wartezeit eines Kunden. Auch die Öffnung eines weiteren Schalters oder die Schließung eines Schalters hat einen Einfluss auf die mittlere Wartezeit eines Kunden. Aber welchen? Wird durch die Öffnung eines weiteren Schalters eine nennenswerte Reduktion der Wartezeit erreicht oder sind die Schalter ohnehin nicht ausgelastet und es wäre aus ökonomischer Sicht sogar angebrachter, einen Schalter zu schließen?

Dieses einfache Beispiel zeigt bereits, dass wir durchaus die Möglichkeit haben, ein System, das zufälligen Einflüssen unterliegt, zu steuern. Wir dürfen nur nicht den Fehler machen, das Ergebnis der Steuerung mit deterministischem Maßstab zu messen. Was wir erreichen können, ist, dass sich das System „im Mittel" so verhält, wie wir es uns vorgestellt haben. Aber nur im Mittel, nicht im Einzelfall. Damit kommen wir auf die uns bekannte Problematik des Erwartungswertes einer Zufallsvariablen. Der Erwartungswert gibt nur einen Durchschnittswert an, macht aber keine Aussagen über die möglichen Abweichungen von diesem Durchschnittswert. Das ist den höheren Momenten der Zufallsvariablen oder den Quantilen vorbehalten. Stochastische Modellbildung muss demzufolge beides berücksichtigen, Orientierung am Durchschnittswert und Eingrenzung der Streuung um den Durchschnittswert.

Auf unsere Fahrkartenausgabe lassen sich unmittelbar die klassischen Kenngrößen eines Bedienungssystems anwenden: Mittlere Anzahl der Kunden im System, mittlere Anzahl wartender Kunden, mittlere Wartezeit eines Kunden, Auslastung der Schalter, usw.. Diese Kenngrößen hängen noch vom Zeitpunkt t der Beobachtung ab. Daher betrachtet man das System häufig nur im „stationären Zustand", d.h. nach hinreichend langer Zeit, nach der sich das Verhalten des Systems stabilisiert hat. Voraussetzung ist natürlich, dass sich das Verhalten des Systems über die Zeit stabilisiert. Bezogen auf unsere Fahrkartenausgabe muss die mittlere Zwischenankunftszeit *größer* sein als die mittlere Bedienungszeit. Bei gleichlangen Dauern (Sie erinnern sich) geht die Stabilität verloren, die Warteschlange kann unendlich lang werden. Ist die mittlere Zwischenankunftszeit sogar kleiner als die mittlere Bedienungszeit, so wird die Warteschlange im Laufe der Zeit immer länger.

Die Kenngrößen stochastischer Systeme sind vorwiegend Erwartungswerte von Zufallsvariablen, deren Verteilungen auf der zeitlichen Entwicklung des Systems basieren. Daher wird es zunächst unsere Aufgabe sein, die zeitliche Entwicklung eines stochastischen Systems zu formalisieren. Das führt uns auf den Begriff des stochastischen Prozesses.

Betrachten wir hierzu das Bedienungssystem Fahrkartenschalter zu einem festen Zeitpunkt t. Dann lassen sich Kenngrößen wie z.B. die Anzahl der zum Zeitpunkt t wartenden Kunden durch eine Zufallsvariable X_t beschreiben. Sei I die Menge der möglichen Werte dieser Zufallsvariablen X_t. So könnte I im Falle der Anzahl der wartenden Kunden die Menge $\mathbb{N}_0 := \{0, 1, \ldots\}$ der nichtnegativen ganzen Zahlen sein. Denkbar ist auch eine beschränkte Anzahl M von Warteplätzen. Damit wäre $I = \{0, 1, \ldots, M\}$ für ein $M \in \mathbb{N} := \{1, 2, \ldots\}$.

Betrachten wird nun das System nicht mehr zu einem festen Zeitpunkt t, sondern zu den Zeitpunkten $t \in \mathbb{N}_0$. Dann entsteht eine Folge $X_0, X_1, \ldots$ von Zufallsvariablen. Eine solche Folge bezeichnet man als stochastischen Prozess und I als den Zustandsraum des stochastischen Prozesses. Die zeitliche Entwicklung von Kenngrößen eines Bedienungssystems kann somit durch einen stochastischen Prozess beschrieben werden. Wenden wir uns nun der Betrachtung dieser Prozesse zu.

Allgemein versteht man unter einem stochastischen Prozess eine Menge $\{X_t, t \in T\}$ von Zufallsvariablen. Die Indexmenge T ist häufig eine Menge von Zeitpunkten, zu denen das System betrachtet wird. Demzufolge spricht man im Falle von $T = \mathbb{N}_0$ von einem zeit-diskreten und im Falle $T = \mathbb{R}_+ := [0, \infty)$ von einem zeit-stetigen Prozess.

Auch in der Statistik haben wir es mit Mengen von Zufallsvariablen zu tun. Dort stehen diese aber in einem anderen Zusammenhang. Beispielsweise wird das arithmetische Mittel $\bar{X} = (X_1 + \ldots + X_n)/n$ einer Stichprobe vom Umfang n zur Schätzung des Erwartungswertes einer Zufallsvariablen X herangezogen. Dabei sind die Stichprobenvariablen $X_1, \ldots, X_n$ unabhängig und identisch verteilt.

Die Zufallsvariablen X_t, $t \in T$, eines stochastischen Prozesses hingegen sind abhängig. Beispielsweise hängt die Anzahl der zum Zeitpunkt t wartenden Kunden von der Vorgeschichte ab, also den bis dahin eingetroffenen Kunden und deren Bedienungszeiten. Dabei können unterschiedliche Grade der Abhängigkeit zwischen den Zufallsvariablen X_i beobachtet werden. Der Grad der Abhängigkeit beeinflusst den Aufwand, der zur Berechnung der zugehörigen Verteilungen notwendig ist. Dies hat wiederum Einfluss auf die Anwendbarkeit der Modelle.

Markov-Ketten sind besonders einfache zeit-diskrete stochastische Prozesse. Sie zeichnen sich durch ihre „Gedächtnislosigkeit" aus. Diese zentrale Eigenschaft (sog. Markov-Eigenschaft) besagt, dass die Vorgeschichte lediglich über den zuletzt beobachteten Zustand in die zukünftige Entwicklung des Prozesses eingeht. Liegen demzufolge die Werte $i_0, \ldots, i_{t-1}$ der Zufallsvariablen $X_0, \ldots, X_{t-1}$ vor, so hängt die Wahrscheinlichkeit, mit der die Zufallsvariable X_t den Wert i_t annimmt, nur von i_{t-1} und nicht von $i_0, \ldots, i_{t-2}$ ab; d.h.

$$P(X_t = i_t \mid X_0 = i_0, \ldots, X_{t-1} = i_{t-1}) = P(X_t = i_t \mid X_{t-1} = i_{t-1}),$$

und wir erhalten schließlich die rekursive Beziehung

$$P(X_t = i_t) \quad = \quad \sum_{i_{t-1} \in I} P(X_t = i_t \mid X_{t-1} = i_{t-1}) \cdot P(X_{t-1} = i_{t-1}).$$

Damit lässt sich die zeitliche Entwicklung einer Markov-Kette durch ihre Anfangswahrscheinlichkeiten $P(X_0 = i_0)$ und ihre Übergangswahrscheinlichkeiten $P(X_t = i_t \mid X_{t-1} = i_{t-1})$ vollständig beschreiben. Sind die $P(X_t = i_t \mid X_{t-1} = i_{t-1})$ unabhängig von t (man spricht dann von einer homogenen Markov-Kette), so vereinfacht sich die Situation weiter: Mit $P = (p_{ij})$, wobei $p_{ij} = P(X_t = j \mid X_{t-1} = i)$, lässt sich das Übergangsverhalten des Prozesses durch eine (stochastische) Matrix beschreiben und der Zeilenvektor $\pi(t)$ der Zustandswahrscheinlichkeiten $\pi_j(t) = P(X_t = j)$ ergibt sich aus dem Zeilenvektor $\pi(0)$ der Anfangswahrscheinlichkeiten $\pi_i(0) = P(X_0 = i)$ multipliziert mit der Matrix P^t, m.a.W. $\pi(t) = \pi(t-1)P = \pi(0)P^t$.

Für $t \to \infty$ konvergiert $\pi(t)$ häufig gegen eine Verteilung π. Die Verteilung π ist eine stationäre Verteilung. Sie beschreibt das Verhalten des Systems im stationären Zustand und ergibt sich als Lösung des linearen Gleichungssystems $\pi = \pi P$ unter Einhaltung der Nichtnegativitäts- und Normierungsbedingung. Stimmt $\pi(0)$ mit π überein, so ist $\pi(t) = \pi$ für alle $t \in \mathbb{N}_0$ und der Prozess befindet sich über den gesamten Zeitraum im stationären Zustand.

Bei einer Markov-Kette findet zu jedem Zeitpunkt $t \in \mathbb{N}_0$ ein Übergang des Prozesses statt. Dabei muss sich der Zustand nicht ändern. Betrachtet man die Markov-Kette nur zu den Zeitpunkten einer Zustandsänderung, so hält sich die Markov-Kette eine zufällige (geometrisch verteilte) Dauer in einem Zustand i auf und geht dann, unabhängig von der Aufenthaltsdauer, in den Nachfolgezustand $j \neq i$ über.

Diese Charakterisierung der Markov-Kette lässt sich in natürlicher Weise auf einen zeit-stetigen Prozess übertragen: Ein Prozess halte sich eine α_i -exponentialverteilte Zeit in einem Zustand $i \in I$ auf und gehe dann, unabhängig von der Aufenthaltsdauer in i, mit einer Wahrscheinlichkeit q_{ij} in den Nachfolgezustand $j \neq i$ über. Den resultierenden Prozess bezeichnet man als Markov-Prozess. Bei diesem praxisnahen Zugang können wir zudem die Prozessabläufe durch einen ständigen Wettlauf konkurrierender exponentialverteilter Dauern beschreiben und erhalten so auf bequeme und vor allem anschauliche Weise die α_i und q_{ij} aus den Parametern der konkurrierenden Exponentialverteilungen.

Formal können wir auch die Markov-Eigenschaft in natürlicher Weise auf einen zeit-stetigen Prozess übertragen, um einen Markov-Prozess zu erhalten. Die einfache Darstellung der Zustandswahrscheinlichkeiten $P(X_t = i)$, $i \in I$, geht bei einem Markov-Prozess verloren. An die Stelle einfacher Matrizenprodukte bei der Markov-Kette tritt bei einem Markov-Prozess die Lösung eines Systems von Differentialgleichungen. Daher geht man häufig unmittelbar zum asymptotischen Verhalten des Prozesses über und betrachtet das System ausschließlich im stationären Zustand. Dadurch muss wiederum nur ein lineares Gleichungssystem zur Bestimmung der stationären Verteilung π gelöst werden.

Markov-Ketten und Markov-Prozesse stellen inzwischen ein wichtiges Analyseinstrument dar, das in den unterschiedlichsten Bereichen Anwendung findet. Hierzu zählen neben ökonomischen auch technische und naturwissenschaftliche Fragestellungen.

Nach unserem ersten Einblick in die Welt der stochastischen Prozesse stellt sich nun die Frage, in welcher Form sie als Analyseinstrument eingesetzt werden können. Eine Form des Einsatzes haben wir bereits kennen gelernt: Den Vergleich von Systemen anhand von Kennzahlen, die sich aus dem Verhalten des Systems im stationären Zustand und damit auf der Basis der stationären Verteilung ergeben.

Weitere Kenngrößen basieren auf der Dauer bis zum erstmaligen Eintritt in eine Menge $B \subset I$ von (in der Regel kritischen) Zuständen. Hierzu zählt z.B. bei einer Maschine, die einem zufälligen Verschleiß ausgesetzt ist, die Dauer bis zum Ausfall. Ebenso das Absinken der Kapitalreserve eines Versicherungsunternehmens unter einen kritischen Wert infolge der zu erbringenden Schadensleistungen. Formal handelt es sich dabei um die Bestimmung (von Kenngrößen) der Verteilung einer Zufallsvariablen $\tau = \min\{t \in T \mid X_t \in B\}$, die durch die Entwicklung des Prozesses $\{X_t, t \in T\}$ festgelegt ist.

Häufig unterliegen die Zustände eines stochastischen Prozesses einer Bewertung in Form eines Gewinns oder auch in Form von anfallenden Kosten. So entstehen z.B. bei der Lagerung eines in zufälligen Mengen nachgefragten Gutes Bestell-, Lager- und Fehlmengenkosten. Seien $r(X_t)$ die Bewertungen der Zustände X_t zu den Zeitpunkten $t \in T$. Die $r(X_t)$ sind als Funktionen von X_t selbst Zufallsvariable. Ist $T = \mathbb{N}_0$, so enthält man mit $\sum_{t=0}^{\infty} \alpha^t r(X_t)$ für ein $\alpha \in (0, 1)$ (diskontierter Gesamtgewinn / diskontierte Gesamtkosten) und $\lim_{N \to \infty} \frac{1}{N} \sum_{t=0}^{N-1} r(X_t)$ (durchschnittlicher Gewinn pro Zeitstufe / durchschnittliche Kosten pro Zeitstufe) weitere Kenngrößen des Prozesses. Bezogen auf Lagersysteme hängen die Bestell-, Lager- und Fehlmengenkosten noch von der Bestellpolitik (Regel zur Wiederauffüllung des Lagers) ab. Da man auf die Bestellpolitik Einfluss nehmen kann, erhält man auf der Grundlage der diskontierten Gesamtkosten oder der durchschnittlichen Kosten pro Periode die Möglichkeit, Bestellpolitiken zu vergleichen und schließlich die „beste" auszuwählen.

Ein solcher direkter Vergleich ist jedoch wenig effizient, da zu viele Kombinationen der definierenden Parameter der Bestellpolitik zu berücksichtigen sind. Wesentlich effizienter ist die Formulierung als Markovscher Entscheidungsprozess und bspw. die Anwendung der Politikiteration, die eine Folge von Bestellpolitiken mit jeweils verbesserten Kenngrößen generiert und so in der Regel mit nur wenigen Vergleichen auskommt.

Markovsche Entscheidungsprozesse erlauben uns, durch Wahl von Aktionen Einfluss auf das Übergangsverhalten des Prozesses und die einstufigen Gewinne/Kosten zu nehmen. Solche mehrstufige Entscheidungsprobleme begegnen uns im Alltag ständig. Sie treten immer dann auf, wenn eine zu treffende Entscheidung neben unmittelbaren Auswirkungen auch Konsequenzen auf

zukünftige Entscheidungen haben kann. Wir haben es also nicht mit isoliert zu betrachtenden Entscheidungen zu tun, sondern mit einer Folge von
Entscheidungen, die in einem engen Zusammenhang stehen. Das folgende
einfache Beispiel verdeutlicht die Problematik: Ein Langstreckenläufer, der
sich zum Ziel gesetzt hat, eine Meisterschaft zu erringen, wird dieses Ziel
verfehlen, wenn er sich taktisch falsch verhält. Geht er das Rennen zu schnell
an, so wird er das Tempo nicht durchhalten können und in der Endphase
des Rennens zurückfallen. Geht er umgekehrt das Rennen zu langsam an
und wird der Abstand zur Spitzengruppe zu groß, so wird er den Rückstand
nicht mehr aufholen können. Er wird sich daher die Strecke gedanklich in
Abschnitte einteilen und in jedem Abschnitt sein Laufverhalten auf das der
Konkurrenten und seine eigene Leistungsfähigkeit abstimmen.

Verbunden mit dem resultierenden Entscheidungsprozess ist eine (in gewissem Sinne) optimale Strategie (optimale Festlegung der Folge von Aktionen),
die bspw. einen erwarteten Gesamtgewinn maximiert oder die durchschnittlichen Kosten pro Zeiteinheit über einen längeren Zeitraum minimiert. Einfach
strukturierte Strategien tragen wesentlich zur Akzeptanz durch den potentiellen Anwender bei. Neben der effizienten Berechnung einer optimalen Strategie rückt daher die exemplarische Herleitung hinreichender Bedingungen für
die Optimalität einfach strukturierter Strategien in den Mittelpunkt unserer
Überlegungen (z.B. (s, S) - Bestellpolitiken im Rahmen der Lagerhaltung).

Das Anwendungspotenzial Markovscher Entscheidungsprozesse und nicht zuletzt das aktuelle Interesse der Praxis an diesen Methoden unterstreicht noch
einmal die Bedeutung der Markov-Ketten als wichtiges Analyseinstrument.

Im Folgenden gehen wir davon aus, dass der Leser mit den Grundbegriffen
der Wahrscheinlichkeitsrechnung vertraut ist und stellen im Anhang lediglich
einige Ergebnisse zusammen, die das Verständnis der stochastischen Modellbildung erleichtern.

Kapitel 2

Markov-Ketten

2

2   **Markov-Ketten**

2

Markov-Ketten

Definition und Grundlagen

Ein zeit-diskreter stochastischer Prozess $(X_n)_{n \in \mathbb{N}_0}$ mit abzählbarem Zustandsraum I heißt **Markov-Kette**, wenn für alle Zeitpunkte $n \in \mathbb{N}_0$ und alle Zustände $i_0, \ldots, i_{n-1}, i_n, i_{n+1} \in I$ die folgende Eigenschaft

$$P(X_{n+1} = i_{n+1} \mid X_0 = i_0, \ldots, X_{n-1} = i_{n-1}, X_n = i_n)$$
$$= P(X_{n+1} = i_{n+1} \mid X_n = i_n) \tag{2.1}$$

erfüllt ist. Sie wird als **Markov-Eigenschaft** bezeichnet und drückt die Gedächtnislosigkeit des Prozesses aus. Sie besagt, dass die zukünftige Entwicklung des Prozesses nur von dem zuletzt beobachteten Zustand abhängt und von der sonstigen Vorgeschichte unabhängig ist. Liegen demzufolge die Werte $i_0, \ldots, i_n$ der Zufallsvariablen $X_0, \ldots, X_n$ vor, so hängt die Wahrscheinlichkeit, mit der die Zufallsvariable X_{n+1} den Wert i_{n+1} annimmt, nur von i_n und nicht von $i_0, \ldots, i_{n-1}$ ab.

Die bedingte Wahrscheinlichkeit $P(X_{n+1} = i_{n+1} \mid X_n = i_n)$, mit der bei Vorliegen von i_n der Nachfolgezustand i_{n+1} angenommen wird, heißt **Übergangswahrscheinlichkeit** des Prozesses. Sind die Übergangswahrscheinlichkeiten unabhängig vom Zeitpunkt n des Übergangs, so spricht man von einer **homogenen** Markov-Kette; andernfalls von einer **inhomogenen** Markov-Kette.

Das folgende Glücksspiel ist ein einfaches Beispiel einer homogenen Markov-Kette.

Beispiel (Glücksspiel)

Zwei Spieler (Spieler 1 und 2) vereinbaren folgendes Glücksspiel: Ergibt der Wurf mit einer Münze Kopf (Wahrscheinlichkeit p), so erhält Spieler 1 eine Geldeinheit (GE) von Spieler 2, andernfalls (Wahrscheinlichkeit $1 - p$) zahlt er eine GE an Spieler 2. Spieler 1 verfügt über ein Anfangskapital von 4 GE, Spieler 2 über ein Anfangskapital von 2 GE. Das Spiel ist beendet, sobald einer der beiden Spieler ruiniert ist (d.h. das Kapital 0 besitzt).

Bei der Darstellung des Spiels können wir uns auf die Sicht des Spielers 1 beschränken. Hat dieser nach n Spielrunden das Kapital X_n, so hat Spieler 2 das Kapital $Y_n = 6 - X_n$, da beide Spieler zusammen in jeder Runde über ein Kapital von 6 GE verfügen.

Wir zeigen nun, dass die Folge $X_0, X_1, \ldots$ eine homogene Markov-Kette mit Zustandsraum $I = \{0, 1, \ldots, 6\}$ ist. Dabei gehen wir in zwei Schritten vor.

Zunächst beschreiben wir das Ergebnis des n-ten Münzwurfs durch eine Zufallsvariable Z_n, die den Wert $+1$ annimmt, wenn das Ergebnis Kopf ist, und den Wert -1, wenn das Ergebnis Zahl ist. Die Folge $Z_1, Z_2, \ldots$ der Münzwürfe bildet den eigentlichen stochastischen Kern des Spiels; sie ist unabhängig und identisch verteilt mit $P(Z = 1) = p$ und $P(Z = -1) = 1 - p$.

Ausgehend vom Anfangskapital $X_0 = 4$ (d.h. $P(X_0 = 4) = 1$) verfügt Spieler 1 nach n Spielrunden über das Kapital $X_n = X_0 + \sum_{j=1}^{n} Z_j$, sofern das Spiel nicht vorher schon beendet ist. Man überprüft leicht, dass sich X_n zusammensetzt aus dem Kapital X_{n-1} nach $n - 1$ Spielrunden und dem Ergebnis Z_n des n-ten Spiels. Hieraus folgt für X_n die rekursive Beziehung $X_n = X_{n-1} + Z_n$. Ein möglicher Spielverlauf (und damit eine Realisation des Prozesses $(X_n)_{n \in \mathbb{N}}$) ist in Abb. 2.1 dargestellt.

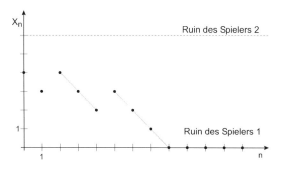

Abb. 2.1. Eine Realisation des Prozesses $(X_n)_{n \in \mathbb{N}_0}$

Das Spiel ist nach der Spielrunde beendet, nach der X_n erstmals einen der beiden Werte 0 oder 6 annimmt. Sei N diese Spielrunde. N hängt vom Spielverlauf ab und ist damit selbst eine Zufallsvariable. Formal lässt sich N in der Form $N = \min\{n \in \mathbb{N} \mid X_n \in \{0, 6\}\}$ darstellen. N nimmt Werte in $\mathbb{N}$ an (Dauer des Spiels) oder ist ∞, wenn das Spiel nicht abbricht.

Mit Hilfe von N lässt sich der Spielverlauf durch die Folge $X_0, X_1, \ldots, X_N$ beschreiben. Andererseits besteht eine Markov-Kette aus einer unendlichen Folge $X_0, X_1, \ldots$ von Zufallsvariablen. Die Fortsetzung können wir leicht erreichen, indem wir das eigentlich beendete Spiel weiterlaufen lassen und dabei sicherstellen, dass ein einmal angenommener Zustand 0 oder 6 nicht mehr verlassen und damit für immer beibehalten wird.

Kommen wir nun zum Übergangsverhalten des Prozesses. Wir haben bereits gesehen, dass das Kapital X_{n+1} nach $n + 1$ Spielrunden lediglich vom Kapital X_n nach n Spielrunden und dem Ausgang Z_{n+1} des $(n+1)$-ten Spiels abhängt.

Damit ist die Markov-Eigenschaft (vgl. (2.1)) erfüllt und wir müssen nur noch die Übergangswahrscheinlichkeiten $P(X_{n+1} = i_{n+1} \mid X_n = i_n)$ festlegen:

$$P(X_{n+1} = j \mid X_n = i) = \begin{cases} p & \text{für } i \in \{1, \ldots, 5\} \text{ und } j = i + 1 \\ 1 - p & \text{für } i \in \{1, \ldots, 5\} \text{ und } j = i - 1 \\ 1 & \text{für } i \in \{0, 6\} \text{ und } j = i \\ 0 & \text{sonst.} \end{cases}$$

Bei laufendem Spiel (Zustände 1-5) entspricht die Erhöhung um 1 (Wahrscheinlichkeit p) einem Gewinn, die Verringerung um 1 (Wahrscheinlichkeit $1 - p$) einem Verlust. Bei abgeschlossenem Spiel (Zustände 0, 6) geht die Markov-Kette mit Wahrscheinlichkeit 1 in denselben Zustand über.   ◇

Wir kommen nun zur Beschreibung der zeitlichen Entwicklung der Markov-Kette. Vorbereitend zeigen wir

Satz   2.2

(i) Für alle $n \in \mathbb{N}_0$ und alle $i_0, \ldots, i_{n-1}, i_n \in I$ gilt

$$P(X_0 = i_0, \ldots, X_n = i_n)$$

$$= P(X_0 = i_0)P(X_1 = i_1 \mid X_0 = i_0) \ldots P(X_n = i_n \mid X_{n-1} = i_{n-1}).$$

(ii) Für alle $n \in \mathbb{N}_0$ und alle $A_0, \ldots, A_{n-1}, A_n \subset I$ gilt

$$P(X_0 \in A_0, \ldots, X_n \in A_n) = \sum_{i_0 \in A_0} \ldots \sum_{i_n \in A_n} P(X_0 = i_0) \cdot$$

$$\cdot P(X_1 = i_1 \mid X_0 = i_0) \ldots P(X_n = i_n \mid X_{n-1} = i_{n-1}).$$

(iii) Für alle $n \in \mathbb{N}_0$ und alle $j \in I$ gilt

$$P(X_n = j) = \sum_{i_0 \in I} P(X_0 = i_0) \cdot$$

$$\cdot \sum_{i_1 \in I} \ldots \sum_{i_{n-1} \in I} P(X_1 = i_1 \mid X_0 = i_0) \ldots P(X_n = i_n \mid X_{n-1} = i_{n-1}).$$

Beweis: Durch Bedingen nach $\{X_0 = i_0, \ldots, X_{n-1} = i_{n-1}\}$ und Ausnutzen der Markov-Eigenschaft erhält man zunächst

$$P(X_0 = i_0, \ldots, X_n = i_n)$$
$$= P(X_n = i_n \mid X_0 = i_0, \ldots, X_{n-1} = i_{n-1})P(X_0 = i_0, \ldots, X_{n-1} = i_{n-1})$$
$$= P(X_n = i_n \mid X_{n-1} = i_{n-1})P(X_0 = i_0, \ldots, X_{n-1} = i_{n-1}).$$

(i) folgt nun durch wiederholte Anwendung dieses Schrittes.

Überträgt man die Vorgehensweise auf Ereignisse $A_0, \ldots, A_n \subset I$, so erhält man (ii) aus (i) und

$$P(X_0 \in A_0, \ldots, X_n \in A_n) = \sum_{i_0 \in A_0} \cdots \sum_{i_n \in A_n} P(X_0 = i_0, \ldots, X_n = i_n).$$

Wendet man (ii) speziell auf $A_0 = I, \ldots, A_{n-1} = I, A_n = \{j\}$ an, so folgt (iii). □

Startet eine Markov-Kette in einem festen Zustand i_0, so ergibt sich die Wahrscheinlichkeit $P(X_0 = i_0, \ldots, X_n = i_n)$, mit der sich die Realisation $i_0, i_1, \ldots, i_n$ einstellt, nach Satz 2.2(i) als Produkt der zugehörigen Übergangswahrscheinlichkeiten $P(X_j = i_j \mid X_{j-1} = i_{j-1})$. Außerdem ist die Wahrscheinlichkeit $P(X_n = i_n)$, mit der sich die Markov-Kette zum Zeitpunkt n im Zustand i_n aufhält, interpretierbar als die Summe der Wahrscheinlichkeiten aller Realisationen $i_0, i_1', \ldots, i_{n-1}', i_n$, die, ausgehend von i_0, nach n Schritten in i_n enden. Zur Veranschaulichung dient wieder

---

2.3   **Beispiel** (Bsp. 2.1 - Forts. 1)

Der in Abb. 2.1 dargestellte Spielverlauf hat nach Satz 2.2(i) die Wahrscheinlichkeit

$$P(X_0 = 4, X_1 = 3, X_2 = 4, X_3 = 3, X_4 = 2, X_5 = 3, X_6 = 2, X_7 = 1, X_8 = 0)$$
$$= (1-p)p(1-p)(1-p)p(1-p)(1-p)(1-p),$$

die man der Übersichtlichkeit halber zusammenfassen kann zu $p^2(1-p)^6$. Ist man lediglich an der Wahrscheinlichkeit $P(X_8 = 0)$ eines Ruins von Spieler 1 nach 8 Spielrunden interessiert, so hat man nach Satz 2.2(iii) die Wahrscheinlichkeiten aller Spielverläufe $(i_0, \ldots, i_8)$ mit $i_8 = 0$ zu berechnen und diese zu addieren. Abb. 2.2 zeigt das Wegenetz, das von links nach rechts zu durchlaufen ist.

Diese Form der Berechnung von $P(X_8 = 0)$ wird allerdings erschwert durch die Vielzahl (insgesamt 18) der auszuwertenden Spielverläufe. Behelfen kann

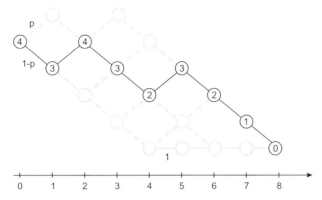

Abb. 2.2. Darstellung der möglichen Spielverläufe mit $X_8 = 0$

man sich durch die Zusatzüberlegung, dass von den acht Münzwürfen höchstens zwei Kopf ergeben dürfen. Mit Hilfe der Binomialverteilung erhält man dann $P(X_8 = 0) = (1 - p)^4 + 4p(1 - p)^5 + 13p^2(1 - p)^6$. Aber auch solche Zusatzüberlegungen sind nur in Spezialfällen geeignet, das zeitliche Verhalten einer Markov-Kette zu beschreiben. Wesentlich einfacher ist die Beschreibung mit Hilfe von Matrizen, der wir uns nun zuwenden. ◊

Wir erinnern uns, dass die Übergangswahrscheinlichkeiten $P(X_{n+1} = j \mid X_n = i)$ einer homogenen Markov-Kette unabhängig von n sind. Zusammen mit Satz 2.2 folgt dann, dass sich die zeitliche Entwicklung einer homogenen Markov-Kette vollständig beschreiben lässt durch ihre **Anfangswahrscheinlichkeiten** $\pi_i(0) := P(X_0 = i)$, $i \in I$, und ihre **Übergangswahrscheinlichkeiten** $p_{ij} := P(X_1 = j \mid X_0 = i)$, $i, j \in I$. Diese fasst man gewöhnlich zu einer Matrix $P = (p_{ij})$ (mit $p_{ij} \geq 0$ für alle $i, j \in I$ und $\sum_{j \in I} p_{ij} = 1$) zusammen. P heißt **Übergangsmatrix** der Markov-Kette.

Sei P^n das n-fache Produkt der Matrix P mit sich selbst, also $P^1 = P$ und $P^n = P^{n-1}P$ für $n > 1$. Die Elemente $p_{ij}^{(n)}$ von P^n stimmen nach Satz 2.2 mit $P(X_n = j \mid X_0 = i)$ überein und werden als **n-Schritt Übergangswahrscheinlichkeiten** bezeichnet,

$$p_{ij}^{(n)} = P(X_n = j \mid X_0 = i) = \sum_{i_1 \in I} \cdots \sum_{i_{n-1} \in I} p_{i,i_1} \cdots p_{i_{n-1},j}.$$

Seien $\pi_j(n) = P(X_n = j)$, $j \in I$, die **Zustandswahrscheinlichkeiten** der Markov-Kette zum Zeitpunkt $n \in \mathbb{N}_0$. Dann gilt mit $P(X_n = j) =$

$\sum_{i \in I} P(X_0 = i) P(X_n = j \mid X_0 = i)$

$$\pi_j(n) = \sum_{i \in I} \pi_i(0) p_{ij}^{(n)}. \tag{2.2}$$

Die Zustandswahrscheinlichkeiten $\pi_j(n)$ fassen wir zu einem Zeilenvektor $\pi(n)$, der **Verteilung der Zustände zum Zeitpunkt** n, zusammen. Dann geht (2.2) über in

$$\pi(n) = \pi(0)P^n \tag{2.3}$$

oder in die rekursive Form

$$\pi(n) = \pi(n-1)P.$$

Die Verteilung $\pi(n)$ der Zustände einer homogenen Markov-Kette zum Zeitpunkt n ergibt sich somit aus der Anfangsverteilung $\pi(0)$ multipliziert mit der n-Schritt Übergangsmatrix P^n oder rekursiv aus der Verteilung $\pi(n-1)$ zum Zeitpunkt $n-1$ multipliziert mit der Übergangsmatrix P. Die Zustandswahrscheinlichkeiten $P(X_n = j)$ ergeben sich dann wieder aus der elementweisen Betrachtung $P(X_n = j) = \pi_j(n) = (\pi(0)P^n)_j$ dieser Zeilenvektoren.

2.4   **Beispiel** (Bsp. 2.1 - Forts. 2)

Das Startkapital von 4 GE legt die Anfangsverteilung fest:

$$\pi(0) = (0,0,0,0,1,0,0).$$

Die Übergangsmatrix $P = (p_{ij})$ lautet

$$P = \begin{pmatrix} 1 & 0 & 0 & 0 & 0 & 0 & 0 \\ 1-p & 0 & p & 0 & 0 & 0 & 0 \\ 0 & 1-p & 0 & p & 0 & 0 & 0 \\ 0 & 0 & 1-p & 0 & p & 0 & 0 \\ 0 & 0 & 0 & 1-p & 0 & p & 0 \\ 0 & 0 & 0 & 0 & 1-p & 0 & p \\ 0 & 0 & 0 & 0 & 0 & 0 & 1 \end{pmatrix}.$$

Liegt dem Glücksspiel eine faire Münze ($p = 1/2$) zugrunde, so ergibt sich für $\pi(n)$ der in Tab. 2.1 dargestellte Verlauf.

Die Wahrscheinlichkeit $P(X_8 = 0) = \pi_0(8)$ eines Ruins von Spieler 1 nach 8 Spielrunden ist somit 0.18. Weiter lässt sich bereits erahnen, dass das Spiel

i	$\pi_i(0)$	$\pi_i(1)$	$\pi_i(2)$	$\pi_i(3)$	$\pi_i(4)$	$\pi_i(5)$	$\pi_i(6)$	$\pi_i(7)$	$\pi_i(8)$
6	0.00	0.00	0.25	0.25	0.38	0.38	0.45	0.45	0.51
5	0.00	0.50	0.00	0.25	0.00	0.16	0.00	0.11	0.00
4	1.00	0.00	0.50	0.00	0.31	0.00	0.22	0.00	0.16
3	0.00	0.50	0.00	0.38	0.00	0.28	0.00	0.21	0.00
2	0.00	0.00	0.25	0.00	0.25	0.00	0.20	0.00	0.16
1	0.00	0.00	0.00	0.13	0.00	0.13	0.00	0.10	0.00
0	0.00	0.00	0.00	0.00	0.06	0.06	0.13	0.13	0.18

i	$\pi_i(9)$	$\pi_i(10)$	$\pi_i(15)$	$\pi_i(20)$	$\pi_i(25)$	$\pi_i(30)$	$\pi_i(40)$	$\pi_i(50)$	$\pi_i(100)$
6	0.51	0.55	0.60	0.64	0.65	0.66	0.67	0.67	0.67
5	0.08	0.00	0.03	0.00	0.01	0.00	0.00	0.00	0.00
4	0.00	0.12	0.00	0.03	0.00	0.01	0.00	0.00	0.00
3	0.16	0.00	0.07	0.00	0.02	0.00	0.00	0.00	0.00
2	0.00	0.12	0.00	0.03	0.00	0.01	0.00	0.00	0.00
1	0.08	0.00	0.03	0.00	0.01	0.00	0.00	0.00	0.00
0	0.18	0.21	0.27	0.31	0.32	0.33	0.33	0.33	0.33

Tabelle 2.1. Berechnung von $\pi(n)$ für $n = 1, \ldots, 100$

mit Wahrscheinlichkeit 0.33 mit dem Ruin von Spieler 1 endet und mit Wahrscheinlichkeit 0.67 mit dem Ruin von Spieler 2. Eine Überprüfung (und Präzisierung) erfolgt in Abschnitt 2.2. Siehe auch Abschnitt 2.6. $\Diamond$

Die Übergangsmatrix einer homogenen Markov-Kette ist eine **stochastische Matrix** (siehe auch Abschnitt A.4): die Einträge p_{ij} sind nichtnegativ, die Zeilensummen $\sum_{j \in I} p_{ij}$ sind 1. Aufgrund dieser Eigenschaften sind die Einträge $p_{ij} = 0$ redundant und können bei einer Veranschaulichung der Übergänge des Prozesses weggelassen werden. Eine solche Veranschaulichung erfolgt mit Hilfe eines **Übergangsgraphen**. Jeder Knoten (Punkt) des Graphen stellt einen Zustand der Markov-Kette dar, jeder Pfeil einen Übergang mit positiver Wahrscheinlichkeit. Die Bewertung des Pfeils ergibt sich aus der zugehörigen Übergangswahrscheinlichkeit.

2.5   **Beispiel**   (Bsp. 2.1 - Forts. 3)

Für unser Glücksspiel erhalten wir den folgenden Übergangsgraphen

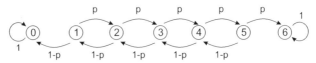

Abb. 2.3. Übergangsgraph des Glücksspiels

Man erkennt unmittelbar, dass die Zustände 0 und 6 nicht mehr verlassen werden können und dass sie von jedem der übrigen Zustände in einem oder mehreren Schritten erreicht werden können; eine Struktur, auf die wir später noch näher eingehen werden.   ◇

In den nächsten Abschnitten werden wir uns überwiegend mit homogenen Markov-Ketten befassen. Daher sprechen wir im folgenden kurz von einer Markov-Kette, wenn wir eine homogene Markov-Kette meinen. Des weiteren wird die Markov-Kette häufig in einem festen Anfangszustand $i \in I$ starten. Daher schreiben wir abkürzend

$$P_i(A) := P(A \mid X_0 = i)$$

für beliebige Ereignisse A der Markov-Kette (mit $P(X_0 = i) > 0$). Entsprechend sei $E_i(T) := E(T \mid X_0 = i)$ der bedingte Erwartungswert einer Zufallsvariablen T bei Start der Markov-Kette im Zustand $i \in I$. Siehe auch Abschnitt A.1.

2.2   ## Ersteintrittszeiten und Absorptionsverhalten

Einen Zustand $j \in I$ mit $p_{jj} = 1$ bezeichnet man als **absorbierend**. Wird ein absorbierender Zustand einmal angenommen, so wird er nicht mehr verlassen. In dem einführenden Beispiel 2.1 sind die Zustände 0 und 6 absorbierend.

Absorbierende Zustände stellen häufig kritische Zustände eines Systems dar. Daher ist man an der Wahrscheinlichkeit interessiert, mit der ein solcher kritischer Zustand im Prozessverlauf eintritt. Tritt ein kritischer Zustand mit Wahrscheinlichkeit 1 ein, so ist zudem die Verteilung der Dauer bis zum Eintritt (oder Kenngrößen wie die mittlere Eintrittsdauer) von Interesse.

Sei $J \subset I$ eine Menge von absorbierenden Zuständen und T_J die Dauer bis zum erstmaligen Eintritt in einen Zustand $j \in J$. T_J ist eine Zufallsvariable mit Werten in $\mathbb{N} \cup \{\infty\}$, die man formaler auch in der Form

$$T_J = \inf\{n \in \mathbb{N} \mid X_n \in J\} \quad (\inf \emptyset = \infty)$$

darstellt. Dabei ist $T_J = n$, wenn die Markov-Kette (X_n) zum Zeitpunkt n erstmals einen Wert in J annimmt und $T_J = \infty$, wenn über den gesamten Prozessverlauf kein Wert in der Menge J angenommen wird.

In Abhängigkeit vom Anfangszustand $i \notin J$ der Markov-Kette sei $P_i(T_J > t)$, $t \in \mathbb{N}_0$, die Wahrscheinlichkeit, dass ein Eintritt der Markov-Kette (X_n) in die Menge J erst nach dem Zeitpunkt t erfolgt. Insbesondere ist $P_i(T_J = t) = P_i(T_J > t-1) - P_i(T_J > t)$, $t \in \mathbb{N}$, und

$$P_i(T_J = \infty) = \lim_{t \to \infty} P_i(T_J > t).$$

Gilt $P_i(T_J = \infty) = 0$ und damit $P_i(T_J < \infty) = 1$, so wird die absorbierende Menge J mit Wahrscheinlichkeit 1 in endlicher Zeit erreicht. In diesem Falle ist T_J eine Zufallsvariable mit Werten in $\mathbb{N}$ und wir können den Erwartungswert

$$E_i(T_J) = \sum_{t=0}^{\infty} t P_i(T_J = t),$$

also die mittlere Dauer bis zum Eintritt in die absorbierende Menge J, unter Berücksichtigung von Aufgabe 2.43 in der Form

$$E_i(T_J) = \sum_{t=0}^{\infty} P_i(T_J > t)$$

angeben. Diese und weitere Kenngrößen lassen sich unmittelbar mit Satz 2.6 berechnen.

Satz   **2.6**

Sei J eine Menge von absorbierenden Zuständen und $i \notin J$. Dann gilt

(i) Ausgehend von $P_i(T_J > 0) = 1$ für alle $i \notin J$ lässt sich $P_i(T_J > t)$ für alle $i \notin J$ und alle $t \in \mathbb{N}$ rekursiv berechnen gemäß

$$P_i(T_J > t) = \sum_{k \notin J} p_{ik} P_k(T_J > t-1).$$

(ii) $P_i(T_J < \infty)$ ist die kleinste Lösung $u_i \in [0,1]$, $i \in I$, des Gleichungssystems

$$u_i = \sum_{k \in J} p_{ik} + \sum_{k \notin J} p_{ik} u_k.$$

(iii) $E_i(T_J)$ ist (im Falle $P_k(T_J < \infty) = 1$, $k \notin J$) die kleinste Lösung $u_i \geq 0$, $i \in I$, des Gleichungssystems

$$u_i = 1 + \sum_{k \notin J} p_{ik} u_k.$$

Beweis: Abkürzend sei $\alpha_i(t) := P_i(T_J > t)$ für $i \notin J$, $t \in \mathbb{N}_0$. Unter Berücksichtigung von $\alpha_i(0) = P(X_0 \notin J \mid X_0 = i) = 1$ für alle $i \notin J$, erhält man dann für $i \notin J$, $t \in \mathbb{N}$

$$
\begin{aligned}
\alpha_i(t) &= P(X_0 \notin J, \ldots, X_t \notin J \mid X_0 = i) \\
&= P(X_1 \notin J, \ldots, X_t \notin J \mid X_0 = i) \\
&= \sum_{k \in I} P(X_1 \notin J, \ldots, X_t \notin J \mid X_0 = i, X_1 = k) p_{ik} \\
&= \sum_{k \in I} P(X_1 \notin J, \ldots, X_t \notin J \mid X_1 = k) p_{ik} \\
&= \sum_{k \notin J} P(X_1 \notin J, \ldots, X_t \notin J \mid X_1 = k) p_{ik} \\
&= \sum_{k \notin J} \alpha_k(t-1) p_{ik}. \qquad (2.4)
\end{aligned}
$$

Somit gilt (i). Die $\alpha_i(t)$ sind monoton fallend in t und konvergieren gegen ein $\alpha_i := \lim_{t \to \infty} \alpha_i(t) = \lim_{t \to \infty} P_i(T_J > t) = P(T_J = \infty)$ und die Rekursionsbeziehung (2.4) geht über in $\alpha_i = \sum_{k \notin J} p_{ik} \alpha_k$, $i \notin J$ (eine Vertauschung von Grenzübergang und Summation ist nach Satz A.12 möglich). Angewandt auf $1 - \alpha_i$ erhält man dann

$$
\begin{aligned}
1 - \alpha_i &= \sum_{k \in I} p_{ik} - \sum_{k \notin J} p_{ik} \alpha_k \\
&= \sum_{k \in J} p_{ik} + \sum_{k \notin J} p_{ik}(1 - \alpha_k).
\end{aligned}
$$

Folglich ist $P_i(T_J < \infty) = 1 - \alpha_i$ Lösung des Gleichungssystems

$$u_i = \sum_{k \in J} p_{ik} + \sum_{k \notin J} p_{ik} u_k.$$

Sei nun $u_i \in [0,1]$, $i \notin J$, eine beliebige Lösung des Gleichungssystems. Ausgehend von $\alpha_i(0) = 1 \geq 1 - u_i$ für alle $i \notin J$, erhält man dann durch vollständige Induktion nach t die Gültigkeit von

$$
\begin{aligned}
\alpha_i(t) &= \sum_{k \notin J} \alpha_k(t-1) p_{ik} \\
&\geq \sum_{k \notin J} (1 - u_k) p_{ik} \\
&= \sum_{k \notin J} p_{ik} - \sum_{k \notin J} u_k p_{ik} \\
&= 1 - \sum_{k \in J} p_{ik} - \sum_{k \notin J} u_k p_{ik} \\
&= 1 - u_i
\end{aligned}
$$

und schließlich $1 - \alpha_i \leq u_i$, $i \notin J$. Damit ist (ii) bewiesen. Unter Berücksichtigung von (i) erhält man zunächst

$$
\begin{aligned}
E_i(T_J) &= \sum_{t=0}^{\infty} \alpha_i(t) \\
&= \alpha_i(0) + \sum_{t=1}^{\infty} \sum_{k \notin J} p_{ik} \alpha_k(t-1) \\
&= 1 + \sum_{k \notin J} p_{ik} \sum_{t=1}^{\infty} \alpha_k(t-1) \\
&= 1 + \sum_{k \notin J} p_{ik} E_k(T_J).
\end{aligned}
$$

Somit ist $E_i(T_J)$ Lösung des Gleichungssystems

$$
u_i = 1 + \sum_{k \notin J} p_{ik} u_k.
$$

Ist $u_i \geq 0$, $i \notin J$, eine beliebige Lösung des Gleichungssystems, so erhält man, ausgehend von $\alpha_i(0) = 1 \leq u_i$, $i \notin J$, durch vollständige Induktion nach n, dass $\sum_{t=0}^{n} \alpha_i(t) \leq u_i$, $i \notin J$, gilt. Hieraus folgt Behauptung (iii). $\quad\square$

Für die numerische Berechnung erweist es sich als nachteilig, dass die linearen Gleichungssysteme in Satz 2.6 nicht eindeutig lösbar sind. Abhilfe schafft ein wichtiger Spezialfall, der in der folgenden Bemerkung zusammengefasst ist.

2.7   Bemerkung

Sei $Q = (p_{ij})_{i,j \notin J}$ die Matrix, die aus P durch Streichen der Zeilen und Spalten aller zu J gehörenden Zustände entsteht. Ist der betragsmäßig größte Eigenwert von Q kleiner als 1, so besitzen die Gleichungssysteme aus Satz 2.6 *eindeutige* Lösungen. Außerdem ist in Satz 2.6(ii) $u_i = 1$ für alle i. Weitere Einzelheiten ergeben sich aus den Sätzen A.13 und A.14.   ◇

2.8   Beispiel   (Bsp. 2.1 - Forts. 4)

Mit Hilfe des Satzes 2.6 lassen sich die folgenden Kenngrößen unseres Glücksspiels auf elementare Weise bestimmen

⸺ Wahrscheinlichkeit eines Ruins von Spieler 1: $P_4(T_{\{0\}} < \infty)$

Die absorbierende Menge J besteht aus dem Zustand 0, die Markov-Kette startet im Zustand $i = 4$. Die Wahrscheinlichkeit $P_4(T_{\{0\}} < \infty)$, mit der das Spiel mit dem Ruin von Spieler 1 endet, ergibt sich dann nach Satz 2.6 (ii) mit $J = \{0\}$ als kleinste Lösung des Gleichungssystems

$$u_1 = (1 - p) + pu_2$$
$$u_2 = (1 - p)u_1 + pu_3$$
$$u_3 = (1 - p)u_2 + pu_4$$
$$u_4 = (1 - p)u_3 + pu_5$$
$$u_5 = (1 - p)u_4 + pu_6$$
$$u_6 = u_6$$
$$0 \leq u_i \leq 1$$

(oder als eindeutige Lösung durch Setzen von $u_6 = 0$ und Streichen der letzten Gleichung) und hat den Wert $u_4 = 0.33$.

⸺ Wahrscheinlichkeit einer endlichen Spieldauer: $P_4(T_{\{0,6\}} < \infty)$

Die absorbierende Menge J besteht aus den Zuständen 0 und 6, die Markov-Kette startet im Zustand $i = 4$. Die Wahrscheinlichkeit $P_4(T_{\{0,6\}} < \infty)$, mit der das Spiel eine endliche Dauer hat, ergibt sich dann nach Satz 2.6 (ii) mit $J = \{0, 6\}$ als (kleinste und in Verbindung mit Bemerkung 2.7 eindeutige) Lösung des Gleichungssystems

$$u_1 = (1 - p) + pu_2$$
$$u_2 = (1 - p)u_1 + pu_3$$
$$u_3 = (1 - p)u_2 + pu_4$$
$$u_4 = (1 - p)u_3 + pu_5$$
$$u_5 = p + (1 - p)u_4$$
$$0 \leq u_i \leq 1$$

und hat den Wert $u_4 = 1$.

⸺ mittlere Spieldauer (unter der Voraussetzung einer endlichen Spieldau-er): $E_4(T_{\{0,6\}})$

Die absorbierende Menge J besteht aus den Zuständen 0 und 6, die Markov-Kette startet im Zustand $i = 4$, und es gilt $P_4(T_{\{0,6\}} < \infty) = 1$. Die mittlere Dauer $E_4(T_{\{0,6\}})$ des Spiels ergibt sich dann nach Satz 2.6 (iii) mit $J = \{0, 6\}$ als (kleinste und in Verbindung mit Bemerkung 2.7 eindeutige) Lösung des Gleichungssystems

$$u_1 = 1 + pu_2$$
$$u_2 = 1 + (1 - p)u_1 + pu_3$$
$$u_3 = 1 + (1 - p)u_2 + pu_4$$
$$u_4 = 1 + (1 - p)u_3 + pu_5$$
$$u_5 = 1 + (1 - p)u_4$$
$$u_i \geq 0$$

und hat den Wert $u_4 = 8$.   ◊

Klassifikation der Zustände   2.3

Häufig hat die Übergangsmatrix einer Markov-Kette eine über die allgemeine Struktur einer stochastischen Matrix hinausgehende Struktur, die es erlaubt, Teile herauszunehmen und separat zu betrachten. Dies führt auf die Zerle-gung der Übergangsmatrix in stochastische Teilmatrizen, die wiederum als Übergangsmatrizen von Markov-Ketten mit kleinerem Zustandsraum aufge-fasst werden können.

Beispiel   2.9

Gegeben sei eine Markov-Kette mit Zustandsraum $I = \{1, 2, 3, 4, 5\}$ und Übergangsmatrix

$$P = \begin{pmatrix} 0 & 1 & 0 & 0 & 0 \\ 0 & 0 & 1 & 0 & 0 \\ 0 & 1 & 0 & 0 & 0 \\ 0 & 0 & 0 & 0 & 1 \\ 0 & 0 & 0 & 0.5 & 0.5 \end{pmatrix}$$

Die Übergangsmatrix enthält zwei stochastische Teilmatrizen, die es uns er-lauben, die Markov-Kette in zwei Markov-Ketten mit den (Teil-) Zustandsräumen $I_1 = \{1,2,3\}$ und $I_2 = \{4,5\}$ zu zerlegen. Der Übergangsgraph verdeutlicht noch einmal die Situation.

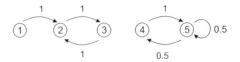

Startet die Markov-Kette in einem (festen) Zustand $i_0 \in I_1$ oder $i_0 \in I_2$, so kann man sich auf die Markov-Kette mit dem Teil-Zustandsraum I_1 bzw. I_2 beschränken. Für den Fall, dass eine Startverteilung $\pi(0)$ vorliegt mit $\pi_i(0) > 0$ und $\pi_j(0) > 0$ für mindestens ein $i \in I_1$ und $j \in I_2$, so kann man beide Teilprobleme separat lösen und über die Anfangsverteilung $\pi(0)$ zusammenführen, was gegenüber der Lösung der ursprünglichen Markov-Kette immer noch zu einer erheblichen Einsparung an Rechenzeit führt.   ◇

Ein Zustand j heißt von einem Zustand i aus **erreichbar** (in Zeichen $i \to j$), wenn

$$P_i(X_n = j \text{ für ein } n \geq 0) > 0$$

gilt. Ist j von i und i von j aus erreichbar, sagt man, dass i und j **verbunden** sind (in Zeichen $i \leftrightarrow j$).

2.10   **Satz**

Seien $i, j \in I$, $i \neq j$. Dann sind die folgenden Aussagen äquivalent:

(i) $i \to j$.

(ii) Es gibt eine Folge von Zuständen $i_0 = i, i_1, \ldots, i_{n-1}, i_n = j$ mit
$p_{i_0 i_1}, p_{i_1 i_2}, \ldots, p_{i_{n-1} i_n} > 0$.

(iii) Es gibt ein $n \in \mathbb{N}$ mit $p_{ij}^{(n)} > 0$.

Beweis: Aus $p_{ij}^{(n)} \leq P_i(X_n = j \text{ für ein } n \geq 0) \leq \sum_{n=0}^{\infty} p_{ij}^{(n)}$ folgt die Äquivalenz von (i) und (iii). Da $p_{ij}^{(n)} = \sum_{i_1,\ldots,i_{n-1}} p_{i_0 i_1} p_{i_1 i_2} \cdots p_{i_{n-1} i_n}$ gilt, sind auch (ii) und (iii) äquivalent.   □

Ein Zustand j ist somit von i aus erreichbar, wenn im Übergangsgraphen von i ein direkter Pfeil nach j führt oder i und j über eine Pfeilfolge verbunden sind. In Beispiel 2.9 sind die Zustände 2 und 3 von 1, 2 und 3 aus erreichbar; die Zustände 2 und 3 sind verbunden, ebenso die Zustände 4 und 5.

Die Relation $\leftrightarrow$ erfüllt die Eigenschaften einer Äquivalenzrelation (vgl. Taylor/Karlin (1994), page 202) und führt so zu einer Zerlegung von I in disjunkte Teilmengen verbundener Zustände. Jede solche Teilmenge, in der also jeder Zustand von jedem Zustand aus erreichbar ist, heißt **Klasse** der Markov-Kette. Da jeder Zustand (per Definition) mit sich selbst verbunden ist, bilden möglicherweise auch einzelne Zustände eine Klasse. In Beispiel 2.9 gibt es drei Klassen, $C_1 = \{1\}$, $C_2 = \{2,3\}$ und $C_3 = \{4,5\}$. Auch jeder absorbierende Zustand ist eine eigene Klasse. Bestimmte Klassen sind abgeschlossen, andere nicht. Dabei heißt eine Klasse C **abgeschlossen**, wenn jeder Zustand j, der von $i \in C$ aus erreichbar ist, auch in C liegt. In Beispiel 2.9 sind die Klassen C_2 und C_3 abgeschlossen, nicht aber die Klasse C_1, da ein Übergang von C_1 nach C_2 stattfindet und damit die Klasse verlassen wird.

Abgeschlossenheit bedeutet somit, dass von einem Zustand $i \in C$ lediglich Zustände $j \in C$ erreichbar sind. Das ist, wie man sich leicht überlegen kann, gleichbedeutend mit $\sum_{j \in C} p_{ij} = 1$ für alle $i \in C$.

Eine Markov-Kette, die nur eine Klasse besitzt, bei der also jeder Zustand von jedem Zustand aus erreichbar ist, heißt **irreduzibel**. Eine Markov-Kette mit mehreren Klassen heißt **reduzibel**. Die Markov-Kette in Beispiel 2.9 ist damit reduzibel.

Rekurrenz und Transienz   2.4

Ein Zustand i einer Markov-Kette heißt **rekurrent**, falls

$$P_i(X_n = i \text{ für unendliche viele } n) = 1$$

gilt, und **transient**, falls

$$P_i(X_n = i \text{ für unendliche viele } n) = 0$$

gilt. Ein rekurrenter Zustand wird somit im Laufe der Zeit unendlich oft angenommen, ein transienter Zustand nur endlich oft.

Wir werden sehen, dass ein Zustand entweder transient oder rekurrent ist. Zur Herleitung bedienen wir uns wieder der Ersteintrittszeiten. Die Zufallsvariable

$$T_j = \inf\{n \in \mathbb{N} \mid X_n = j\} \qquad (\inf \emptyset = \infty)$$

bezeichne den Zeitpunkt n, zu dem der Zustand j erstmals angenommen werde. T_j heißt **Ersteintrittszeit in den Zustand** j. Sie nimmt Werte in $\mathbb{N} \cup \{\infty\}$ an. Dabei ist $T_j = n$, wenn die Markov-Kette (X_n) zum Zeitpunkt n erstmals den Wert j annimmt und $T_j = \infty$, wenn der Zustand j über den gesamten Prozessverlauf nicht angenommen wird.

In Abhängigkeit vom Anfangszustand i der Markov-Kette sei $P_i(T_j > t)$, $t \in \mathbb{N}_0$, die Wahrscheinlichkeit, dass ein Eintritt der Markov-Kette (X_n) in den Zustand j erst nach dem Zeitpunkt t erfolgt. Insbesondere ist

$$f_{ij} := P_i(T_j < \infty) = 1 - \lim_{t \to \infty} P_i(T_j > t)$$

die Wahrscheinlichkeit, mit der, ausgehend vom Zustand i, der Zustand j in endlicher Zeit erreicht wird. Speziell für $i = j$ bezeichnet

$$f_{ii} := P_i(T_i < \infty) = 1 - \lim_{t \to \infty} P_i(T_i > t)$$

die **Rückkehrwahrscheinlichkeit** in den Zustand i.

Eng verbunden mit der Ersteintrittszeit T_j in den Zustand j ist die **Häufigkeit**

$$N_j = \sum_{n=1}^{\infty} 1_{\{X_n = j\}}$$

mit der der Zustand j im Prozessverlauf angenommen wird. Da die Indikatorfunktion $1_{\{X_n=j\}}$ nur die Werte 0 (falls $X_n \neq j$) oder 1 (falls $X_n = j$) annimmt, zählt N_j, wie häufig der Zustand j im Prozessverlauf angenommen wird. N_j ist somit eine Zufallsvariable mit Werten in $\mathbb{N}_0 \cup \{\infty\}$.

In Abhängigkeit vom Anfangszustand i der Markov-Kette sei $P_i(N_j > m)$ die Wahrscheinlichkeit, dass der Zustand j mehr als m-mal angenommen wird. Dann bezeichnet

$$E_i(N_j) = \sum_{m=0}^{\infty} P_i(N_j > m) \tag{2.5}$$

die erwartete Anzahl der Besuche in j. Mit den Rechenregeln für Erwartungswerte $E_i(N_j) = E_i(\sum_{n=1}^{\infty} 1_{\{X_n=j\}}) = \sum_{n=1}^{\infty} E_i\left(1_{\{X_n=j\}}\right) = \sum_{n=1}^{\infty} P_i(X_n = j)$ folgt eine weitere nützliche Darstellung:

$$E_i(N_j) = \sum_{n=1}^{\infty} p_{ij}^{(n)}. \tag{2.6}$$

Der folgende Satz ist von zentraler Bedeutung für die Charakterisierung der Zustände einer Markov-Kette.

Satz 2.11

Für alle $i, j \in I$ und alle $m \in \mathbb{N}$ gilt

(i) $P_i(N_j > m) = f_{ij}(f_{jj})^m$.

(ii) $E_i(N_j) = \dfrac{f_{ij}}{1 - f_{jj}} = \displaystyle\sum_{n=1}^{\infty} p_{ij}^{(n)}$.

Beweis: Seien $T_j^{(1)} = T_j$ und $T_j^{(m)} = \inf\{n > T_j^{(m-1)} \mid X_n = j\}$ für $m > 1$ die Zeitpunkte, zu denen die Markov-Kette zum m-ten Mal im Zustand j ist (vgl. auch Abb. 2.4).

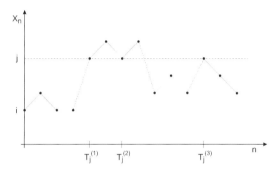

Abb. 2.4. Rückkehrzeitpunkte einer Markov-Kette

Wir beweisen nun (i) durch vollständige Induktion nach m. Für $m = 0$ ist $P_i(N_j > 0) = P_i(T_j < \infty) = f_{ij}$. Daher gelte

$$P_i(N_j > m) = P_i(T_j^{(m+1)} < \infty) = f_{ij}(f_{jj})^m$$

für ein $m \in \mathbb{N}_0$. Dann ist $P_i(N_j > m + 1) = P_i(T_j^{(m+2)} < \infty)$ und bedingt nach $\{T_j^{(m+1)} = n\}$

$$P_i(N_j > m + 1)$$
$$= \sum_{k=1}^{\infty} \sum_{n=1}^{\infty} P_i\left(T_j^{(m+2)} - T_j^{(m+1)} = k \mid T_j^{(m+1)} = n\right) P_i\left(T_j^{(m+1)} = n\right).$$

Um die bedingten Wahrscheinlichkeiten weiter vereinfachen zu können, benötigen wir eine Markov-Eigenschaft bei der der Zeitpunkt der letzten Beobachtung auch eine Zufallsvariable sein kann. Diese sog. **starke Markov-Eigenschaft** gilt (vgl. z.B. Norris (1997), Theorem 1.4.2) und wir erhalten schließlich (i) aus

$$
\begin{aligned}
P_i(N_j > m + 1) &= \sum_{k=1}^{\infty} \sum_{n=1}^{\infty} P\left(T_j = k \mid X_0 = j\right) P_i\left(T_j^{(m+1)} = n\right) \\
&= \sum_{k=1}^{\infty} P_j\left(T_j = k\right) \sum_{n=1}^{\infty} P_i\left(T_j^{(m+1)} = n\right) \\
&= P_j(T_j < \infty) \cdot P_i\left(T_j^{(m+1)} < \infty\right) \\
&= f_{jj} \cdot f_{ij}(f_{jj})^m.
\end{aligned}
$$

(ii) folgt aus (i), (2.5), den Eigenschaften der geometrischen Reihe und (2.6). $\square$

2.12   **Satz**

Jeder Zustand $i \in I$ einer Markov-Kette ist entweder rekurrent oder transient. Weiter gilt:

(i) i ist rekurrent genau dann, wenn $P_i(T_i < \infty) = 1$ oder $\sum_{n=1}^{\infty} p_{ii}^{(n)} = \infty$ gilt.

(ii) i ist transient genau dann, wenn $P_i(T_i < \infty) < 1$ oder $\sum_{n=1}^{\infty} p_{ii}^{(n)} < \infty$ gilt.

Beweis: Gilt $P_i(T_i < \infty) = 1$ und damit $f_{ii} = 1$, so ist nach Satz 2.11 (i) $P_i(N_i > m) = 1$ für alle $m \in \mathbb{N}$. Hieraus folgt

$$
P_i(X_n = i \text{ für unendliche viele } n) = 1.
$$

Somit ist i rekurrent. Die Umkehrung folgt analog. Mit $f_{ii} = 1$ gilt nach Satz 2.11 $f_{ii}/(1 - f_{ii}) = \sum_{n=1}^{\infty} p_{ii}^{(n)} = \infty$ und umgekehrt. Damit ist (i) bewiesen. Ist $P_i(T_i < \infty) < 1$ und damit $f_{ii} < 1$, so folgt aus Satz 2.11, dass $P_i(X_n = i \text{ für unendliche viele } n) = P_i(N_i = \infty) = \lim_{m \to \infty} P_i(N_i > m) = \lim_{m \to \infty} f_{ii}^{m+1} = 0$. Damit ist i transient. Die Umkehrung folgt analog. Mit $f_{ii} < 1$ gilt schließlich $f_{ii}/(1 - f_{ii}) = \sum_{n=1}^{\infty} p_{ii}^{(n)} < \infty$ und umgekehrt. Damit ist (ii) bewiesen und insgesamt die Behauptung des Satzes. $\square$

Fassen wir das Ergebnis der letzten beiden Sätze zusammen: Ein Zustand i ist entweder transient oder rekurrent. Ist er transient, so ist die Rückkehrwahrscheinlichkeit $f_{ii} < 1$. Die Häufigkeit N_i, mit der der Prozess zurückkehrt, ist geometrisch verteilt (auf $\mathbb{N}_0$, vgl. Bemerkung A.7) mit Erwartungswert

$E_i(N_i) = f_{ii}/(1 - f_{ii})$. Als weitere wichtige Charakterisierung erhalten wir $\sum_{n=1}^{\infty} p_{ii}^{(n)} < \infty$. Ist i rekurrent, so ist $f_{ii} = 1$ und der Prozess kehrt (mit Wahrscheinlichkeit 1) unendlich oft in den Zustand i zurück. Als weitere nützliche Charakterisierung können wir $\sum_{n=1}^{\infty} p_{ii}^{(n)} = \infty$ heranziehen.

Satz 2.13

Sei i rekurrent und j von i aus erreichbar. Dann ist auch j rekurrent und i von j aus erreichbar.

Beweis: Sei $j \neq i$. Ist j von i aus erreichbar, so existiert nach Satz 2.10 ein $m \in \mathbb{N}$ mit $p_{ij}^{(m)} > 0$. Nach Voraussetzung ist i rekurrent und damit $P_i(X_n = i$ für unendliche viele $n) = 1$. Hieraus folgt $P_i(X_n = i$ für ein $n > m) = 1$. Bedingen wir nun bzgl. $\{X_m = k\}$, so folgt zusammen mit der Markov-Eigenschaft

$$\begin{aligned} 1 &= \sum_{k \in I} P(X_n = i \text{ für ein } n > m \mid X_0 = i, X_m = k) p_{ik}^{(m)} \\ &= \sum_{k \in I} P(X_n = i \text{ für ein } n > m \mid X_m = k) p_{ik}^{(m)} \\ &= \sum_{k \in I} f_{ki} p_{ik}^{(m)}. \end{aligned}$$

Damit ist $f_{ji} = 1$. Denn wäre $f_{ji} < 1$, so wäre wegen $p_{ij}^{(m)} > 0$ der Ausdruck $\sum_{k \in I} f_{ki} p_{ik}^{(m)} < 1$.

Wegen $f_{ji} = 1$ und $f_{ii} = 1$ (nach Satz 2.12) ist $E_j(N_i) = \infty$ (nach Satz 2.11). Damit existiert ein $m' \in \mathbb{N}$ mit $p_{ji}^{(m')} > 0$. Somit ist i von j aus erreichbar.

Ausgehend von $P^{m'+k+m} = P^{m'} P^k P^m$, $k \in \mathbb{N}$, erhält man zunächst

$$p_{jj}^{(m'+k+m)} \geq p_{ji}^{(m')} p_{ii}^{(k)} p_{ij}^{(m)}.$$

Summation über k ergibt zusammen mit Satz 2.11(ii)

$$\frac{f_{jj}}{1 - f_{jj}} \geq \sum_{k=1}^{\infty} p_{jj}^{(m'+k+m)} \geq p_{ji}^{(m')} p_{ij}^{(m)} \sum_{k=1}^{\infty} p_{ii}^{(k)} = p_{ji}^{(m')} p_{ij}^{(m)} \frac{f_{ii}}{1 - f_{ii}}.$$

Wegen $p_{ji}^{(m')} > 0$, $p_{ij}^{(m)} > 0$ und $f_{ii} = 1$ ist die rechte Seite der Ungleichung unendlich. Damit muss auch die linke Seite unendlich sein. Dies ist aber nur für $f_{jj} = 1$ möglich. Somit ist j rekurrent. $\quad\square$

Nach Satz 2.13 sind Rekurrenz und Transienz Klasseneigenschaften: Entweder sind alle Zustände einer Klasse rekurrent oder alle Zustände einer Klasse transient.

Die Teilmenge $I_R \subset I$ aller rekurrenten Zustände ist nach Satz 2.13 abgeschlossen (Übungsaufgabe). Ist die Menge I_R irreduzibel, ist also jeder rekurrente Zustand von jedem anderen rekurrenten Zustand aus erreichbar, so spricht man von einer Markov-Kette mit nur einer rekurrenten Klasse.

Ist I_R reduzibel, so zerfällt I_R in disjunkte, irreduzible Teilmengen I_{R_ν}. Jede dieser abgeschlossenen Teilmengen I_{R_ν} bezeichnet man als **rekurrente Klasse**. Enthält eine Markov-Kette m rekurrente Klassen $I_{R_1}, \ldots, I_{R_m}$, so ergibt sich zusammen mit der Menge I_T der transienten Zustände eine disjunkte Überdeckung des Zustandsraums I gemäß

$$I = I_{R_1} \cup I_{R_2} \cup \cdots \cup I_{R_m} \cup I_T.$$

Startet demzufolge der Prozess in einem Zustand $i \in I_{R_\nu}$, so kann er die rekurrente Klasse I_{R_ν} nicht mehr verlassen und es ist ausreichend, die reduzierte Markov-Kette mit Zustandsraum I_{R_ν} zu betrachten. Startet der Prozess jedoch in einem Zustand $i \in I_T$, so ist die gesamte Markov-Kette zu betrachten, da nicht feststeht, in welche rekurrente Klasse I_{R_ν} der Prozess gelangen wird.

Durch Umordnung der Zustände erhält man die folgende Darstellung

$$
\begin{array}{c}
\begin{array}{cccccc}
\phantom{I_{R_1}} & I_{R_1} & I_{R_2} & I_{R_3} & \cdots & I_{R_m} & I_T
\end{array} \\
\begin{array}{c}
I_{R_1} \\ I_{R_2} \\ I_{R_3} \\ \vdots \\ I_{R_m} \\ I_T
\end{array}
\left(
\begin{array}{cccccc}
P_1 & 0 & 0 & \cdots & 0 & 0 \\
0 & P_2 & 0 & \cdots & 0 & 0 \\
0 & 0 & P_3 & \cdots & 0 & 0 \\
\vdots & & & & & \\
0 & 0 & 0 & \cdots & P_m & 0 \\
Q_1 & Q_2 & Q_3 & \cdots & Q_m & Q
\end{array}
\right).
\end{array}
$$

Satz 2.14 fasst die Übergangsstruktur aus der Sicht der $f_{ij} = P_i(T_j < \infty)$ zusammen.

2.14   Satz

Seien i, j und k beliebige Zustände. Dann gilt

(i) Gehören i und j derselben rekurrente Klasse an, so ist $f_{ij} = f_{ji} = 1$.

(ii) Gehören i und j unterschiedlichen rekurrenten Klassen an, so ist $f_{ij} = f_{ji} = 0$.

(iii) Ist i rekurrent und j transient, so ist $f_{ij} = 0$.

(iv) Ist i transient und gehören j und k derselben rekurrenten Klasse I_{R_ν} an, so ist $f_{ij} = f_{ik} =: f_{iR_\nu}$. Dabei ist $f_{iR_\nu}, i \in I_T$, die (kleinste und in Verbindung mit Bemerkung 2.7 eindeutige) Lösung $u_i \in [0,1]$ des Gleichungssystems

$$u_i = \sum_{\ell \in I_{R_\nu}} p_{i\ell} + \sum_{\ell \in I_T} p_{i\ell} u_\ell.$$

Beweis: (i) wurde bereits im Beweis zu Satz 2.13 gezeigt, (ii) und (iii) folgen unmittelbar aus der Abgeschlossenheit der rekurrenten Klassen.

(iv). Mit $J = \{j\}$ geht das Gleichungssystem in Satz 2.6(ii) über in

$$f_{ij} = p_{ij} + \sum_{\ell \in I_T} p_{i\ell} f_{\ell j} + \sum_{\substack{\ell \in I_{R_\nu} \\ \ell \neq j}} p_{i\ell} f_{\ell j} + \sum_{\ell \in I_R \setminus I_{R_\nu}} p_{i\ell} f_{\ell j}.$$

Unter Berücksichtigung von (i) und (ii) erhält man die Vereinfachung

$$f_{ij} = p_{ij} + \sum_{\ell \in I_T} p_{i\ell} f_{\ell j} + \sum_{\substack{\ell \in I_{R_\nu} \\ \ell \neq j}} p_{i\ell} = \sum_{\ell \in I_T} p_{i\ell} f_{\ell j} + \sum_{\ell \in I_{R_\nu}} p_{i\ell}. \qquad (2.7)$$

Setzt man (für feste j und k) $g_i = f_{ij} - f_{ik}$, so folgt, falls I_T endlich ist (der allgemeine Fall ist aufwändiger zu zeigen), für alle $i \in I_T$ und alle $n \in \mathbb{N}$

$$g_i = \sum_{\ell \in I_T} p_{i\ell} g_\ell = \sum_{\ell \in I_T} p_{i\ell} \left[\sum_{\ell' \in I_T} p_{\ell\ell'} g_{\ell'} \right] = \dots = \sum_{\ell \in I_T} p_{i\ell}^{(n)} g_\ell.$$

Zusammen mit $p_{i\ell}^{(n)} \to 0$ für $n \to \infty$ (nach Satz 2.11(ii)) folgt dann $g_i = 0, i \in I_T$, durch Vertauschung von Summation und Grenzübergang. Somit existiert ein f_{iR_ν} mit $f_{iR_\nu} = f_{ij} = f_{ik}$. Das Gleichungssystem zur Berechnung der f_{iR_ν} ergibt sich nun unmittelbar aus (2.7). $\square$

Sei i ein transienter und j ein rekurrenter Zustand. Nach Satz 2.14(iv) ist es sinnvoll, nicht mehr vom Erreichen des Zustandes j zu sprechen, sondern vom Erreichen der rekurrenten Klasse, der j angehört.

Erinnern wir uns: Eine Markov-Kette, die einen rekurrenten Zustand i annimmt, kehrt wegen $P_i(T_i < \infty) = 1$ mit Wahrscheinlichkeit 1 in endlicher Zeit zurück. Eine weitergehende Charakterisierung rekurrenter Zustände ergibt sich aus der mittleren Rückkehrzeit, die sowohl endlich als auch unendlich sein kann.

Ist $P_i(T_j < \infty) = 1$, so kann man

$$\mu_{ij} = E_i(T_j)$$

als **mittlere Ersteintrittszeit** in den Zustand j interpretieren. Im Falle $j = i$ spricht man auch von der **mittleren Rückkehrzeit** in den Zustand i. Ein rekurrenter Zustand i heißt **positiv-rekurrent**, falls $\mu_{ii} < \infty$ gilt; andernfalls (d.h. $\mu_{ii} = \infty$) heißt er **null-rekurrent**.

Satz 2.16 erlaubt uns, rekurrente Klassen weiter zu unterteilen in null-rekurrente und positiv-rekurrente Klassen. Er basiert auf dem folgenden Satz, der für die asymptotische Entwicklung der Markov-Kette von zentraler Bedeutung ist.

2.15   Satz

Seien $i, j \in I$. Ist j rekurrent, so gilt

$$\lim_{n \to \infty} \frac{1}{n} \sum_{m=1}^{n} p_{ij}^{(m)} = \frac{f_{ij}}{\mu_{jj}}.$$

Beweis: Siehe Abschnitt 2.9.   □

2.16   Satz

Gehören i und j derselben rekurrenten Klasse I_{R_ν} an, so sind beide Zustände entweder positiv-rekurrent oder null-rekurrent.

Beweis: Sei i positiv-rekurrent und j von i aus erreichbar. Wie im Beweis von Satz 2.13(ii) erhält man

$$\frac{1}{N} \sum_{k=1}^{N} p_{jj}^{(m'+k+m)} \geq p_{ji}^{(m')} p_{ij}^{(m)} \cdot \frac{1}{N} \sum_{k=1}^{N} p_{ii}^{(k)}.$$

Grenzübergang $N \to \infty$ liefert dann zusammen mit den Sätzen 2.14(i) und 2.15

$$\frac{1}{\mu_{jj}} \geq p_{ji}^{(m')} p_{ij}^{(m)} \cdot \frac{1}{\mu_{ii}} > 0.$$

Somit ist j positiv-rekurrent.   □

Eine endliche Markov-Kette enthält keine null-rekurrenten Zustände und nicht alle Zustände können transient sein. Ein plausibles Ergebnis, das wir im nächsten Satz formal beweisen.

Satz   2.17

Für eine Markov-Kette mit endlichem Zustandsraum gilt:

(i) nicht alle Zustände sind transient.

(ii) es gibt keine null-rekurrenten Zustände.

Beweis: (i) Sei P eine stochastische Matrix. Dann ist auch P^n, $n \in \mathbb{N}$, eine stochastische Matrix. Wären alle Zustände transient, so wäre für alle $j \in I$ $f_{jj} < 1$ (nach Satz 2.12) und damit $\sum_{n=1}^{\infty} p_{ij}^{(n)} = f_{ij}/(1 - f_{jj}) < \infty$ (nach Satz 2.11(ii)). Somit hätten wir $\lim_{n \to \infty} p_{ij}^{(n)} = 0$ für alle $i, j \in I$ und schließlich wäre, da I endlich ist, P^n für hinreichend großes n keine stochastische Matrix mehr. Somit können nicht alle Zustände transient sein.

(ii) Wäre i null-rekurrent, so würde eine rekurrente Klasse I_{R_ν} mit $i \in I_{R_\nu}$ existieren und es wäre

$$\sum_{j \in I_{R_\nu}} \frac{1}{n} \sum_{k=1}^{n} p_{ij}^{(k)} = \frac{1}{n} \sum_{k=1}^{n} \sum_{j \in I_{R_\nu}} p_{ij}^{(k)} = 1$$

für alle $n \in \mathbb{N}$. Damit hätten wir

$$\lim_{n \to \infty} \sum_{j \in I_{R_\nu}} \frac{1}{n} \sum_{k=1}^{n} p_{ij}^{(k)} = \sum_{j \in I_{R_\nu}} \lim_{n \to \infty} \frac{1}{n} \sum_{k=1}^{n} p_{ij}^{(k)} = 1 \qquad (2.8)$$

(die Vertauschung von Summation und Grenzübergang ist aufgrund der Endlichkeit von I möglich). Mit i wäre nach Satz 2.16 auch j null-rekurrent und zusammen mit Satz 2.15 würde $\sum_{j \in I_{R_\nu}} \lim_{n \to \infty} \frac{1}{n} \sum_{k=1}^{n} p_{ij}^{(k)} = 0$ folgen im Widerspruch zu (2.8). Somit kann i nicht null-rekurrent sein. $\square$

2.18   **Beispiel**

(a) Sei $X_0, X_1, \ldots$ ein Random Walk auf $\mathbb{Z}$,

$$p_{ij} = \begin{cases} p & \text{für } j = i + 1 \\ 1 - p & \text{für } j = i - 1 \end{cases} \qquad (0 \text{ sonst}).$$

Ist $p \neq 1/2$, so sind alle Zustände transient, da $p_{ii}^{(2n+1)} = 0$ und

$$p_{ii}^{(2n)} = \binom{2n}{n} p^n (1 - p)^n \to 0$$

für $n \to \infty$. Die Behauptung folgt aus dem Quotientenkriterium für Reihen:

$$\frac{p_{ii}^{(2n+2)}}{p_{ii}^{(2n)}} = \frac{(2n+2)(2n+1)}{(n+1)(n+1)} p(1-p) \quad \to \quad 4p(1-p) < 1.$$

Ist $p = 1/2$, so sind alle Zustände rekurrent. Mit Hilfe der Stirlingschen Formel ($n! \approx \sqrt{2\pi n} \cdot \left(\frac{n}{e}\right)^n$) erhält man nämlich

$$p_{ii}^{(2n)} = \binom{2n}{n} \left(\frac{1}{2}\right)^{2n} \approx \frac{\sqrt{4\pi n} \cdot \left(\frac{2n}{e}\right)^{2n}}{\sqrt{2\pi n} \cdot \left(\frac{n}{e}\right)^n \sqrt{2\pi n} \cdot \left(\frac{n}{e}\right)^n} \cdot \frac{1}{2^{2n}} = \frac{1}{\sqrt{\pi n}}$$

und, da $\sum \frac{1}{\sqrt{\pi n}} = \infty$, folgt auch $\sum p_{ii}^{(n)} = \infty$. Somit ist i rekurrent.

(b) Sei $X_0, X_1, \ldots$ ein symmetrischer Random Walk auf $\mathbb{Z}^2$,

$$p_{ij} = \begin{cases} 1/4 & \text{für } |j - i| = 1 \\ 0 & \text{sonst .} \end{cases}$$

Dann lässt sich ebenfalls mit Hilfe der Stirlingschen Formel zeigen, dass $p_{ii}^{(2n)} \approx \frac{1}{\pi n}$. Da $\sum \frac{1}{n} = \infty$ ist, sind alle Zustände rekurrent.

(c) Sei $X_0, X_1, \ldots$ ein symmetrischer Random Walk auf $\mathbb{Z}^3$,

$$p_{ij} = \begin{cases} 1/6 & \text{für } |j - i| = 1 \\ 0 & \text{sonst.} \end{cases}$$

Die Stirlingsche Formel liefert hier $p_{ii}^{(2n)} \approx \frac{1}{2(2\pi)^{3/2}} \left(\frac{6}{n}\right)^{3/2}$. Bekanntlich ist $\sum n^{-3/2} < \infty$. Damit sind alle Zustände transient.

Überrascht Sie das Ergebnis? $\diamond$

Stationäre Verteilungen

Viele Langzeiteigenschaften einer Markov-Kette sind eng verknüpft mit dem Begriff der stationären Verteilung.

Eine Verteilung $\pi = \{\pi_j, j \in I\}$ heißt **stationär**, falls

$$\pi_j = \sum_{i \in I} \pi_i p_{ij}^{(n)}, \quad j \in I. \tag{2.9}$$

für alle $n \in \mathbb{N}$ gilt.

Der Definition entnehmen wir unmittelbar, dass die Verteilung $\pi(n)$ der Zustände der Markov-Kette zum Zeitpunkt n, die bekanntlich in der Form $\pi(n) = \pi(0)P^n$ darstellbar ist, bei Wahl von $\pi(0) = \pi$ von n unabhängig ist. Das erklärt noch einmal den Begriff der Stationarität. Die Bedeutung der stationären Verteilung liegt jedoch in dem asymptotischen Verhalten von $\pi(n)$ für $n \to \infty$, was wir häufig als Annäherung an eine stationäre Verteilung beschreiben können.

π ist insbesondere Lösung der Gleichung $\pi = \pi P$ (Spezialfall $n = 1$). Wiederholte Ersetzung von π durch πP liefert $\pi = \pi P^n$ für alle $n \in \mathbb{N}$. Damit ergibt sich π als Lösung des linearen Gleichungssystems

$$u_j = \sum_{i \in I} u_i p_{ij}, \quad i \in I, \tag{2.10}$$

unter Einhaltung der Nichtnegativitätsbedingung

$$u_i \geq 0, \quad i \in I, \tag{2.11}$$

und der Normierungsbedingung

$$\sum_{i \in I} u_i = 1. \tag{2.12}$$

Beispiel   2.19

Eine weiße und zwei schwarze (nicht unterscheidbare) Kugeln seien zufällig nebeneinander angeordnet. Die Anordnung ändere sich in jeder Spielrunde nach folgender Regel:

- Eine der drei Kugeln werde zufällig ausgewählt. Die ausgewählte Kugel wird an Position 1 (ganz links) neu angeordnet, die ursprünglich weiter links angeordneten Kugeln rücken eine Position nach rechts, die restlichen Anordnungen bleiben unverändert. Dabei werde die weiße Kugel mit Wahrscheinlichkeit $a \in (0,1)$ und jede der beiden schwarzen Kugeln mit Wahrscheinlichkeit $(1-a)/2$ ausgewählt.

Um die Frage zu beantworten, welche Anordnung der Kugeln sich bei langfristiger Betrachtung am häufigsten einstellt, beschreiben wir die Spielentwicklung durch eine Markov-Kette mit Zustandsraum

$$I = \{1, 2, 3\} \equiv \{(\circ, \bullet, \bullet), (\bullet, \circ, \bullet), (\bullet, \bullet, \circ)\}$$

und Übergangsmatrix

$$P = \begin{pmatrix} a & 1-a & 0 \\ a & \frac{1-a}{2} & \frac{1-a}{2} \\ a & 0 & 1-a \end{pmatrix}.$$

Die zugehörige stationäre Verteilung $\pi = (a, \frac{2a(1-a)}{1+a}, \frac{(1-a)^2}{1+a})$ ergibt sich als Lösung des Gleichungssystems

$$
\begin{aligned}
u_1 &= au_1 + au_2 + au_3 \\
u_2 &= (1-a)u_1 + \frac{1-a}{2}u_2 \\
u_3 &= \frac{1-a}{2}u_2 + (1-a)u_3
\end{aligned}
$$

mit den Nichtnegativitätsbedingungen $u_1 \geq 0$, $u_2 \geq 0$, $u_3 \geq 0$ und der Normierungsbedingung $u_1 + u_2 + u_3 = 1$.

Es lässt die folgende Interpretation zu:

- Ist $a \geq 1/3$, so ist $\pi_1 \geq \pi_2 \geq \pi_3$. Damit tritt bei langfristiger Betrachtung Anordnung (Zustand) 1 am häufigsten auf (Anteil a) und Anordnung 3 am seltensten (Anteil $\frac{(1-a)^2}{1+a}$).
- Ist $a \leq 1/3$, so kehrt sich die Situation vollständig um. In diesem Falle ist $\pi_1 \leq \pi_2 \leq \pi_3$ und damit Anordnung 1 am seltensten und Anordnung 3 am häufigsten. $\Diamond$

Wir kommen nun zur Existenz und Eindeutigkeit einer stationären Verteilung. Wir beginnen mit dem einfachsten Fall. Dies ist eine irreduzible Markov-Kette mit endlich vielen Zuständen.

2.20   Satz

Sei (X_n) eine irreduzible Markov-Kette mit endlichem Zustandsraum. Dann existiert eine stationäre Verteilung; sie ist eindeutig und es gilt $\pi_i = 1/\mu_{ii} > 0$ für alle $i \in I$.

Beweis: Da (X_n) irreduzibel ist, ist jeder Zustand $i \in I$ nach Satz 2.17 positiv-rekurrent. Das impliziert $\mu_{ii} \geq 1$ (nach Definition von T_i) und $\mu_{ii} < \infty$ (nach Definition der positiven Rekurrenz). Damit ist $\pi_i = 1/\mu_{ii} \in (0,1]$, $i \in I$. Wir zeigen nun, dass $\sum_{i \in I} \pi_i = 1$ und damit π eine Verteilung ist. Zunächst gilt für alle $n \in \mathbb{N}$

$$\sum_{j \in I} \frac{1}{n} \sum_{m=1}^{n} p_{ij}^{(m)} = \frac{1}{n} \sum_{m=1}^{n} \sum_{j \in I} p_{ij}^{(m)} = 1.$$

Grenzübergang $n \to \infty$ liefert dann $\sum_{j \in I} (\mu_{jj})^{-1} = 1$ und damit $\sum_{i \in I} \pi_i = 1$. Die Verteilung π ist sogar eine stationäre Verteilung, denn zusammen mit Satz 2.15 gilt weiter

$$\frac{1}{n} \sum_{m=1}^{n} p_{ij}^{(m)} = \frac{1}{n} \sum_{m=1}^{n} \sum_{k \in I} p_{ik}^{(m-1)} p_{kj} = \frac{n-1}{n} \sum_{k \in I} p_{kj} \left(\frac{p_{ik}^{(0)}}{n-1} + \frac{1}{n-1} \sum_{m=1}^{n-1} p_{ik}^{(m)} \right)$$

und für $n \to \infty$ $(\mu_{jj})^{-1} = \sum_{k \in I} p_{kj} (\mu_{kk})^{-1}$, also $\pi = \pi P$.

Zum Beweis der Eindeutigkeit sei $\tilde{\pi}$ eine beliebige stationäre Verteilung und $j \in I$. Dann gilt für alle $m, n \in \mathbb{N}$

$$\tilde{\pi}_j = \sum_{i \in I} \tilde{\pi}_i p_{ij} = \sum_{i \in I} \tilde{\pi}_i p_{ij}^{(m)} = \sum_{i \in I} \tilde{\pi}_i \left(\frac{1}{n} \sum_{m=1}^{n} p_{ij}^{(m)} \right) \qquad (2.13)$$

Grenzübergang $n \to \infty$ liefert dann $\tilde{\pi}_j = \sum_{i \in I} \tilde{\pi}_i (\mu_{jj})^{-1} = (\mu_{jj})^{-1}$ und damit die Eindeutigkeit. $\square$

Im Falle von abzählbar vielen Zuständen müssen wir zusätzlich unterscheiden, ob die Zustände positiv- oder null-rekurrent sind.

Satz 2.21

Sei (X_n) eine irreduzible Markov-Kette mit abzählbarem Zustandsraum.

(i) Sind die Zustände positiv-rekurrent, so existiert eine stationäre Verteilung; sie ist eindeutig und es gilt $\pi_i = 1/\mu_{ii} > 0$ für alle $i \in I$.

(ii) Sind die Zustände null-rekurrent, so existiert keine stationäre Verteilung.

Satz 2.21 ist eine sehr schöne Charakterisierung positiv-rekurrenter Klassen. Doch wann ist eine Klasse positiv-rekurrent, wann ist sie null-rekurrent? Äußerst hilfreich ist daher die folgende Erweiterung, mit der wir auch ein

Verfahren an die Hand bekommen, eine Klasse auf positive Rekurrenz zu überprüfen.

2.22   **Satz**

Eine rekurrente Klasse einer Markov-Kette (X_n) ist genau dann positiv-rekurrent, wenn sie eine stationäre Verteilung besitzt.

Beweis: Siehe z.B. Theorem 1.7.7 in Norris (1997). □

Die praktische Konsequenz aus Satz 2.22 ist, das Gleichungssystem zur Berechnung der stationären Verteilung aufzustellen und zu versuchen, es zu lösen. Existiert eine Lösung, so haben wir die stationäre Verteilung gefunden und wissen, dass die Klasse positiv-rekurrent ist. Andernfalls existiert keine stationäre Verteilung und die Klasse ist null-rekurrent.

Angewandt auf den symmetrischen Random Walk (X_n) auf $\mathbb{Z}$ (vgl. Beispiel 2.18), von dem wir wissen, dass er rekurrent ist, bedeutet es, dass er null-rekurrent ist, da die Gleichung $u_i = 0.5u_{i-1} + 0.5u_{i+1}$ keine *positive* Lösung und damit auch keine stationäre Verteilung besitzt.

2.23   **Satz**

Sei π eine stationäre Verteilung. Ist j ein transienter oder null-rekurrenter Zustand, so ist $\pi_j = 0$.

Beweis: Ist j transient, so folgt die Behauptung aus Satz 2.11(ii). Ist j null-rekurrent, so besitzt das nach Satz 2.22 zu lösende (Teil-)Gleichungssystem nur die triviale Lösung $\pi \equiv 0$. □

Die bisherigen Aussagen über irreduzible Markov-Ketten gelten natürlich auch für jede rekurrente Klasse I_{R_ν} einer Markov-Kette, die für sich betrachtet irreduzibel ist. Daher kann man die auf dem Teil-Zustandsraum I_{R_ν} berechnete stationäre Verteilung $\pi^{(\nu)} = \{\pi_j^{(\nu)}, j \in I_{R_\nu}\}$ gemäß $\pi_j = \pi_j^{(\nu)}$ für $j \in I_{R_\nu}$ und $\pi_j = 0$ für $j \notin I_{R_\nu}$ zu einer stationären Verteilung π auf I fortsetzen.

Nach Satz 2.23 können die transienten Zustände bei der Betrachtung der asymptotischen Entwicklung der Markov-Kette weitgehend vernachlässigt werden. Aber nicht ganz. Startet die Markov-Kette nämlich in einem transienten Zustand, so wird das Übergangsverhalten in die einzelnen rekurrenten

Klassen durch das Verhalten innerhalb der transienten Zustände bestimmt. In Beispiel 2.29 werden wir die Zusammenhänge ausführlich darstellen. Formal können wir dieses Verhalten durch eine Konvexkombination der stationären Verteilungen der rekurrenten Klassen beschreiben. Wir halten zunächst fest: Eine Konvexkombination

$$\pi^{(\lambda)} = \sum_{\nu=1}^{m} \lambda_{\nu} \cdot \pi^{(\nu)}$$

(mit $\lambda_i \geq 0$, $\sum_{i=1}^{m} \lambda_i = 1$) der Fortsetzungen $\pi^{(1)}, \ldots, \pi^{(m)}$ der stationären Verteilungen der rekurrenten Klassen $I_{R_1}, \ldots, I_{R_m}$ ist wieder eine stationäre Verteilung (Übungsaufgabe). Der Parameter λ ergibt sich aus der Anfangsverteilung $\pi(0)$ der Markov-Kette. Auf die konkrete Festlegung gehen wir in Beispiel 2.29 näher ein.

Markov-Kette irreduzibel	Markov-Kette reduzibel
$\pi = \{\pi_j, j \in I\}$ ist Lösung von $$u_j = \sum_{i \in I} u_i p_{ij}$$ $u_i \geq 0$, $\sum_{i \in I} u_i = 1$	$\pi = \{\pi_j, j \in I\}$ ist Konvexkombination $$\pi_j = \begin{cases} \sum_{\nu} \lambda_{\nu} \pi_j^{(\nu)} & \text{für} \quad j \in I_R \\ 0 & \text{für} \quad i \in I_T \end{cases},$$ wobei $\lambda_{\nu} \geq 0$, $\sum \lambda_{\nu} = 1$ und $\pi^{(\nu)}$ Lösung der irreduziblen Klasse $I_{R_{\nu}}$ ist und 0 außerhalb.

Tabelle 2.2. Berechnung der stationären Verteilung bei endlichem Zustandsraum

Tabelle 2.2 fasst die einzelnen Rechenschritte bei endlichem Zustandsraum noch einmal zusammen. Bei abzählbarem Zustandsraum sind weitere Fallunterscheidungen notwendig:

(a) Besitzt die Markov-Kette keine positiv-rekurrente Klasse, so besitzt sie auch keine stationäre Verteilung.

(b) Existiert genau eine positiv-rekurrente Klasse, so besitzt die Markov-Kette genau eine stationäre Verteilung. Diese ergibt sich als Fortsetzung der stationären Verteilung der Klasse auf die gesamte Markov-Kette.

(c) Existieren mehrere positiv-rekurrente Klassen, so kann für jede positiv-rekurrente Klasse eine solche Fortsetzung der stationären Verteilung vorgenommen werden. Auf diese Weise geht die Eindeutigkeit der stationären Verteilung verloren. Bezeichnet $\pi^{(\nu)}$ die stationäre Verteilung der ν-ten positiv-rekurrenten Klasse, so ist jede Konvexkombination $\pi = \sum_\nu \lambda_\nu \cdot \pi^{(\nu)}$ (mit $\lambda_i \geq 0$, $\sum_{i=1}^m \lambda_i = 1$) eine stationäre Verteilung der Markov-Kette.

2.6 Das asymptotische Verhalten der Markov-Kette

Wir stellen nun die Verbindung der stationären Verteilungen einer Markov-Kette zur asymptotischen Entwicklung der Markov-Kette her. Besonders anschaulich wäre eine Konvergenz der Verteilung $\pi(n)$ der Zustände der Markov-Kette zum Zeitpunkt n gegen eine stationäre Verteilung π für $n \to \infty$. Dies trifft für wichtige Spezialfälle auch zu, aber nicht generell.

2.24   Beispiel

Gegeben sei eine Markov-Kette mit Zustandsraum $I = \{1, 2\}$ und Übergangsmatrix

$$P = \begin{pmatrix} 0 & 1 \\ 1 & 0 \end{pmatrix}.$$

Dann ist $P^2 = E$ (E Einheitsmatrix) und damit gilt $P^{2n} = E$ und $P^{2n+1} = P$ für alle $n \in \mathbb{N}$. Somit liegt keine Konvergenz der $p_{ij}^{(n)}$ für $n \to \infty$ vor und im Falle $\pi(0) = (\alpha, 1 - \alpha)$ für ein $\alpha \neq 1/2$ auch keine Konvergenz der $\pi(n)$ für $n \to \infty$, da $\pi(2n) = (\alpha, 1 - \alpha)$ und $\pi(2n+1) = (1 - \alpha, \alpha)$ für alle $n \in \mathbb{N}$.   ◇

Unter der **Periode** d_i eines Zustandes $i \in I$ versteht man den größten gemeinsamen Teiler aller $n \in \mathbb{N}$ mit $p_{ii}^{(n)} > 0$. Hat beispielsweise ein Zustand i die Periode $d_i = 2$, so kann die Markov-Kette lediglich nach $2, 4, 6, \ldots$ Schritten in den Zustand i zurückkehren. Ist $p_{ii}^{(n)} = 0$ für alle $n \in \mathbb{N}$, so setzt man $d_i = \infty$. Zustände mit der Periode $d_i = 1$ heißen **aperiodisch**. Sind alle Zustände einer Markov-Kette aperiodisch, so spricht man auch von einer aperiodischen Markov-Kette.

Man kann zeigen, dass Zustände derselben Klasse dieselbe Periode haben (vgl. z.B. Brémaud, Theorem 4.2). Beispiel 2.9 verdeutlicht die Zusammenhänge.

Beispiel   (Bsp. 2.9 - Forts. 1)   2.25

Gegeben sei noch einmal die Markov-Kette mit dem Übergangsgraphen

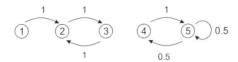

Der (transiente) Zustand 1 hat die Periode ∞, die Zustände 2 und 3 der rekurrenten Klasse $I_{R_1} = \{2,3\}$ die Periode 2 und die Zustände 4 und 5 der rekurrenten Klasse $I_{R_2} = \{4,5\}$ die Periode 1. $\Diamond$

Bei der Überprüfung auf Aperiodizität erweist sich das folgende Kriterium als äußerst hilfreich.

Satz   2.26

Sei (X_n) eine irreduzible Markov-Kette mit $p_{ii} > 0$ für einen Zustand $i \in I$. Dann ist $p_{jk}^{(n)} > 0$ für alle $j,k \in I$ und hinreichend großes n. Insbesondere sind alle Zustände aperiodisch.

Beweis: Zunächst existieren $r,s \in \mathbb{N}$ mit $p_{ji}^{(r)}, p_{ik}^{(s)} > 0$. Damit ist $p_{jk}^{(r+n+s)} \geq p_{ji}^{(r)} p_{ii}^{(n)} p_{ik}^{(s)} \geq p_{ji}^{(r)} (p_{ii})^n p_{ik}^{(s)} > 0$ für hinreichend großes n. $\square$

Satz   2.27

Sei (X_n) eine irreduzible, aperiodische Markov-Kette, die eine stationäre Verteilung π besitze. Dann gilt $\pi(n) \to \pi$ für $n \to \infty$. Darüber hinaus ist $\lim_{n\to\infty} p_{ij}^{(n)} = \pi_j = 1/\mu_{jj}$ für alle $i,j \in I$.

Erweitert man die Aussage auf Markov-Ketten mit mehr als einer positiv-rekurrenten Klasse, so erhält man mit Corollary X in Berger (1993):

2.28   **Satz**

Ist jede positiv-rekurrente Klasse der Markov-Kette aperiodisch, so gilt für alle $i, j \in I$

$$\lim_{n \to \infty} p_{ij}^{(n)} = \frac{f_{ij}}{\mu_{jj}}.$$

Damit ist das asymptotische Verhalten einer aperiodischen Markov-Kette vollständig bestimmt durch die $f_{ij} = P_i(T_j < \infty)$ und die $\mu_{jj} = E_j(T_j)$. Die f_{ij} ergeben sich aus Satz 2.14; die $\{1/\mu_{jj}, j \in I_{R_\nu}\}$ als stationäre Verteilungen der positiv-rekurrenten Klassen (vgl Satz 2.27). Die einzelnen Fälle sind noch einmal in Abb. 2.5 dargestellt.

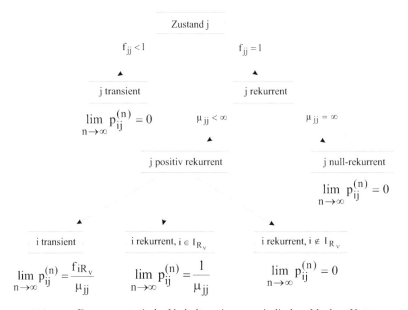

Abb. 2.5. Das asymptotische Verhalten einer aperiodischen Markov-Kette

Wir kommen nun zu dem angekündigten Beispiel, in dem wir die Eigenschaften der stationären Verteilungen mit dem asymptotischen Verhalten der Markov-Kette in Einklang bringen.

Gegeben sei eine Markov-Kette mit Zustandsraum $I = \{1, 2, \ldots, 7\}$ und
Übergangsmatrix

$$P = \begin{pmatrix} 0.2 & 0.8 & 0 & 0 & 0 & 0 & 0 \\ 0.7 & 0.3 & 0 & 0 & 0 & 0 & 0 \\ 0 & 0 & 0.3 & 0.5 & 0.2 & 0 & 0 \\ 0 & 0 & 0.6 & 0 & 0.4 & 0 & 0 \\ 0 & 0 & 0 & 0.4 & 0.6 & 0 & 0 \\ 0 & 0.1 & 0.1 & 0.2 & 0.2 & 0.3 & 0.1 \\ 0.1 & 0.1 & 0.1 & 0 & 0.1 & 0.2 & 0.4 \end{pmatrix}.$$

Die Markov-Kette besitzt die beiden transienten Zustände 6 und 7 ($I_T = \{6, 7\}$) sowie zwei aperiodische, rekurrente Klassen $I_{R_1} = \{1, 2\}$ und $I_{R_2} = \{3, 4, 5\}$.

Die Berechnung der stationären Verteilung der Klasse I_{R_1} führt auf das Gleichungssystem

$$
\begin{aligned}
u_1 &= 0.2u_1 + 0.7u_2 \\
u_2 &= 0.8u_1 + 0.3u_2 \qquad (u_1, u_2 \geq 0, \; u_1 + u_2 = 1).
\end{aligned}
$$

Dieses hat die (normierte) Lösung $u_1 = 7/15, u_2 = 8/15$.

Die Berechnung der stationären Verteilung der Klasse I_{R_2} führt auf das Gleichungssystem

$$
\begin{aligned}
u_3 &= 0.3u_3 + 0.6u_4 \\
u_4 &= 0.5u_3 + 0.4u_5 \\
u_5 &= 0.2u_3 + 0.4u_4 + 0.6u_5 \qquad (u_3, u_4, u_5 \geq 0, \; u_3 + u_4 + u_5 = 1).
\end{aligned}
$$

Dieses hat die (normierte) Lösung $u_3 = 6/23, u_4 = 7/23, u_5 = 10/23$.

Startet die Markov-Kette in einer der beiden rekurrenten Klassen, so beschreibt die zugehörige stationäre Verteilung bereits das asymptotische Verhalten. Ist beispielsweise $i_0 = 1$ der Anfangszustand, so hält sich die Markov-Kette nach hinreichend langer Zeit mit Wahrscheinlichkeit 7/15 im Zustand 1 und mit Wahrscheinlichkeit 8/15 im Zustand 2 auf. Weitere Zustände werden nur mit Wahrscheinlichkeit 0 angenommen.

Startet die Markov-Kette jedoch in einem der beiden transienten Zuständen, so müssen zunächst die Eintrittswahrscheinlichkeiten f_{6,R_1} und f_{6,R_2} sowie f_{7,R_1} und f_{7,R_2} in die beiden rekurrenten Klassen berechnet werden. Diese ergeben sich nach Satz 2.14 für I_{R_1} als Lösung des Gleichungssystems

$$
\begin{aligned}
u_6 &= 0.1 + 0.3u_6 + 0.1u_7 \\
u_7 &= 0.2 + 0.2u_6 + 0.4u_7 \qquad (u_6, u_7 \in [0,1])
\end{aligned}
$$

zu $f_{6,R_1} = u_6 = 0.2$ bzw. $f_{7,R_1} = u_7 = 0.4$. Für I_{R_2} erhält man das zu lösende Gleichungssystem

$$
\begin{aligned}
u_6 &= 0.5 + 0.3u_6 + 0.1u_7 \\
u_7 &= 0.2 + 0.2u_6 + 0.4u_7 \qquad (u_6, u_7 \in [0,1])
\end{aligned}
$$

mit der Lösung $f_{6,R_2} = u_6 = 0.8$ bzw. $f_{7,R_2} = u_7 = 0.6$.

Startet die Markov-Kette beispielsweise im Zustand $i_0 = 7$, so gelangt sie mit Wahrscheinlichkeit 0.4 in die Klasse 1 und mit der Wahrscheinlichkeit 0.6 in die Klasse 2 und verhält sich dann gemäß der dortigen stationären Verteilung. So wird beispielsweise der Zustand 1 nach hinreichend langer Zeit mit Wahrscheinlichkeit $0.4 \cdot 7/15$ angenommen, während Zustand 3 mit Wahrscheinlichkeit $0.6 \cdot 6/23$ angenommen wird.

Die f_{ij}, $i, j \in I_T$, haben keine Bedeutung (da $\pi_j = 0$, $j \in I_T$). Fasst man die übrigen f_{ij} unter Berücksichtigung von Satz 2.14 zu einer Matrix

$$
\begin{pmatrix}
1 & 1 & 0 & 0 & 0 & 0 & 0 \\
1 & 1 & 0 & 0 & 0 & 0 & 0 \\
0 & 0 & 1 & 1 & 1 & 0 & 0 \\
0 & 0 & 1 & 1 & 1 & 0 & 0 \\
0 & 0 & 1 & 1 & 1 & 0 & 0 \\
0.2 & 0.2 & 0.8 & 0.8 & 0.8 & * & * \\
0.4 & 0.4 & 0.6 & 0.6 & 0.6 & * & *
\end{pmatrix}
$$

zusammen, beachtet $\mu_{jj}^{-1} = u_j$ für $j \in I_{R_\nu}$ (nach Satz 2.27) und setzt formal $\mu_{jj} = \infty$ für $j \in I_T$, so existiert $P^\infty := \lim_{n\to\infty} P^n = \left(\frac{f_{ij}}{\mu_{jj}}\right)$ und es ist

$$
P^\infty =
\begin{pmatrix}
7/15 & 8/15 & 0 & 0 & 0 & 0 & 0 \\
7/15 & 8/15 & 0 & 0 & 0 & 0 & 0 \\
0 & 0 & 6/23 & 7/23 & 10/23 & 0 & 0 \\
0 & 0 & 6/23 & 7/23 & 10/23 & 0 & 0 \\
0 & 0 & 6/23 & 7/23 & 10/23 & 0 & 0 \\
7/75 & 8/75 & 24/115 & 28/115 & 8/23 & 0 & 0 \\
14/75 & 16/75 & 18/115 & 21/115 & 6/23 & 0 & 0
\end{pmatrix}.
$$

Zeile i der Matrix P^∞ kann man nun interpretieren als die asymptotische Verteilung der Zustände der Markov-Kette bei Start im Zustand i. So ergibt sich bspw. Zeile 7 als Konvexkombination $\lambda_1 \pi^{(1)} + \lambda_2 \pi^{(2)}$ der beiden stationären Verteilungen $\pi^{(1)}$ und $\pi^{(2)}$ mit $\lambda_1 = 0.4$ und $\lambda_2 = 0.6$. $\Diamond$

Beispiel   (Bsp. 2.1 - Forts. 5)   2.30

Betrachten wir noch einmal das Glücksspiel unter einem etwas anderen Blickwinkel. Die Ruinzustände 0 und 6 bilden zwei rekurrente Klassen $I_{R_1} = \{0\}$ und $I_{R_2} = \{6\}$ mit den stationären Verteilungen $(1,0,0,0,0,0,0)$ und $(0,0,0,0,0,0,1)$. Die Eintrittswahrscheinlichkeit $f_{4,I_{R_1}} = 1/3$ in Klasse 1 haben wir bereits im Zusammenhang mit der Ruinwahrscheinlichkeit $P_4(T_0 < \infty)$ berechnet. Entsprechend erhält man $f_{4,I_{R_2}} = 2/3$. Damit ist $\lim_{n\to\infty} P(X_n = j \mid X_0 = 4) = \pi_j$, $j \in I$, mit $\pi = (1/3, 0, 0, 0, 0, 0, 2/3)$. $\Diamond$

Bewertete Markov-Ketten   2.7

Die Zustände X_n einer Markov-Kette unterliegen häufig einer Bewertung $r(X_n)$ in Form erzielter Gewinne oder auch anfallender Kosten. So fallen z.B. in einem Lager Bestell-, Lager- und Fehlmengenkosten in Abhängigkeit vom Lagerbestand an (vgl. Beispiel 5.7). Wesentlich mitgeprägt werden diese Kosten noch von der Bestellpolitik des Lagerverwalters, also den Regeln, nach denen er das Lager wieder auffüllt. Diese lassen sich verändern. Daher ist es naheliegend, Bestellpolitiken zu vergleichen und die beste auszuwählen. Doch welche ist in diesem Zusammenhang die beste? Generell können wir festhalten, dass die Höhe der Gewinne oder Kosten noch von der Auslegung eines Systems abhängt, auf die man Einfluss nehmen kann.

Im Falle einstufiger Gewinne zieht man gewöhnlich eines der beiden folgenden Kriterien zur Bewertung eines Systems heran:

(a) **erwarteter diskontierter Gesamtgewinn:** ($\alpha \in (0,1)$)

$$V_\alpha(i) := E\left(\sum_{n=0}^{\infty} \alpha^n r(X_n) \mid X_0 = i \right), \quad i \in I.$$

(b) **erwarteter Gewinn pro Zeitstufe:**

$$G(i) := \lim_{N\to\infty} E\left(\frac{1}{N} \sum_{n=0}^{N-1} r(X_n) \mid X_0 = i \right), \quad i \in I.$$

Im Falle einstufiger Kosten bleiben die Formeln erhalten und es ändern sich lediglich die Bezeichnungen. Wir sprechen dann von den **erwarteten diskontierten Gesamtkosten** bzw. den **erwarteten Kosten pro Zeiteinheit**. Bei den weiteren Überlegungen beziehen wir uns daher auch nur auf einstufige Gewinne.

Bei der Betrachtung des diskontierten Gesamtgewinns (Diskontierungsfaktor $\alpha \in (0,1)$) wird der auf der Stufe n anfallende Gewinn $r(X_n)$ mit α^n gewichtet und die gewichteten einstufigen Gewinne $\alpha^n r(X_n)$ werden über alle $n \in \mathbb{N}_0$ aufsummiert. Das Ergebnis $\sum_{n=0}^{\infty} \alpha^n r(X_n)$ ist dann eine Zufallsvariable, die von der Folge $X_0, X_1, \ldots$ der Zustände der Markov-Kette abhängt und sich demzufolge mit jeder Realisation $(i_0, i_1, \ldots)$ des Prozesses ändert. Daher geht man zu einem mittleren Wert über, der sich bei unendlich vielen Wiederholungen einstellen würde, also gerade zu dem Erwartungswert $E(\sum_{n=0}^{\infty} \alpha^n r(X_n))$ der Summe der diskontierten einstufigen Gewinne.

Bedingt man nun noch bzgl. dem Anfangszustand $X_0 = i_0$, so erhält man mit $V_{\alpha}(i_0) = E\left(\sum_{n=0}^{\infty} \alpha^n r(X_n) \mid X(0) = i\right)$ den erwarteten diskontierten Gesamtgewinn bei Start im Zustand i_0. Schreibt man $V_{\alpha}(i)$, $i \in I$, um in

$$
\begin{aligned}
V_{\alpha}(i) &= \sum_{n=0}^{\infty} \alpha^n E\left(r(X_n) \mid X(0) = i\right) \\
&= \sum_{n=0}^{\infty} \alpha^n \sum_{j \in I} r(j) P(X_n = j \mid X(0) = i) \quad\quad (2.14) \\
&= \sum_{n=0}^{\infty} \alpha^n \sum_{j \in I} p_{ij}^{(n)} r(j),
\end{aligned}
$$

so wird noch einmal deutlich, mit welchem Gewicht die einstufigen Gewinne $r(j)$ in den diskontierten Gesamtgewinn eingehen.

Bei der Betrachtung des durchschnittlichen Gewinns pro Zeitstufe kehrt sich die Gewichtung der einstufigen Gewinne vollständig um. Nicht mehr die in „naher" Zukunft anfallenden Gewinne werden hoch gewichtet, sondern die in „ferner" Zukunft anfallenden Gewinne.

Mit Hilfe von $\frac{1}{N} \sum_{n=0}^{N-1} r(X_n)$ erhält man zunächst den durchschnittlichen Gewinn auf den ersten N Stufen. Dieser hängt von der Folge $X_0, X_1, \ldots, X_{N-1}$ der Zustände der Markov-Kette ab und ändert sich demzufolge mit jeder Realisation $(i_0, i_1, \ldots, i_{N-1})$ des Prozesses. Daher geht man auch hier zu einem mittleren Wert, den Erwartungswert $E(\frac{1}{N} \sum_{n=0}^{N-1} r(X_n))$, über. Führt man nun den Grenzübergang $N \to \infty$ durch, so erhält man mit $\lim_{N \to \infty} E(\frac{1}{N} \sum_{n=0}^{N-1} r(X_n))$ den erwarteten Gewinn pro Zeitstufe.

Bedingt man nun noch bzgl. dem Anfangszustand $X_0 = i_0$, so erhält man mit $G(i_0) = \lim_{N \to \infty} G_N(i_0) = \lim_{N \to \infty} E(\frac{1}{N} \sum_{n=0}^{N-1} r(X_n) \mid X_0 = i)$ den erwarteten Gewinn pro Zeitstufe bei Start im Zustand i_0. In Analogie zu (2.14) kann man $G_N(i)$, $i \in I$, umschreiben in

$$
\begin{aligned}
G_N(i) &= \frac{1}{N} \sum_{n=0}^{N-1} E(r(X_n) \mid X(0) = i) \\
&= \frac{1}{N} \sum_{n=0}^{N-1} (\sum_{j \in I} r(j) p_{ij}^{(n)}) \qquad (2.15) \\
&= \sum_{j \in I} r(j) \frac{1}{N} \sum_{n=0}^{N-1} p_{ij}^{(n)}.
\end{aligned}
$$

Für die Berechnung von $V_\alpha(i)$ und $G(i)$ erweisen sich die folgenden Sätze als äußerst nützlich. Sie präzisieren noch einmal die Voraussetzungen, unter denen die bisherigen Aussagen möglich sind und stellen die zu berechnenden Gleichungssysteme bereit.

Satz 2.31

Sei $(X_n)_{n \in \mathbb{N}_0}$ eine Markov-Kette mit endlichem Zustandsraum I und $r : I \to \mathbb{R}$ beliebig.

(i) Sei $\alpha \in (0,1)$. Dann ergibt sich $V_\alpha(i)$, $i \in I$, als eindeutige Lösung des linearen Gleichungssystems

$$
v(i) = r(i) + \alpha \sum_{j \in I} p_{ij} v(j), \quad i \in I. \qquad (2.16)
$$

(ii) Die Markov-Kette besitze genau eine rekurrente Klasse I_R. Dann gilt

$$
G(i) = g = \sum_{j \in I_R} \pi_j r(j), \quad i \in I,
$$

wobei π die stationäre Verteilung von $(X_n)_{n \in \mathbb{N}_0}$ ist.

(iii) Die Markov-Kette besitze genau eine rekurrente Klasse. Dann ist $G(i) = g$, $i \in I$, (auch) Lösung des linearen Gleichungssystems

$$
v(i) + g = r(i) + \sum_{j \in I} p_{ij} v(j), \quad i \in I,
$$

mit $v(i_0) = 0$ für ein $i_0 \in I$.

Beweis: (i) Sei $\hat{r} := \max_{j \in I} |r(j)|$. Zunächst folgt $V_\alpha(i) \in \mathbb{R}$ aus (2.14) und

$$|V_\alpha(i)| = |\sum_{n=0}^{\infty} \alpha^n \sum_{j \in I} p_{ij}^{(n)} r(j)| \leq \hat{r} \sum_{n=0}^{\infty} \alpha^n \sum_{j \in I} p_{ij}^{(n)} = \hat{r} \sum_{n=0}^{\infty} \alpha^n = \frac{\hat{r}}{1 - \alpha} < \infty.$$

Geht man nun zur Vektorschreibweise über, so erhält man

$$V_\alpha = \sum_{n=0}^{\infty} \alpha^n P^n r = r + \alpha P(r + \alpha P r + \ldots) = r + \alpha P V_\alpha.$$

Damit ist V_α Lösung von (2.16). Sei $\tilde{V}_\alpha(i) \in \mathbb{R}$, $i \in I$, eine weitere Lösung und $\hat{v} := \max_{j \in I} \{V_\alpha(j) - \tilde{V}_\alpha(j)\}$. Dann ist $\hat{v} < \infty$ und es gilt

$$V_\alpha(i) - \tilde{V}_\alpha(i) = \alpha \sum_{j \in I} p_{ij} (V_\alpha(j) - \tilde{V}_\alpha(j)), \quad i \in I. \tag{2.17}$$

Wiederholte Anwendung von (2.17) führt dann auf

$$V_\alpha(i) - \tilde{V}_\alpha(i) = \alpha^n \sum_{j \in I} p_{ij}^{(n)} (V_\alpha(j) - \tilde{V}_\alpha(j)) \leq \alpha^n \hat{v}, \quad i \in I, \; n \in \mathbb{N},$$

und damit auf $V_\alpha(i) - \tilde{V}_\alpha(i) \leq 0$, $i \in I$. Entsprechend zeigt man $\tilde{V}_\alpha(i) - V_\alpha(i) \leq 0$ für $i \in I$. Somit ist V_α eindeutige Lösung von (2.16) und der Beweis von (i) ist abgeschlossen.

(ii) folgt durch Grenzübergang $N \to \infty$ aus (2.15) in Verbindung mit Satz 2.15 (für j rekurrent) und Satz 2.11 (für j transient); (iii) ergibt sich aus der Theorie der Markovschen Entscheidungsprozesse, der wir uns in Kapitel 6 zuwenden werden (Spezialfall des Satzes 6.20(i) mit nur einer Aktion in jedem Zustand). $\square$

$V_\alpha(i)$, $i \in I$, kann als Lösung des linearen Gleichungssystems (2.16) mit Standardmethoden bestimmt werden. Dasselbe trifft auch für $G(i)$, $i \in I$, zu. Allerdings nur unter der zusätzlichen Annahme, dass die Markov-Kette nur eine rekurrente Klasse hat. In diesem Fall ist $G(i) = g$, $i \in I$, unabhängig vom Anfangszustand der Markov-Kette. Wählt man Darstellung (ii), so ergibt sich g als gewichtete Summe $g = \sum \pi_j r(j)$ der einstufigen Gewinne. Dabei kann man die durch die stationäre Verteilung π festgelegten Gewichte π_j interpretieren als die Wahrscheinlichkeiten, mit denen sich die Zustände der Markov-Kette „nach hinreichend langer Zeit" einstellen.

Satz 2.31(i) lässt sich übertragen auf eine Markov-Kette mit abzählbarem Zustandsraum. Hierzu hat man lediglich die Funktion $r : I \to \mathbb{R}$ als beschränkt anzunehmen. Bei der Übertragung von Satz 2.31(ii) hat man zusätzlich sicherzustellen, dass die rekurrente Klasse positiv-rekurrent ist.

Beispiel

Sei $(X_n)_{n \in \mathbb{N}_0}$ eine bewertete Markov-Kette mit Zustandsraum $I = \{1, 2, 3\}$, Übergangsmatrix

$$P = \begin{pmatrix} 1/2 & 1/4 & 1/4 \\ 1/2 & 0 & 1/2 \\ 1/4 & 1/4 & 1/2 \end{pmatrix}$$

und den einstufigen Gewinnen $r(1) = 8$, $r(2) = 16$, $r(3) = 7$.

(a) Für $\alpha = 0.9$ ergibt sich der diskontierte Gesamtgewinn $V_\alpha(i)$, $i \in I$, als Lösung des linearen Gleichungssystems

$$v(1) = 8 + 0.9[\tfrac{1}{2}v(1) + \tfrac{1}{4}v(2) + \tfrac{1}{4}v(3)]$$

$$v(2) = 16 + 0.9[\tfrac{1}{2}v(1) + \tfrac{1}{2}v(3)]$$

$$v(3) = 7 + 0.9[\tfrac{1}{4}v(1) + \tfrac{1}{4}v(2) + \tfrac{1}{2}v(3)]$$

und hat die Werte $V_{0.9}(1) = 91.3$, $V_{0.9}(2) = 97.6$ und $V_{0.9}(3) = 90.0$.

(b) Da (X_n) irreduzibel ist, ergibt sich der durchschnittliche Gewinn g pro Zeitstufe mit Hilfe der stationären Verteilung π zu $g = \sum_{i \in I} r(i)\pi_i = 8\pi_1 + 16\pi_2 + 7\pi_3 = 9.2$, wobei π Lösung von

$$u_1 = \tfrac{1}{2}u_1 + \tfrac{1}{2}u_2 + \tfrac{1}{4}u_3$$

$$u_2 = \tfrac{1}{4}u_1 + \tfrac{1}{4}u_3$$

$$u_3 = \tfrac{1}{4}u_1 + \tfrac{1}{2}u_2 + \tfrac{1}{2}u_3 \qquad (u_1, u_2, u_3 \geq 0, \ u_1 + u_2 + u_3 = 1)$$

ist. Alternativ kann man g als Lösung des Gleichungssystems

$$v(1) + g = 8 + \tfrac{1}{2}v(1) + \tfrac{1}{4}v(2) + \tfrac{1}{4}v(3)$$

$$v(2) + g = 16 + \tfrac{1}{2}v(1) + \tfrac{1}{2}v(3)$$

$$v(3) + g = 7 + \tfrac{1}{4}v(1) + \tfrac{1}{4}v(2) + \tfrac{1}{2}v(3)$$

mit (z.B.) $v(2) = 0$ bestimmen. $\diamond$

Eine weitere Charakterisierung der Markov-Kette

Betrachtet man die Markov-Kette nur zu den Zeitpunkten $T_0 = 0$, T_1, T_2, ..., zu denen eine Zustandsänderung stattfindet, so sind diese Zeitpunkte nicht mehr fest, sondern zufällig. Zufallsvariable sind damit auch die **Aufent-haltsdauern** in den einzelnen Zuständen, also die Differenzen $D_1 = T_1 - T_0$, $D_2 = T_2 - T_1$, ... der Zeitpunkte der Zustandsänderungen.

Mit Hilfe der Aufenthaltsdauern $D_1, D_2, \ldots$ erhält man die folgende Charakterisierung der Markov-Kette:

(a) Befindet sich die Markov-Kette zum Zeitpunkt T_n im Zustand $X_{T_n} = i$, so ist für $t \in \mathbb{N}_0$

$$P(D_n > t \mid X_{T_n} = i) = P(X_{T_n+1} = i, \ldots, X_{T_n+t} = i \mid X_{T_n} = i) = (p_{ii})^t.$$

Folglich wird der Zustand i entweder nicht mehr verlassen ($p_{ii} = 1$), nach genau einem Schritt wieder verlassen ($p_{ii} = 0$) oder die Aufenthaltsdauer D_n im Zustand i

$$
\begin{aligned}
P(D_n = t \mid X_{T_n} = i) &= P(D_n > t - 1 \mid X_{T_n} = i) - P(D_n > t \mid X_{T_n} = i) \\
&= (1 - p_{ii})(p_{ii})^{t-1}, \quad t \in \mathbb{N},
\end{aligned}
$$

ist geometrisch verteilt mit Parameter $1 - p_{ii} \in (0, 1)$.

(b) Ein Übergang vom Zustand i in den nachfolgenden Zustand $j \neq i$ zum Zeitpunkt T_{n+1} erfolgt dann mit der bedingten Wahrscheinlichkeit

$$
\begin{aligned}
P(X_{T_{n+1}} = j \mid X_{T_n} = i, D_n = t) &= P(X_{T_{n+1}} = j \mid X_{T_{n+1}} \neq i, X_{T_{n+1}-1} = i) \\
&= p_{ij}/(1 - p_{ii}).
\end{aligned}
$$

Diese ist unabhängig von der Aufenthaltsdauer im Zustand i.

Somit hält sich die Markov-Kette eine geometrisch verteilte Zeit in einem Zustand i auf und geht dann unabhängig von der Aufenthaltsdauer in einen nachfolgenden Zustand $j \neq i$ über.

2.9 — Ergänzende Beweise

Beweis zu Satz 2.15

Sei $\psi_{ij}(\alpha) := \sum_{m=0}^{\infty} \alpha^m p_{ij}^{(m)}$ für alle $\alpha \in (0, 1)$. Wir zeigen zunächst, dass $\lim_{\alpha \uparrow 1}(1 - \alpha)\psi_{ij}(\alpha) = f_{ij}/\mu_{jj}$ gilt. Die Behauptung des Satzes ergibt sich dann zusammmen mit Satz A.9(ii) aus

$$\lim_{n \to \infty} \frac{1}{n} \sum_{m=1}^{n} p_{ij}^{(m)} = \lim_{\alpha \uparrow 1}(1 - \alpha) \sum_{m=0}^{\infty} \alpha^m p_{ij}^{(m)}.$$

Sei X eine beliebige Zufallsvariable mit Werten in $\mathbb{N}$. Differenziert man

$$\Phi(\alpha) := \sum_{n=1}^{\infty} \alpha^n P(X = n),$$

die erzeugende Funktion von X, nach α, so gilt für die Ableitung

$$\Phi'(\alpha) = \sum_{n=1}^{\infty} n\alpha^{n-1} P(X = n)$$

und speziell für $\alpha = 1$

$$\Phi'(1) = \sum_{n=1}^{\infty} n P(X = n) = E(X).$$

Angewandt auf T_j (wobei $f_{ij}^{(n)} := P(T_j = n \mid X_0 = i)$) erhält man dann

$$\Phi_{ij}(\alpha) \quad = \quad \sum_{n=1}^{\infty} \alpha^n f_{ij}^{(n)}$$

$$\Phi_{ij}(1) \quad = \quad \sum_{n=1}^{\infty} f_{ij}^{(n)} = f_{ij}$$

$$\Phi'_{ij}(\alpha) \quad = \quad \sum_{n=1}^{\infty} n\alpha^{n-1} f_{ij}^{(n)}$$

$$\Phi'_{ij}(1) \quad = \quad \sum_{n=1}^{\infty} n f_{ij}^{(n)} = E(T_j) = \mu_{ij}.$$

Hieraus folgt zunächst

$$\begin{aligned}
\Phi_{ij}(\alpha)\psi_{jj}(\alpha) \quad &= \quad (\alpha f_{ij}^{(1)} + \alpha^2 f_{ij}^{(2)} + \ldots)(1 + \alpha p_{jj} + \ldots) \\
&= \quad \alpha f_{ij}^{(1)} + \alpha^2 f_{ij}^{(2)} + \alpha^2 f_{ij}^{(1)} p_{jj} + \ldots \\
&= \quad \alpha p_{ij} + \alpha^2 p_{ij}^{(2)} + \ldots \\
&= \quad \sum_{m=1}^{\infty} \alpha^m p_{ij}^{(m)} \\
&= \quad \psi_{ij}(\alpha) - \delta_{ij},
\end{aligned}$$

wobei $\delta_{ij} = 1$ für $i = j$ und 0 sonst, und damit

$$\psi_{ij}(\alpha) = \begin{cases} (1 - \Phi_{jj}(\alpha))^{-1} & \text{für } i = j \\ \Phi_{ij}(\alpha)\,(1 - \Phi_{jj}(\alpha))^{-1} & \text{für } i \neq j. \end{cases}$$

Weiter ist

$$\lim_{\alpha\uparrow 1}\frac{(1-\alpha)}{(1-\Phi_{jj}(\alpha))}=\lim_{\alpha\uparrow 1}\frac{(d/d\alpha)(1-\alpha)}{(d/d\alpha)(1-\Phi_{jj}(\alpha))}=\frac{-1}{-\Phi'_{jj}(1)}=\frac{1}{\mu_{jj}}.$$

Multipliziert man nun $\psi_{ij}(\alpha)$ mit $(1-\alpha)$ und führt den Grenzübergang $\alpha\uparrow 1$ durch, so folgt

$$\lim_{\alpha\uparrow 1}(1-\alpha)\psi_{ij}(\alpha)=\begin{cases}\dfrac{1}{\mu_{jj}} & \text{für } i=j\\[2mm]\dfrac{f_{ij}}{\mu_{jj}} & \text{für } i\neq j.\end{cases}$$

Damit ist Satz 2.15 bewiesen. $\square$

2.10 ____ ## e-stat Module und Aufgaben

Die in diesem Kapitel verwendeten Module finden Sie im Online-Kurs „Stochastische Modelle (Kapitel 2)".

2.33   **Modul** Schmetterling (Lernziel: Grundlagen)

Lassen Sie den Schmetterling weiterfliegen. Wählen Sie die nächste Blüte aus Wähle . Realisieren Sie den Flug zur nächsten Blüte Fliege . Wiederholen Sie die Schritte mehrmals Wähle Fliege ... Wähle Fliege .

Beschreiben Sie nun die Bewegungen des Schmetterlings durch eine Markov-Kette mit Zustandsraum $I=\{1,\dots,4\}$ und Übergangsmatrix

$$P=\begin{pmatrix} 0 & 0.3 & 0.2 & 0.5\\ 0.1 & 0 & 0.6 & 0.3\\ 0.4 & 0.2 & 0 & 0.4\\ 0.3 & 0.4 & 0.3 & 0\end{pmatrix}.$$

(a) Skizzieren Sie den Übergangsgraph.

(b) Nach fünf Schritten befinde sich der Schmetterling im Zustand $X_5=1$. Mit welcher Wahrscheinlichkeit ist er

   (1) nach 2 weiteren Schritten wieder im Zustand 1?

   (2) noch mindestens 2 Schritte im Zustand 1?

Modul Glücksspiel (Lernziel: Absorptionsverhalten)   2.34

Sie verfügen über ein Startkapital von ⌊4⌋ GE. Ihr Gegenspieler verfügt über
ein Startkapital von $8 - $ ⌊4⌋ GE. Die Münze sei fair ($p = 1/2$). Simulieren Sie
einen Münzwurf und beobachten Sie, wie sich Ihr Kapital (fette Linie) und
das Ihres Gegenspielers (punktierte Linie) verändern ⌊Münze⌋ . Wiederholen
Sie die Münzwürfe solange bis Sie oder Ihr Gegenspieler sein Kapital verspielt
hat (Spielende) ⌊Münze⌋ ... ⌊Münze⌋ .

Simulieren Sie 10 Spiele. Notieren Sie nach jedem Spiel die Anzahl der Spielrunden.

(a) Schätzen Sie anhand Ihrer Aufzeichnungen den Erwartungswert und die
    Varianz der Spieldauer T (Zeitpunkt zu dem das Spiel endet) in Abhängig-
    keit Ihres Startguthabens.

(b) Berechnen Sie die Erwartungswerte mit Hilfe von Satz 2.6 und vergleichen
    Sie die exakten Werte mit den geschätzten Werten.

(c) Worauf ist die Abweichung der exakten und geschätzten Werte zurück-
    zuführen?

Führen Sie nun 10 weitere Spiele mit einem Startkapital von 3 GE durch.
Lassen sich diese Ergebnisse zur Bestimmung der Spieldauer bei einem Startkapital von 5 GE heranziehen?

Aufgabe   2.35

Spieler A und Spieler B, die beide über ein Startkapital von 2 GE verfügen,
vereinbaren das folgende Spiel: In jeder Spielrunde zahlen zunächst beide
Spieler 1 GE ein. Der eingezahlte Betrag von 2 GE wird in Abhängigkeit vom
Ergebnis des Wurfes mit einem fairen Würfel nach den folgenden Regeln auf
beide Spieler aufgeteilt:

Spieler A erhält 1 GE (bzw. 2 GE) des gemeinsamen Einsatzes, wenn der
Wurf mit dem fairen Würfel eine 5 (bzw. 6) ergibt und er geht leer aus, wenn
der Wurf eine 1, 2, 3 oder 4 ergibt. Den Rest des gemeinsamen Einsatzes
erhält Spieler B. Das Spiel ist beendet, sobald einer der beiden Spieler über
kein Geld mehr verfügt.

(a) Beschreiben Sie den Spielverlauf durch eine Markov-Kette. Bestimmen
    Sie insbesondere Zustandsraum, Übergangsmatrix und Übergangsgraph
    der Markov-Kette.

(b) Berechnen Sie die Wahrscheinlichkeit, mit der Spieler A

    (1) nach 2 Spielrunden über ein Kapital von 3 GE verfügt.

    (2) nach 2 Spielrunden über ein Kapital von weniger als 3 GE verfügt.

(c) Mit welcher Wahrscheinlichkeit werden mindestens 3 Runden gespielt?

(d) Nach wieviel Spielrunden wird im Mittel das Spiel beendet sein?

Das Spiel benachteiligt offensichtlich Spieler A. Wie könnte Ihrer Meinung ein faires Spiel aussehen?

2.36   **Aufgabe**

Gegeben sei eine Markov-Kette mit Zustandsraum $I = \{1, \ldots, 5\}$ und Übergangsmatrix

$$
P = \begin{pmatrix}
0.4 & 0.1 & 0.5 & 0 & 0 \\
0 & 1 & 0 & 0 & 0 \\
0 & 0 & 0.2 & 0.5 & 0.3 \\
0.2 & 0 & 0.1 & 0.5 & 0.2 \\
0 & 0 & 0 & 0 & 1
\end{pmatrix}.
$$

(a) Bestimmen Sie die absorbierenden Zustände.

(b) Berechnen Sie, ausgehend von $X_0 = 1$, die Wahrscheinlichkeit, mit der

    (1) Zustand 2 in endlicher Zeit erreicht wird.

    (2) einer der absorbierenden Zustände in endlicher Zeit erreicht wird.

(c) Ändert sich die Situation, wenn die Markov-Kette im Zustand 5 startet?

2.37   **Modul** Kugeln (Lernziel: stationäre Verteilung)

Sie betrachten Beispiel 2.19 für $a = \boxed{0.5}$. Ihr Ziel ist es, die stationäre Verteilung der drei Kugelanordnungen experimentell zu bestimmen. Hierzu ziehen Sie nacheinander 1, 1, 1, 1, 1, 100, 100, 100, 100, 100, 500, 500, ... Kugeln (ohne das System zurückzusetzen) und beobachten die Entwicklung der relativen Häufigkeit der Kugelanordnungen. Entspricht die Entwicklung Ihren Erwartungen?

(a) Gehen Sie nun noch einmal systematisch vor. Ziehen Sie nacheinander 10-mal 10 Kugeln und vergleichen Sie die relativen Häufigkeiten der Kugelanordnungen.

(b) Wiederholen Sie das Experiment mit 100 (1000) Kugeln. Fällt Ihnen ein Unterschied zu (a) auf?

(c) Vergleichen Sie schließlich die relative Häufigkeit der aus allen Einzelziehungen zusammengesetzten Ziehung mit der stationären Verteilung der Kugelanordnungen. Wie groß ist die Abweichung?

Aufgabe   2.38

(a) Bestimmen Sie für eine Markov-Kette mit Zustandsraum $I = \{1, 2, 3, 4, 5\}$ und Übergangsmatrix

$$P = \begin{pmatrix} 1/4 & 3/4 & 0 & 0 & 0 \\ 1/2 & 1/2 & 0 & 0 & 0 \\ 0 & 0 & 1 & 0 & 0 \\ 0 & 0 & 1/3 & 2/3 & 0 \\ 1 & 0 & 0 & 0 & 0 \end{pmatrix}$$

alle transienten, rekurrenten, positiv-rekurrenten und null-rekurrenten Zustände sowie alle rekurrenten, positiv-rekurrenten und null-rekurrenten Klassen.

(b) Berechnen Sie die Wahrscheinlichkeit, ausgehend vom Zustand 5 den Zustand 2

   (1) zum Zeitpunkt $n = 4$ erstmalig zu erreichen.

   (2) überhaupt zu erreichen.

(c) Wie groß ist die erwartete Anzahl der Besuche im Zustand 3 (bzw. Zustand 2) bei Start im Zustand 3?

(d) Mit welcher Wahrscheinlichkeit wird der Zustand 3 bei Start im Zustand 3 mindestens (genau) 5-mal angenommen?

Modul Rückkehrverhalten (Lernziel: Rückkehrverhalten)   2.39

Bestimmen Sie für eine Markov-Kette mit Übergangsgraph

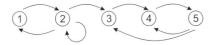

die Matrix $F = (f_{ij})$ der Rückkehr- und Ersteintrittswahrscheinlichkeiten.

2.40   **Aufgabe**

Gegeben sei eine Markov-Kette mit Zustandsraum $I = \{1, 2, \ldots, 7\}$ und Übergangsmatrix

$$P = \begin{pmatrix} 1 & 0 & 0 & 0 & 0 & 0 & 0 \\ 0.5 & 0 & 0.5 & 0 & 0 & 0 & 0 \\ 0 & 0.4 & 0 & 0.4 & 0 & 0.2 & 0 \\ 0 & 0 & 0 & 0 & 1 & 0 & 0 \\ 0 & 0 & 0 & 1 & 0 & 0 & 0 \\ 0 & 0 & 0 & 0 & 0 & 0.1 & 0.9 \\ 0 & 0 & 0 & 0 & 0 & 0.2 & 0.8 \end{pmatrix}.$$

(a) Skizzieren Sie den zugehörigen Übergangsgraphen.

(b) Bestimmen Sie für jeden Zustand die Periode.

(c) Bestimmen Sie die rekurrenten Klassen der Markov-Kette.

(d) Berechnen Sie die mittleren Rückkehrzeiten der rekurrenten Zustände.

(e) Stellen Sie die Matrix $F = (f_{ij})$ auf.

(f) Berechnen Sie alle stationären Verteilungen der Markov-Kette.

2.41   **Aufgabe**

Ein Unternehmen verfüge über 1000 Stellen, die mit Mitarbeitern der Lohngruppen L_1, L_2 und L_3 besetzt werden können. Momentan sind 60% in der Lohngruppe L_1 und jeweils 20% in den Lohngruppen L_2 und L_3. Ein Mitarbeiter koste das Unternehmen 2000 GE in der Lohngruppe L_1, 3000 GE in der Lohngruppe L_2 und 4000 GE in der Lohngruppe L_3. Damit entfallen momentan auf einen Mitarbeiter durchschnittlich 2600 GE.

Das Unternehmen geht davon aus, dass in den Lohngruppen L_1 und L_2 jährlich jeweils 10% in die nächsthöhere Lohngruppe aufsteigen und in den Lohngruppen L_2 und L_3 jährlich jeweils 10% ausscheiden und durch neue Mitarbeiter ersetzt werden, die wieder in der Lohngruppe L_1 beginnen.

Beschreiben Sie die Entwicklung des Personalbestands durch eine Markov-Kette und berechnen Sie mit Hilfe der stationären Verteilung die langfristig zu erwartenden durchschnittlichen Kosten pro Mitarbeiter.

Modul Diskrete Suche (Lernziel: Random Walk) 2.42

Bestimmen Sie das Maximum einer differenzierbaren Funktion $f(x_1, x_2)$ über dem Einheitsquadrat $[0,1]^2$ nicht über die ersten beiden Ableitungen der Funktion f, sondern als Ergebnis einer zufälligen Suche auf den Gitterpunkten $(\frac{i}{m}, \frac{j}{m})$, $i, j \in \{1, \ldots, m\}$, von $[0,1]^2$ (für ein $m \in \mathbb{N}$). Der Suche liegt ein zweidimensionaler Random Walk zugrunde (vgl. Beispiel 2.18).

(a) Führen Sie 5 Suchschritte durch. Wiederholen Sie die Suchschritte mehrfach und notieren Sie sich den auf diese Weise gefundenen maximalen Funktionswert.

(b) Welche Möglichkeiten sehen Sie, das in (a) gefundene Suchergebnis zu verbessern?

(c) Hat das Verfahren eine praktische Bedeutung, auch wenn es bei differenzierbaren Funktionen der „klassischen" Vorgehensweise unterlegen sein sollte?

Aufgabe 2.43

Zeigen Sie:

(a) Für eine Zufallsvariable T mit Werten in $\mathbb{N}_0$ gilt

$$E(T) = \sum_{t=0}^{\infty} P(T > t).$$

(b) Für eine stetige Zufallsvariable T mit Werten in $\mathbb{R}_+$ gilt

$$E(T) = \int_0^{\infty} P(T > t)\, dt.$$

Kapitel 3

Poisson-Prozesse

3

3 **Poisson-Prozesse**

3

Poisson-Prozesse

Der homogene Poisson-Prozess

Poisson-Prozesse gehören zu den einfachsten zeit-stetigen Prozessen. Sie sind Zählprozesse. Sie zählen das Eintreten eines bestimmten Ereignisses, etwa den „Ausfall einer Glühbirne" in einer Lampe über einen bestimmten Zeitraum. Die Eintrittszeitpunkte der Ereignisse sind zufällig und damit auch die Abstände zwischen den Eintrittszeitpunkten. Sie bilden den eigentlichen stochastischen Kern des Prozesses.

Ein stochastischer Prozess $N = \{N(t), t \geq 0\}$ mit Zustandsraum $I = \mathbb{N}_0$ und den folgenden Eigenschaften (i)-(iii)

(i) $N(0) = 0$.

(ii) Für beliebige $t \geq 0, u > 0$ ist die Zufallsvariable $N(t+u) - N(t)$ Poisson-verteilt mit Parameter αu.

(iii) Für beliebige $0 = t_0 < t_1 < \ldots < t_n$ sind die Zufallsvariablen $N(t_1) - N(t_0), N(t_2) - N(t_1), \ldots, N(t_n) - N(t_{n-1})$ unabhängig.

heißt **(homogener) Poisson-Prozess** mit Parameter α $(\alpha > 0)$.

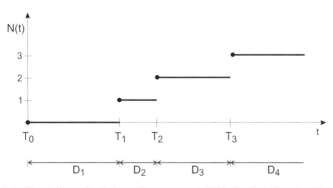

Abb. 3.1. Darstellung des Poisson-Prozesses mit Hilfe der Zwischeneintrittszeiten

Die Zufallsvariable $N(t)$ eines Poisson-Prozesses beschreibt, wie oft ein bestimmtes Ereignis bis zum Zeitpunkt t eingetreten ist. Dieses Ereignis tritt zum ersten Mal zu einem Zeitpunkt $t > 0$ ein (Annahme (i)). Die Häufigkeit, mit der es zwischen zwei beliebigen Zeitpunkten t und $t + u$ eintritt (genau genommen im Intervall $(t, t + u]$), ist Poisson-verteilt mit Parameter αu (Annahme (ii)). Sie ist somit lediglich von der Länge u und nicht von der Lage $(t, t + u]$ des Intervalls abhängig. Schließlich sind die Häufigkeiten, mit denen das Ereignis in disjunkten Zeiträumen eintritt, unabhängig (Annahme (iii)).

Der Parameter α gibt die Intensität an, mit der das Ereignis eintritt. Abb. 3.1 enthält eine Realisation des Prozesses mit den zufälligen Zeitpunkten T_1, T_2, ... und den Dauern $D_1 = T_1$, $D_2 = T_2 - T_1$, ... zwischen den Eintrittszeitpunkten.

Aus den Eigenschaften (i) und (ii) folgt insbesondere, dass $N(t)$ für jeden Zeitpunkt $t \geq 0$ Poisson-verteilt ist mit Parameter αt und damit $P(N(t) = k) = [(\alpha t)^k / k!] e^{-\alpha t}$ für $k \in \mathbb{N}_0$ gilt. Für die zugehörigen Momente erhalten wir:

$$Erwartungswert \quad : \quad E(N(t)) = \alpha \cdot t$$
$$Varianz \quad : \quad Var(N(t)) = \alpha \cdot t.$$

Siehe auch Abschnitt A.2 für weitere Einzelheiten zur Poisson-Verteilung.

3.1   Beispiel

An einer Bedienungsstation, die um 9.00 Uhr öffnet, treffen Kunden gemäß einem Poisson-Prozess mit Parameter $\alpha = 4$ (pro Stunde) ein. Dann ist die Wahrscheinlichkeit, dass bis 9.30 Uhr genau ein Kunde eintrifft und zwischen 9.30 Uhr und 11.30 Uhr vier weitere Kunden eintreffen, gegeben durch

$$P(N(0.5) = 1, N(2.5) - N(0.5) = 4)$$

$$= P(N(0.5) = 1) \cdot P(N(2.5) - N(0.5) = 4)$$

$$= \frac{(\alpha \cdot 0.5)^1 e^{-\alpha \cdot 0.5}}{1!} \cdot \frac{(\alpha \cdot 2)^4 e^{-\alpha \cdot 2}}{4!}$$

$$= 0.015.$$

Dabei haben wir ausgenutzt, dass die Ankünfte in den Zeiträumen $(0, 0.5]$ und $(0.5, 2.5]$ unabhängig sind (Eigenschaft (iii) des Prozesses) und innerhalb der Zeitintervalle Poisson-verteilt sind mit Parameter $\alpha \cdot 0.5$ bzw. $\alpha \cdot (2.5 - 0.5)$ (Eigenschaft (ii) des Prozesses). $\lozenge$

3.2   Beispiel

Ein zum Zeitpunkt $t = 0$ abfahrender Bus lässt keine Fahrgäste zurück. Bis zur Ankunft des nächsten Busses vergehen T (gleichverteilt zwischen $t_1 = 1$

und $t_2 = 2$) Zeiteinheiten. In dieser Zeit treffen Kunden gemäß einem Poisson-Prozess mit Parameter $\alpha = 2$ ein. Dann gilt für die durchschnittliche Anzahl $E(N(T) \mid T = t)$ wartender Kunden bei Ankunft des Busses zum Zeitpunkt t

$$E(N(T) \mid T = t) = \alpha t = 2t, \quad t \in [1, 2]$$

und für die durchschnittliche Anzahl $E(N(T))$ wartender Kunden bei Eintreffen des Busses

$$E(N(T)) = \int_1^2 E(N(T) \mid T = t) \cdot 1 \cdot dt = \int_1^2 2t dt = 3. \quad \Diamond$$

Die Beispiele zeigen die Eleganz, mit der man bestimmte Probleme lösen kann. Doch was bedeutet die Annahme Poisson-verteilter Zuwächse anschaulich?

Die Poisson-Verteilung beschreibt in sehr guter Näherung die Häufigkeit, mit der ein Ereignis, das als unwahrscheinlich gilt, bei wiederholter Durchführung eintritt. Sie wird daher auch als Verteilung seltener Ereignisse bezeichnet.

Zur Veranschaulichung betrachten wir die Anzahl N der Anrufe in einer Telefonzentrale zwischen den Zeitpunkten 0 und 1. Hierzu gehen wir davon aus, dass im Mittel $\alpha > 0$ Anrufe eingehen. α sei bekannt. Damit ist auch $E(N) = \alpha$ bekannt.

Um die Verteilung von N zu bestimmen, zerlegen wir das Intervall $[0, 1]$ in n Teilintervalle $B_m = \left[\frac{m-1}{n}, \frac{m}{n}\right]$, $1 \le m \le n$. X_m bezeichne nun die Anzahl der Anrufe in B_m. Dann ist $N \approx X_1 + \ldots + X_n$. Weiter unterstellen wir, dass die $X_1, X_2, \ldots, X_n$ unabhängig und identisch verteilt sind. Dann ist $E(X_m) \approx \alpha/n$. Ist n „groß", so ist es unwahrscheinlich, dass mehr als ein Anruf in einem Teilintervall B_m eintrifft. Damit ist $P(X_m > 1) \approx 0$, $P(X_m = 1) \approx E(X_m) \approx \alpha/n$ und $P(X_m = 0) \approx 1 - \alpha/n$. Fassen wir nun N näherungsweise als Summe $Y_n = Z_1 + \ldots + Z_n$ von n Bernoulli-verteilten Zufallsvariablen $Z_1, \ldots, Z_n$ mit Parameter α/n auf, so gilt für $n \to \infty$:

$$
\begin{aligned}
P(Y_n = k) &= \binom{n}{k} \left(\frac{\alpha}{n}\right)^k \left(1 - \frac{\alpha}{n}\right)^{n-k} \\
&= \frac{n}{n} \frac{n-1}{n} \cdot \ldots \cdot \frac{(n-k+1)}{n} \frac{\alpha^k}{k!} \left(1 - \frac{\alpha}{n}\right)^{n-k} \\
&\to \frac{\alpha^k}{k!} e^{-\alpha}, \quad k \in \mathbb{N}_0.
\end{aligned}
$$

Die von uns gewählte Definition eines Poisson-Prozesses ist nur eine von drei Charakterisierungen, von der man in Abhängigkeit von der konkreten Problemstellung Gebrauch machen kann.

Unsere zweite Charakterisierung des Poisson-Prozesses basiert auf den Eintrittszeitpunkten $T_1, T_2, \ldots$ des Ereignisses und den zwischenzeitlichen Dauern $D_1, D_2, \ldots$. Hierzu bezeichnen wir den Zeitpunkt T_n der n-ten Zustandsänderung ($T_0 = 0$) als n-**ten Eintrittszeitpunkt** des Ereignisses und $D_n = T_n - T_{n-1}$, $n \in \mathbb{N}$, als n-**te Zwischeneintrittszeit**.

3.3   **Satz**

Für einen Poisson-Prozess mit Parameter α gilt

(i) Die Zufallsvariablen $D_1, D_2, \ldots$ sind unabhängig und identisch verteilt mit $P(D_i \leq t) = 1 - e^{-\alpha t}$, $t \geq 0$.

(ii) $T_n = \sum_{i=1}^{n} D_i$ ist Erlang-verteilt mit den Parametern n und α.

Beweis: Für alle $t \geq 0$ gilt

$$P(D_1 > t) = P(N(t) = 0) = \frac{(\alpha t)^0 e^{-\alpha t}}{0!} = e^{-\alpha t}.$$

Somit ist D_1 exponentialverteilt mit Parameter α. Weiter gilt für alle $s, t \geq 0$

$$
\begin{aligned}
P(D_2 \leq t \mid D_1 = s) &= P(T_2 - T_1 \leq t \mid T_1 = s) \\
&= P(\text{mindestens ein Ereignis in } (s, s+t]) \\
&= 1 - P(N(s+t) - N(s) = 0) \\
&= 1 - \frac{(\alpha t)^0 e^{-\alpha t}}{0!} \\
&= 1 - e^{\alpha t}.
\end{aligned}
$$

Damit ist D_2 α-exponentialverteilt und zudem unabhängig von D_1. Analog für $D_3, D_4, \ldots$.

(ii) folgt unmittelbar aus $P(T_n \leq t) = P(N(t) \geq n)$ und der Definition des Poisson-Prozesses. $\square$

Wir benötigen noch die Umkehrung des Satzes 3.3: Ist $D_1, D_2, \ldots$ eine Folge von unabhängigen, α-exponentialverteilten Zufallsvariablen und $T_n := \sum_{j=1}^{n} D_j$ für $n \in \mathbb{N}$, so ist der zugehörige Zählprozess $\{N(t), t \geq 0\}$ mit $N(t) := \sum_{n=1}^{\infty} 1_{\{T_n \leq t\}}$ ein Poisson-Prozess mit Parameter α (siehe z.B. Norris (1997), Theorem 2.4.3). Insofern sind beide Charakterisierungen äquivalent.

Der inhomogene Poisson-Prozess

Für die Anwendungen ist die konstante Intensität des Poisson-Prozesses oftmals eine Einschränkung. So ist z.B. die Ankunftsrate der Pkws an der Ampel einer Ausfallstraße abhängig von der Tageszeit. Daher ist es naheliegend, Poisson-Prozesse mit einer von der Zeit abhängigen Intensität $\alpha(t)$ zu betrachten. Dies führt auf den Begriff des inhomogenen Poisson-Prozesses. Die formale Definition ergibt sich aus einer weiteren Charakterisierung des Poisson-Prozesses.

Den Parameter α eines Poisson-Prozesses kann man interpretieren als die Rate (und damit αh als die Wahrscheinlichkeit), mit der das Ereignis (bei hinreichend kleinem h) in den nächsten h Zeiteinheiten eintritt. Insbesondere folgt aus Eigenschaft (ii) des Poisson-Prozesses durch Reihenentwicklung der Funktion $e^{-\alpha h}$

$$
\begin{aligned}
P(N(t+h) - N(t) = 1) &= \alpha h e^{-\alpha h} \\
&= \alpha h \left(1 - \alpha h + \frac{\alpha^2 h^2}{2} - \ldots \right) \\
&= \alpha h + o(h)
\end{aligned}
$$

$$
\begin{aligned}
P(N(t+h) - N(t) \geq 2) &= 1 - \frac{\alpha^0 h^0}{0!} e^{-\alpha h} - \frac{\alpha^1 h^1}{1!} e^{-\alpha h} \\
&= o(h),
\end{aligned}
$$

wobei $o(h)$ eine beliebige Funktion bezeichnet mit $o(h)/h \to 0$ für $h \to 0$. Hieraus ergeben sich die folgenden Eigenschaften (iv)-(vi) eines Poisson-Prozesses:

(iv) $N(t+h) - N(t)$ ist abhängig von der Länge h des Intervalls $(t, t+h]$, nicht aber von dessen Lage.

(v) $\displaystyle \lim_{h \to 0} \frac{P(N(t+h) - N(t) = 1)}{h} = \alpha$

(vi) $\displaystyle \lim_{h \to 0} \frac{P(N(t+h) - N(t) \geq 2)}{h} = 0.$

Ersetzt man in der Definition des Poisson-Prozesses die Eigenschaft (ii) durch die Eigenschaften (iv)-(vi), so lässt sich zeigen (vgl. z.B. Norris (1997), Theorem 2.4.3), dass diese die Eigenschaft (ii) implizieren. Insofern sind die Eigenschaft (ii) und die Eigenschaften (iv)-(vi) äquivalent.

Ersetzt man nun formal α durch $\alpha(t) > 0$ in der Eigenschaft (v), so spricht man von einem inhomogenen Poisson-Prozess (mit Intensitätsfunktion $\alpha(t)$)

und erhält mit

$$A(t) = \int_0^t \alpha(s)ds, \quad t \geq 0,$$

die äquivalente Definition (vgl. z.B. Ross (1993), page 236):

Ein stochastischer Prozess $\{N(t), t \geq 0\}$ mit Zustandsraum $I = \mathbb{N}_0$ und den folgenden Eigenschaften (i')-(iii')

(i') $N(0) = 0$

(ii') Für beliebige $t \geq 0, u \geq 0$ ist die Zufallsvariable $N(t+u) - N(t)$ Poisson-verteilt mit Parameter $A(t+u) - A(t)$

(iii') Für beliebige $0 = t_0 < t_1 < \ldots < t_n$ sind die Zufallsvariablen $N(t_1) - N(t_0), N(t_2) - N(t_1), \ldots, N(t_n) - N(t_{n-1})$ unabhängig

heißt **inhomogener Poisson-Prozess** mit mittlerer Intensitätsfunktion $A(t)$, $t \geq 0$.

Ist $\alpha(t) = \alpha > 0$ für alle $t \geq 0$, so ist $A(t) = \alpha t$ und wir haben wieder den homogenen Poisson-Prozess mit Parameter α.

Ist $\alpha(t) \in [\underline{\alpha}, \overline{\alpha}]$ für alle $t \geq 0$ und geeignete $0 < \underline{\alpha} \leq \overline{\alpha} < \infty$, so besitzt $t \to A(t)$ eine Umkehrfunktion und der inhomogene Poisson-Prozess $\{N(t), t \geq 0\}$ lässt sich durch eine Transformation $\tau = A(t)$ der Zeitachse in einen homogenen Poisson-Prozess $\{N'(\tau), \tau \geq 0\}$ mit Parameter $\alpha' = 1$ überführen.

Damit kann man zunächst in dem transformierten Prozess $\{N'(\tau), \tau \geq 0\}$, also dem homogenen Poisson-Prozess, die Eintrittszeitpunkte $\tau_1, \tau_2, \ldots$ generieren und die rücktransformierten Eintrittszeitpunkte $t_1 = A^{-1}(\tau_1), t_2 = A^{-1}(\tau_2), \ldots$ als Eintrittszeitpunkte des ursprünglichen inhomogenen Prozesses $\{N(t), t \geq 0\}$ auffassen.

3.4   Beispiel

Während der ersten vier Stunden des Bereitschaftsdienstes eines Arztes treffen Patienten gemäß einem inhomogenen Poisson-Prozess mit Intensität

$$\alpha(t) = \begin{cases} 2t & \text{for } 0 \leq t < 1 \\ 2 & \text{for } 1 \leq t < 2 \\ 4 - t & \text{for } 2 \leq t \leq 4 \end{cases}$$

notfallmäßig im Krankenhaus ein. Wie groß ist die Wahrscheinlichkeit, dass in den ersten beiden Stunden (nächsten zwei Stunden) zwei Patienten eintreffen?

Durch Integration von $\alpha(t)$ erhält man zunächst die mittlere Intensitätsfunktion

$$A(t) = \begin{cases} t^2 & \text{for } 0 \leq t < 1 \\ 2t - 1 & \text{for } 1 \leq t < 2 \\ 4t - t^2/2 - 3 & \text{for } 2 \leq t \leq 4. \end{cases}$$

Mit Hilfe der Eigenschaft (ii') des inhomogenen Poisson-Prozesses folgt dann

$$P(N(2) - N(0) = 2) = \frac{(A(2) - A(0))^2}{2!} \cdot e^{-(A(2)-A(0))} = \frac{3^2}{2!} \cdot e^{-3} = 0.224.$$

Macht man von der Transformation $\tau = A(t)$ der Zeitachse Gebrauch, so liefert Eigenschaft (ii) des zugeordneten homogenen Poisson-Prozesses $\{N'(\tau), \tau \geq 0\}$ mit Intensität $\alpha' = 1$ für $\tau_1 = A(2) = 3$, $\tau_0 = A(0) = 0$ das Resultat

$$P(N'(3) - N'(0) = 2) = \frac{(1 \cdot 3)^2}{2!} \, e^{-1 \cdot 3} = \frac{3^2}{2!} \, e^{-3} = 0.224.$$

Entsprechend erhält man für die dritte und vierte Stunde

$$P(N(4) - N(2) = 2) = \frac{(A(4) - A(2))^2}{2!} \cdot e^{-(A(4)-A(2))} = \frac{2^2}{2!} \cdot e^{-2} = 0.2707$$

mit Hilfe des inhomogenen Prozesses und

$$P(N'(5) - N'(3) = 2) = \frac{(1 \cdot 2)^2}{2!} \, e^{-1 \cdot 2} = \frac{2^2}{2!} \, e^{-2} = 0.2707$$

mit Hilfe des zugeordneten homogenen Prozesses. $\Diamond$

Ergibt sich die Intensität $\alpha(t)$ eines inhomogenen Poisson-Prozesses als Realisation eines stochastischen Prozesses $\{\Lambda(t), t \geq 0\}$, so spricht man von einem doppelt stochastischen Poisson-Prozess oder **Cox-Prozess**.

Cox-Prozesse sind insbesondere in der Risikotheorie von aktuellem Interesse. So kann man oft davon ausgehen, dass die Schadenshäufigkeit durch einen Poisson-Prozess beschrieben werden kann, dessen Intensität von äußeren, zufallsbedingten Einflüssen abhängt.

3.3 Der zusammengesetzte Poisson-Prozess

Häufig unterliegt der Ereigniszeitpunkt T_n eines (homogenen) Poisson-Prozesses einer Bewertung Y_n. So ist beispielsweise das Eintreten eines Schadens mit einer Schadenshöhe verbunden oder Kunden treffen an einer Bedienungsstation nicht einzeln, sondern in Gruppen zufälliger Größe ein.

Ist $Y_1, Y_2, \ldots$ eine Folge von unabhängigen, identisch verteilten Zufallsvariablen mit Verteilung $P(Y_k = z) = g(z)$, $z \in \mathbb{N}_0$, Erwartungswert $E(Y_k) = \mu$ und Varianz $Var(Y_k) = \sigma^2$ und sind die Bewertungen $Y_1, Y_2, \ldots$ außerdem unabhängig von Eintrittszeitpunkten $T_1, T_2, \ldots$, so bezeichnet man den resultierenden stochastischen Prozess $\{X(t), t \geq 0\}$

$$X(t) := \sum_{k=1}^{N(t)} Y_k$$

(mit $X(t) = 0$ für $N(t) = 0$) als **zusammengesetzten Poisson-Prozess**.

Interpretiert man die $T_1, T_2, \ldots$ wieder als die Eintrittszeitpunkte der Schäden in einem Versicherungsbestand und die $Y_1, Y_2, \ldots$ als die zugehörigen Schadenshöhen, so ist $X(t)$ der Gesamtschaden bis zum Zeitpunkt t. Siehe auch Beispiel 5.12.

Bezogen auf die Gruppenankünfte ist $X(t) = Y_1 + \ldots + Y_{N(t)}$ die Anzahl der bis zum Zeitpunkt t eingetroffenen Kunden; bei Einzelankünften wäre natürlich wieder $X(t) = N(t)$.

Die folgende Abbildung veranschaulicht noch einmal das Zusammenspiel der einzelnen Zufallsvariablen.

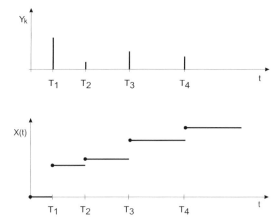

Abb. 3.2. Darstellung eines zusammengesetzten Poisson-Prozesses

Erwartungswert und Varianz des zusammengesetzten Poisson-Prozesses haben eine ähnlich einfache Form wie beim Poisson-Prozess. Für alle $t \geq 0$ gilt

$$Erwartungswert \quad : \quad E(X(t)) = \mu \cdot \alpha t \qquad (3.1)$$

$$Varianz \quad : \quad Var(X(t)) = (\mu^2 + \sigma^2) \cdot \alpha t. \qquad (3.2)$$

An dieser Stelle wird eine Besonderheit von Summen $X = Y_1 + \ldots + Y_N$ mit einer zufälligen Anzahl N von Summanden deutlich. Bei einer (gewöhnlichen) Summe $X = Y_1 + \ldots + Y_n$ ist $E(X) = n \cdot E(Y)$ und $Var(X) = n \cdot Var(Y)$. Bei der (zufälligen) Summe $X = Y_1 + \ldots + Y_N$ überträgt sich $E(X) = E(N) \cdot E(Y)$ auf natürliche Weise. Bei der Varianz $Var(X) = E(N) \cdot Var(Y) + E(N) \cdot E(Y)^2$ kommt jedoch noch ein weiterer Term hinzu. Eine formale Überprüfung nehmen wir in Abschnitt 3.5 vor.

Beispiel   3.5

Der Wasserverbrauch einer Scheibenwaschanlage eines Autos bis zum Zeitpunkt t lasse sich durch einen zusammengesetzten Poisson-Prozess

$$X(t) = \sum_{k=1}^{N(t)} Y_k$$

beschreiben mit $N(t)$, der Anzahl der Betätigungen bis zum Zeitpunkt t, und $Y_1, Y_2, \ldots, Y_{N(t)}$, den dabei verbrauchten Wassermengen. Der Wasserbehälter habe eine Kapazität $a \in \mathbb{N}$. Dann ist die Zufallsvariable

$$T := \inf\{t > 0 \mid X(t) > a\}$$

die Dauer bis zum Ausfall der Anlage.

Wir interessieren uns speziell für die mittlere Dauer $E(T)$ bis zum Ausfall der Anlage, die sich unter Berücksichtigung von $\{T > t\} \Leftrightarrow \{X(t) \leq a\}$ darstellen lässt in der Form

$$E(T) = \int_0^\infty P(T > t)dt = \int_0^\infty P(X(t) \leq a)dt.$$

Bedingt man nun bzgl. der Anzahl $N(t) = n$ der Einsätze, so folgt weiter

$$
\begin{aligned}
\int_0^\infty P(X(t) \le a)dt &= \int_0^\infty \sum_{n=0}^\infty P(X(t) \le a \mid N(t) = n)P(N(t) = n))dt \\
&= \int_0^\infty \sum_{n=0}^\infty P(Y_1 + \ldots + Y_n \le a)P(N(t) = n)dt \\
&= \sum_{n=0}^\infty P(Y_1 + \ldots + Y_n \le a)\int_0^\infty \frac{(\alpha t)^n}{n!} e^{-\alpha t}dt \\
&= \frac{1}{\alpha}\sum_{n=0}^\infty G^{(n)}(a),
\end{aligned}
$$

wobei $G^{(n)}(a) = P(Y_1 + \ldots + Y_n \le a)$ als Verteilungsfunktion der Summe $Y_1 + \ldots + Y_n$ den eigentlichen Rechenaufwand darstellt und eine geschlossene Form nur in Ausnahmefällen zulässt. $\diamond$

Beispiel 3.5 lässt bereits die Schwierigkeiten erkennen, die mit der Berechnung der Verteilung von $X(t) = Y_1 + \ldots + Y_{N(t)}$ verbunden sind. Neben dem klassischen, äußerst aufwendigen Ansatz, die Verteilung von $Y_1 + \ldots + Y_n$ über Faltungsintegrale zu bestimmen, mit $P(N(t) = n)$ zu gewichten, und die gewichteten Verteilungen über n zu summieren, werden wir einen modernen, wesentlich effizienteren Ansatz aus der kollektiven Risikotheorie vorstellen (sog. Panjer-Algorithmus).

3.6   Satz

Gegeben sei ein zusammengesetzter Poisson-Prozess. Dann genügen die Wahrscheinlichkeiten $g^{(n)}(x) := P(Y_1 + \ldots + Y_n = x)$, $x \in \mathbb{N}_0$, der Rekursionsgleichung

$$
g^{(n)}(x) = \sum_{z=0}^x g^{(n-1)}(x - z)g(z)
$$

mit $g^{(0)}(x) = 1$ für $x = 0$ und $g^{(0)}(x) = 0$ sonst. Ferner gilt

$$
P(X(t) = x) = \sum_{n=0}^\infty g^{(n)}(x)\frac{(\alpha t)^n}{n!} e^{-\alpha t}
$$

für alle $x \in \mathbb{N}$ und alle $t \ge 0$.

Beweis: Siehe Abschnitt 3.5.   □

Satz   3.7

Es liege ein zusammengesetzter Poisson-Prozess mit $g(0) = 0$ vor. Dann lassen sich die Wahrscheinlichkeiten $P(X(t) = x)$, $x \in \mathbb{N}$, für alle $t \geq 0$ rekursiv berechnen gemäß

$$P(X(t) = x) = \frac{\alpha}{x} \sum_{j=1}^{x} j g(j) P(X(t) = x - j),$$

wobei $P(X(t) = 0) = e^{-\alpha t}$.

Beweis: Siehe z.B. Sundt (1993), page 141.   □

Überlagerung und Zerlegung von Poisson-Prozessen   3.4

Der Poisson-Prozess hat zwei Eigenschaften mit zentraler Bedeutung für die Analyse von Warteschlangennetzwerken.

(1) Durch **Überlagerung** von zwei unabhängigen Poisson-Prozessen $\{N_1(t), t \geq 0\}$ und $\{N_2(t), t \geq 0\}$ mit den Parametern α_1 und α_2 entsteht ein neuer Poisson-Prozess mit Parameter $\alpha = \alpha_1 + \alpha_2$.

Abb. 3.3 dient der Veranschaulichung. Hierzu sind die Eintrittszeitpunkte des Ereignisses als (zufällige) Punkte auf $\mathbb{R}_+$ dargestellt.

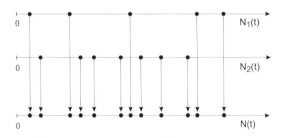

Abb. 3.3. Überlagerung von zwei unabhängigen Poisson-Prozessen

(2) Eine **Zerlegung** eines Poisson-Prozesses liegt vor, wenn ein eingetretenes Ereignis nur mit Wahrscheinlichkeit p gezählt wird (und mit Wahrschein-

lichkeit $1-p$ nicht). Auf diese Weise zerfällt der Poisson-Prozess in zwei unabhängige Teilprozesse $\{N_1(t), t \geq 0\}$ (der gezählten) und $\{N_2(t), t \geq 0\}$ (der nicht gezählten Ereignisse) mit den Parametern αp und $\alpha(1-p)$. Eine Zerlegung wird auch als p-**Verdünnung** bezeichnet. Überraschend ist die Unabhängigkeit der Teilprozesse.

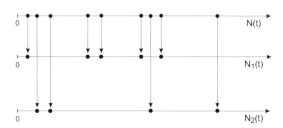

Abb. 3.4. Verdünnung eines Poisson-Prozesses

Abb. 3.4 verdeutlicht die Situation. Die Eintrittszeitpunkte des Ereignisses und deren Aufteilung sind wieder als (zufällige) Punkte auf $\mathbb{R}_+$ dargestellt.

Eine formale Überprüfung wird in den beiden folgenden Sätzen vorgenommen.

3.8   Satz

Seien $\{N_1(t), t \geq 0\}$ und $\{N_2(t), t \geq 0\}$ unabhängige Poisson-Prozesse mit Parameter α_1 bzw. α_2. Dann ist der stochastische Prozess $\{N(t), t \geq 0\}$ mit $N(t) = N_1(t) + N_2(t)$, $t \geq 0$, ein Poisson-Prozess mit Parameter $\alpha = \alpha_1 + \alpha_2$.

Beweis: Die Behauptung folgt unmittelbar aus dem Additionstheorem der Poisson-Verteilung (vgl. Satz A.8) und den Eigenschaften des Poisson-Prozesses. □

Satz   3.9

Sei $\{N(t), t \geq 0\}$ ein Poisson-Prozess mit Parameter α und sei $Y_1, Y_2, \ldots$ eine von $\{N(t), t \geq 0\}$ unabhängige Folge von Zufallsvariablen mit $P(Y_k = 1) = p$ und $P(Y_k = 0) = 1 - p$ für ein $p \in (0, 1)$. Dann sind $\{N_1(t), t \geq 0\}$ und $\{N_2(t), t \geq 0\}$ mit

$$N_1(t) \;=\; \sum_{k=1}^{N(t)} Y_k, \qquad t \geq 0$$

$$N_2(t) \;=\; \sum_{k=1}^{N(t)} (1 - Y_k), \qquad t \geq 0$$

unabhängige Poisson-Prozesse mit den Parametern αp und $\alpha(1 - p)$.

Beweis: $\{N_1(t), t \geq 0\}$ und $\{N_2(t), t \geq 0\}$ sind Poisson-Prozesse (Übungsaufgabe in Verbindung mit Satz A.3). Ihre Unabhängigkeit folgt aus

$$
\begin{aligned}
P(N_1(t) = j, \; N_2(t) = k) \;&=\; P(N_1(t) = j, \; N(t) = j + k) \\
&=\; P(N_1(t) = j \mid N(t) = j + k) \cdot P(N(t) = j + k) \\
&=\; \binom{j + k}{j} p^j (1 - p)^k \cdot \frac{(\alpha t)^{j+k} \, e^{-\alpha t}}{(j + k)!} \\
&=\; \frac{(\alpha p t)^j \, e^{-\alpha p t}}{j!} \cdot \frac{(\alpha(1 - p)t)^k \, e^{-\alpha(1-p)t}}{k!} \\
&=\; P(N_1(t) = j) \cdot P(N_2(t) = k),
\end{aligned}
$$

wobei wir ausnutzen, dass bei fester Anzahl $N(t) = n$ von Ereignissen die Zufallsvariable $N_1(t)$ binomialverteilt ist mit den Parametern n und p. $\quad\square$

Das Ergebnis von Satz 3.9 ist zunächst schon überraschend: Ein Prozess zerfällt in zwei *unabhängige* Teilprozesse. Die Unabhängigkeit kann man jedoch durch die zufällige Zuordnung der Ereignisse erklären.

Ergänzende Beweise   3.5

Beweis von (3.1)

Bedingt man bzgl. der Anzahl $N(t) = n$ der Ereignisse, so folgt unter Ausnutzung der Rechenregeln für Erwartungswerte

$$\begin{aligned} E(X(t)) &= \sum_{n=0}^{\infty} E(X(t) \mid N(t) = n) P(N(t) = n) \\ &= \sum_{n=1}^{\infty} E(Y_1 + \ldots + Y_n) P(N(t) = n) \\ &= \sum_{n=1}^{\infty} n\mu \cdot P(N(t) = n) \\ &= \mu \cdot \alpha t. \end{aligned}$$

Beweis von (3.2)

Der Beweis erfolgt in zwei Schritten: Zunächst teilen wir die Berechnung von $Var(X(t)) = E\left[X(t) - E(X(t))\right]^2$ durch Addition/Subtraktion von $\mu N(t)$ mit Hilfe der 1. binomischen Formel in drei Teilaufgaben auf, die wir dann separat lösen.

$$Var(X(t)) = E\left[(X(t) - \mu N(t)) + \mu(N(t) - \alpha t)\right]^2 = h_1(t) + h_2(t) + 2h_3(t).$$

Für den 1. Summanden gilt

$$\begin{aligned} h_1(t) &:= E\left[X(t) - \mu N(t)\right]^2 \\ &= \sum_{n=0}^{\infty} E\left[(X(t) - \mu N(t))^2 \mid N(t) = n\right] P(N(t) = n) \\ &= \sum_{n=1}^{\infty} E\left[Y_1 + Y_2 + \ldots + Y_n - n\mu\right]^2 P(N(t) = n) \\ &= \sum_{n=1}^{\infty} n\sigma^2 P(N(t) = n) \\ &= \sigma^2 \alpha t. \end{aligned}$$

Für den 2. Summanden gilt

$$h_2(t) := \mu^2 E\left[N(t) - \alpha t\right]^2 = \mu^2 Var\left(N(t)\right) = \mu^2 \alpha t.$$

Der 3. Summand ist Null, da $E[Y_1 + Y_2 + \ldots + Y_n - n\mu] = 0$ und

$$
\begin{aligned}
h_3(t) \quad &:= \quad E\left[\mu(X(t) - \mu N(t))(N(t) - E(N(t)))\right] \\
&= \quad \mu \sum_{n=0}^{\infty} E\left[(X(t) - \mu N(t))(N(t) - E(N(t))) \mid N(t) = n\right] P(N(t) = n) \\
&= \quad \mu \sum_{n=1}^{\infty} (n - \alpha t)\, E\left[Y_1 + Y_2 + \ldots + Y_n - n\mu\right] P(N(t) = n).
\end{aligned}
$$

Beweis von Satz 3.6

Bedingt man bzgl. der Anzahl $N(t) = n$ der Ereignisse, so folgt unmittelbar

$$
\begin{aligned}
P(X(t) = x) \quad &= \quad \sum_{n=0}^{\infty} P(X(t) = x \mid N(t) = n) P(N(t) = n) \\
&= \quad \sum_{n=1}^{\infty} P(Y_1 + \ldots + Y_n = x) P(N(t) = n) \\
&= \quad \sum_{n=1}^{\infty} g^{(n)}(x) P(N(t) = n) \\
&= \quad \sum_{n=1}^{\infty} g^{(n)}(x) \frac{(\alpha t)^n e^{-\alpha t}}{n!}.
\end{aligned}
$$

e-stat Module und Aufgaben   3.6

Die in diesem Kapitel verwendeten Module finden Sie im Online-Kurs „Stochastische Modelle (Kapitel 3)".

Modul Fischer (Lernziel: Verdünnung eines Poisson-Prozesses)   3.10

Erfreuen Sie sich an dem Fischer. Zeigen Sie uns zuvor noch, dass Sie das Modell richtig verstanden haben.

Fassen Sie die vorbeiziehenden Fische als Poisson-Prozess mit Parameter λ auf. Dann ist die Zeit, die jeweils vergeht, bis ein Fisch wieder in Höhe der Angel ist, ...-verteilt mit Parameter .... Der Angler verändere den Strom der vorbeiziehenden Fische, indem er mit Wahrscheinlichkeit p einen vorbeiziehenden Fisch fängt. Man spricht von einer .... des Poisson-Prozesses. Die weiterschwimmenden Fische bilden dann einen ....-Prozess mit Parameter ...., der .... ist von dem ursprünglichen Prozess und dem Prozess der gefangenen Fische. Die Zeit, die der Angler auf einen anbeißenden Fisch warten muss, ist ....-verteilt mit Parameter .... Insbesondere muss er im Mittel .... Zeiteinheiten warten, bis ein Fisch anbeißt.   ◊

3.11   Aufgabe

Herr Meier ist begeisterter Angler. Um seinem Hobby in aller Ruhe nachgehen zu können, zieht er sich des öfteren in die abgelegene Bergwelt zurück. An seinem Lieblingsgebirgsbach verweilt er dann bis zu 5 Stunden, um sich sein Mittagessen zu angeln. Im Laufe der Jahre hat er einige Erfahrungen über das Verhalten der Fische im Bach sammeln können: Der Strom der vorbeiziehenden Fische ist in guter Näherung ein Poisson-Prozess mit Parameter 0.5 (Zeiteinheit Minuten). Die Wahrscheinlichkeit, dass ein vorbeiziehender Fisch anbeißt, beträgt 5%. Für eine ordentliche Mahlzeit benötigt er 5 Fische.

(a) Beschreiben Sie die Anzahl gefangener Fische durch einen Poisson-Prozess und bestimmen Sie die Verteilung der in einem Zeitintervall der Länge t gefangenen Fische.

(b) Wie lange muss Herr Meier im Mittel auf sein Essen warten? Mit welcher Wahrscheinlichkeit hat er es bereits nach einer Stunde zusammen?

(c) In der ersten Stunde beißt kein Fisch an. Mit welcher Wahrscheinlichkeit beißt in der zweiten und dritten Stunde jeweils ein Fisch an?

Kapitel 4

Markov-Prozesse

4

4   **Markov-Prozesse**

4

Markov-Prozesse

Definition und Grundlagen

Den Poisson-Prozess haben wir als einen besonders einfachen stochastischen Prozess kennengelernt: Ausgehend vom Zustand 0 hält er sich eine exponentialverteilte Zeit in einem Zustand i auf und geht dann in den Nachfolgezustand $i+1$ über. Ein Markov-Prozess ist eine natürliche Verallgemeinerung: Er startet in einem beliebigen Zustand und nicht mehr zwingend im Zustand 0; die Aufenthaltsdauern in den einzelnen Zuständen sind zwar nach wie vor exponentialverteilt, die zugehörigen Parameter können jedoch zustandsabhängig sein. Auch der Nachfolgezustand ist nicht notwendigerweise $i + 1$, sondern ein beliebiger, von i verschiedener Zustand j. Dieser wird mit einer Wahrscheinlichkeit q_{ij} angenommen, die unabhängig von der Aufenthaltsdauer im Zustand i ist.

Genau genommen handelt es sich nur um eine von mehreren Charakterisierungen des Markov-Prozesses. Eine weitere ergibt sich aus der Übertragung der Markov-Eigenschaft auf zeit-stetige Prozesse, mit der wir beginnen wollen.

Ein zeit-stetiger stochastischer Prozess $\{X(t), t \geq 0\}$ mit abzählbarem Zustandsraum I und rechtsstetigen Realisationen heißt **Markov-Prozess**, wenn für alle $n \in \mathbb{N}_0$, $0 \leq t_0 \leq t_1 \leq \ldots \leq t_{n+1}$ und $i_0, i_1, \ldots, i_{n+1} \in I$ die folgende Eigenschaft

$$P(X(t_{n+1}) = i_{n+1} \mid X(t_0) = i_0, \ldots, X(t_n) = i_n)$$
$$= P(X(t_{n+1}) = i_{n+1} \mid X(t_n) = i_n)$$

erfüllt ist. Sie drückt die Gedächtnislosigkeit des Prozesses aus und wird wieder als **Markov-Eigenschaft** bezeichnet. Damit hängt auch bei einem Markov-Prozess die zukünftige Entwicklung nur von dem zuletzt beobachteten Zustand ab.

Die bedingten Wahrscheinlichkeiten $P(X(s + t) = j \mid X(s) = i)$, mit denen ein Übergang von i nach j in t Zeiteinheiten stattfindet, heißen **Übergangswahrscheinlichkeiten** des Prozesses. Sind diese unabhängig vom Zeitpunkt s der letzten Beobachtung, so spricht man von einem **homogenen** Markov-Prozess; andernfalls von einem **inhomogenen** Markov-Prozess.

Im folgenden betrachten wir nur homogene Markov-Prozesse und verstehen unter einem Markov-Prozess stets einen homogenen Markov-Prozess.

Abb. 4.1 enthält eine aus der Sicht der Anwendungen typische Realisation eines Markov-Prozesses. Doch dies ist keinesfalls immer so. Möglich ist auch, dass die Aufenthaltsdauern in den einzelnen Zuständen immer kürzer werden und schließlich in einem beliebig kleinen Zeitraum unendlich viele Zustandsänderungen stattfinden. Man spricht dann von einer „Explosion" des Prozesses. Markov-Prozesse, bei denen dieses Phänomen nicht auftreten kann, heißen **regulär**.

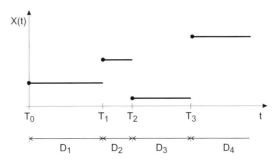

Abb. 4.1. Eine mögliche Realisation des Markov-Prozesses

Wir kommen nun zur Präzisierung und Charakterisierung der Aufenthaltsdauern. Hierzu bezeichne

$$\tau_s = \inf\{h > 0 \mid X(s+h) \neq X(s)\}$$

die Restaufenthaltsdauer im Zustand $X(s)$. Die nächste Zustandsänderung findet damit zum Zeitpunkt $s + \tau_s$ statt, sofern $\tau_s < \infty$ ist. Ist $\tau_s = \infty$ ($\inf\{\emptyset\} = \infty$), so wird der Zustand $X(s)$ nicht mehr verlassen.

4.1   Satz

Ist $X(s) = i$, so existiert, unabhängig von s, ein $\alpha_i \geq 0$ und es gilt

$$P(\tau_s > t \mid X(s) = i) = e^{-\alpha_i t}, \quad t \geq 0.$$

Beweis: Siehe Abschnitt 4.9. $\square$

Bei der Interpretation der Restaufenthaltsdauer τ_s im Zustand $X(s) = i$ müssen wir nach Satz 4.1 zwei Fälle unterscheiden:

$\alpha_i = 0$: Der Zustand i wird nicht mehr verlassen; $X(s + t) = i$ für alle $t \geq 0$. Ein solcher Zustand heißt **absorbierend**.

$\alpha_i > 0$: Die Restaufenthaltsdauer τ_s im Zustand i ist α_i-exponentialverteilt.

Beide Fälle können wir zu einem zusammenfassen, indem wir die Parametermenge der Exponentialverteilung um $\alpha = 0$ erweitern, also neben $\alpha > 0$ (vgl. Abschnitt A.2) auch $\alpha = 0$ als Parameter zulassen mit der Interpretation $P(D > t) = e^{-\alpha t} = 1$ für alle $t \geq 0$.

Seien nun $T_0 = 0 < T_1 < T_2 < \ldots$ die zufälligen Zeitpunkte der Zustandsänderungen des Markov-Prozesses und

$$D_n = T_n - T_{n-1}, \quad n \in \mathbb{N},$$

die **Aufenthaltsdauern** in den einzelnen Zuständen (vgl. Abb. 4.1). Diese sind nach Satz 4.1 unabhängig und es gilt

$$P(D_n > t) = e^{-\alpha_i t}, \quad t \geq 0,$$

falls $X(T_{n-1}) = i$.

Um zu einem regulären Prozess zu gelangen, müssen wir noch sicherstellen, dass in jedem Intervall endlicher Länge nur endlich viele Zustandsänderungen möglich sind. Dies erreichen wir (vgl. z.B. Norris (1997), Theorem 2.7.1) durch die folgende Annahme (GA), die wir stets als erfüllt ansehen.

(GA): Es existiert ein $\hat{\alpha} < \infty$ mit $\alpha_i \leq \hat{\alpha}$ für alle $i \in I$.

Voraussetzung (GA) ist bei endlichem Zustandsraum I erfüllt und kann bei abzählbarem Zustandsraum leicht überprüft werden.

Wir kommen nun zur Beschreibung der Übergänge des Prozesses. Hierzu seien

$$Y_n = X(T_n), \quad n \in \mathbb{N}_0,$$

die Zustände des Markov-Prozesses zu den Sprungzeitpunkten. Die Folge $Y_0, Y_1, \ldots$ ist ein stochastischer Prozess mit diskretem Zeitparameter. Wir werden nun zeigen, dass $(Y_n)_{n \in \mathbb{N}_0}$ eine (homogene) Markov-Kette mit Zustandsraum I und Übergangsmatrix $Q = (q_{ij})$ ist, wobei

$$q_{ij} := P(Y_1 = j \mid Y_0 = i)$$

für $i \neq j$ und $q_{ii} = 0$.

Man bezeichnet $(Y_n)_{n \in \mathbb{N}_0}$ als **eingebettete Markov-Kette**. Abb. 4.1 veranschaulicht den Zusammenhang zwischen dem zeit-stetigen Prozess $\{X(t), t \geq 0\}$ und den zu den Sprungzeitpunkten beobachteten zeit-diskreten Prozess $\{Y_n, n \in \mathbb{N}_0\}$. Die Werte von $Y_0, Y_1, \ldots$ sind als Punkte hervorgehoben.

Zunächst zeigen wir, dass D_1 und Y_1 unabhängig sind. Damit ist ein Übergang vom Zustand Y_0 in den Zustand Y_1 unabhängig von der Dauer D_1 im Zustand Y_0.

4.2   **Satz**

Für alle $i, j \in I$, $j \neq i$, und alle $t \geq 0$ gilt

$$P(D_1 > t, Y_1 = j \mid Y_0 = i) = P(D_1 > t \mid Y_0 = i) \cdot P(Y_1 = j \mid Y_0 = i).$$

Beweis: Siehe Abschnitt 4.9.   □

Für die nachfolgenden Übergänge gilt entsprechend: Ein Übergang vom Zustand Y_n in den Zustand Y_{n+1} ist unabhängig von der Dauer D_{n+1} im Zustand Y_n und allen vorausgegangenen Dauern $D_1, \ldots, D_n$ und Zuständen $Y_0, \ldots, Y_{n-1}$.

Zusammenfassend erhalten wir:

4.3   **Satz**

Für einen regulären Markov-Prozess gilt:

(i) Die Aufenthaltsdauern in den Zuständen $i \in I$ sind α_i-exponential-verteilt, wobei $0 \leq \alpha_i \leq c < \infty$.

(ii) Verlässt der Prozess den Zustand i, so wird der nachfolgende Zustand j ($j \neq i$) mit Wahrscheinlichkeit q_{ij} angenommen. Dabei ist q_{ij} ($0 \leq q_{ij} \leq 1$, $\sum_{j \neq i} q_{ij} = 1$) unabhängig von der Aufenthaltsdauer im Zustand i.

Mit Satz 4.3 haben wir die eingangs gegebene Charakterisierung des Markov-Prozesses formalisiert. Umgekehrt lässt sich aus den Eigenschaften des Satzes 4.3 die Markov-Eigenschaft folgern (siehe z.B. Norris (1997), Theorem 2.8.4). Damit sind beide Zugänge äquivalent.

Bei der praktischen Umsetzung werden sich die α_i, q_{ij} aus den Parametern von in Konkurrenz zueinander stehenden exponentialverteilten Dauern ergeben. Hierauf werden wir in Abschnitt 4.6 näher eingehen.

Auch ein Markov-Prozess lässt sich vollständig beschreiben durch seine **Anfangswahrscheinlichkeiten** $\pi_i(0) := P(X(0) = i)$, $i \in I$, und seine **Übergangswahrscheinlichkeiten** $p_{ij}(t) := P(X(t) = j \mid X(0) = i)$, $i, j \in I$, die jetzt noch von der Dauer $t \geq 0$ des Übergangs abhängen.

Mit den **Zustandswahrscheinlichkeiten** $\pi_j(t) := P(X(t) = j)$, $j \in I$, zum Zeitpunkt $t \geq 0$ gilt dann

$$\pi_j(t) = \sum_{i \in I} \pi_i(0) p_{ij}(t). \tag{4.1}$$

Fasst man noch die Zustandswahrscheinlichkeiten $\pi_j(t)$ zu einem Zeilenvektor $\pi(t)$, der **Verteilung der Zustände** zum Zeitpunkt t, zusammen und die Übergangswahrscheinlichkeiten zu einer (stochastischen) Matrix $P(t) = (p_{ij}(t))$, so geht (4.1) über in

$$\pi(t) = \pi(0) P(t). \tag{4.2}$$

An dieser Stelle wird der Unterschied zur Markov-Kette deutlich. Während in (2.3) P^n sich als n-te Potenz der Matrix P ergibt, ist in (4.2) $P(t)$ als Lösung eines Systems von Differentialgleichungen (oder Integralgleichungen) zu bestimmen, was einen erheblich höheren Rechenaufwand nach sich zieht.

Sei $\dot{p}_{ij}(t) = \frac{d}{dt} p_{ij}(t)$. Dann erhält man mit Hilfe der (sog.) **Vorwärtsgleichungen**

$$\dot{p}_{ij}(t) = -\alpha_j p_{ij}(t) + \sum_{k \neq j} p_{ik}(t) \alpha_k q_{kj}, \tag{4.3}$$

die sich mit $\dot{P}(t) = (\dot{p}_{ij}(t))$ auch in der kompakten Form $\dot{P}(t) = P(t)B$ darstellen lassen, zumindest theoretisch die Möglichkeit, $P(t)$ zu berechnen.

Die Matrix $B = (b_{ij})$ heißt **Generator** des Prozesses und die Elemente b_{ij} von B

$$b_{ij} = \begin{cases} -\alpha_i & \text{für } i = j, \\ \alpha_i q_{ij} & \text{für } i \neq j. \end{cases}$$

heißen **Übergangsraten** des Prozesses.

Ist der Zustandsraum I endlich, so ist die Lösung der Vorwärtsgleichungen eindeutig und kann in der Form

$$P(t) = \sum_{n=0}^{\infty} B^n \frac{t^n}{n!} \tag{4.4}$$

(mit $P(0) = E$, E Einheitsmatrix) angegeben werden.

Bei abzählbarem Zustandsraum geht die Darstellung (4.4) verloren und wir erhalten $(P(t), t \geq 0)$ lediglich als kleinste nichtnegative Lösung der Vorwärts-gleichungen mit

$$P(s + t) = P(s)P(t)$$

für alle $s, t \geq 0$ (vgl. z.B. Norris (1997), Theorem 2.8.6).

Eine formale Herleitung der Vorwärtsgleichungen findet man z.B. in Norris (1997), section 2.8. Wir begnügen uns mit einer heuristischen Überprüfung. Zunächst erhält man für „kleine" h

$$p_{ij}(t + h) \approx p_{ij}(t)(1 - \alpha_j h) + \sum_{k \neq j} p_{ik}(t)(\alpha_k h)q_{kj},$$

wobei der erste Summand die Wahrscheinlichkeit (kurz Ws) beschreibt, dass der Prozess bereits zum Zeitpunkt t im Zustand j ist (Ws $p_{ij}(t)$) und dann den Zustand j in den verbleibenden h Zeiteinheiten nicht mehr verlässt (Ws $e^{-\alpha_j h} \approx 1 - \alpha_j h$). Der zweite Summand gibt die Wahrscheinlichkeit an, mit der sich der Prozess nach t Zeiteinheiten im Zwischenzustand k befindet (Ws $p_{ik}(t)$) und in den verbleibenden h Zeiteinheiten wieder verlässt (Ws $1 - e^{-\alpha_k h} \approx \alpha_k h$) und dabei den Zustand j annimmt (Ws q_{kj}). Eingesetzt in

$$\frac{p_{ij}(t + h) - p_{ij}(t)}{h} \approx -\alpha_j p_{ij}(t) + \sum_{k \neq j} p_{ik}(t)\alpha_k q_{kj}$$

erhält man dann durch Grenzübergang $h \to 0$ die Vorwärtsgleichungen.

Eine anschauliche Darstellung der Übergangsraten erhält man mit Hilfe eines **Ubergangsgraphen**. Jeder Knoten (Punkt) des Graphen stellt einen Zustand des Markov-Prozesses dar, jeder Pfeil einen Übergang mit positiver Rate. Die Bewertung des Pfeils ergibt sich aus dem zugehörigen Wert der Übergangsrate.

4.4   **Beispiel**

Gegeben sei ein Markov-Prozess mit Zustandsraum $I = \{1, 2, \ldots, 5\}$ und

Generator

$$B = \begin{pmatrix} -(\lambda_1 + \lambda_2) & \lambda_2 & \lambda_1 & 0 & 0 \\ \mu_2 & -(\lambda_1 + \mu_2) & 0 & \lambda_1 & 0 \\ \mu_1 & 0 & -(\lambda_2 + \mu_1) & 0 & \lambda_2 \\ 0 & 0 & \mu_2 & -\mu_2 & 0 \\ 0 & \mu_1 & 0 & 0 & -\mu_1 \end{pmatrix}.$$

Die Diagonalelemente von B gehen nicht in den Übergangsgraph ein. Sie ergeben sich wegen $-b_{ii} = \sum_{j \neq i} b_{ij}$ als Summe der negativen Bewertungen der vom Knoten i wegführenden Pfeile. Abb. 4.2 enthält den zugehörigen Übergangsgraphen.

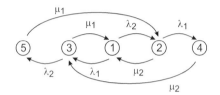

Abb. 4.2. Übergangsgraph des Markov-Prozesses   ◊

Klassifikation der Zustände

In Analogie zur Markov-Kette sagt man, dass ein Zustand j von einem Zustand i aus **erreichbar** ist (in Zeichen $i \to j$), wenn $P(X(t) = j$ für ein $t \geq 0 \mid X(0) = i) > 0$ gilt.

Satz   4.5

Seien $i, j \in I$, $j \neq i$. Dann sind die folgenden Aussagen äquivalent:

(i) $i \to j$.

(ii) $i \to j$ in der eingebetteten Markov-Kette.

(iii) Es existiert eine Folge von Zuständen $i_0 = i, i_1, \ldots, i_{n-1}, i_n = j$ mit $b_{i_0 i_1}, b_{i_1 i_2}, \ldots, b_{i_{n-1} i_n} > 0$.

(iv) $p_{ij}(t) > 0$ für alle $t > 0$.

(v) Es existiert ein $t > 0$ mit $p_{ij}(t) > 0$.

Beweis: Die Folgerungen (iv)⇒(v)⇒(i)⇒(ii) sind klar. Ist (ii) erfüllt, so ist für ein $n \in \mathbb{N}$

$$0 < q_{ij}^{(n)} = \sum_{i_1 \dots i_{n-1}} q_{i_0 i_1} \cdots q_{i_{n-1} i_n}$$

und damit $q_{i_0 i_1} \dots q_{i_{n-1} i_n} > 0$ für geeignete $i_0 = i, i_1, \dots, i_{n-1}, i_n = j$. Folglich ist auch $b_{i_0 i_1} \dots b_{i_{n-1} i_n} = (\alpha_{i_0} q_{i_0 i_1}) \dots (\alpha_{i_{n-1}} q_{i_{n-1} i_n}) > 0$. Damit (ii)⇒(iii).

Ist $q_{ij} > 0$, so ist

$$p_{ij}(t) \geq P(D_1 \leq t, Y_1 = j, D_2 > t \mid Y_0 = i) = (1 - e^{-\alpha_i t}) q_{ij} e^{-\alpha_j t} > 0$$

für alle $t > 0$. Gilt daher (iii), so ist

$$p_{ij}(t) \geq p_{i_0 i_1}(t/n) \dots p_{i_{n-1} i_n}(t/n) > 0$$

für alle $t > 0$ und schließlich (iii)⇒(iv).   □

Ein Zustand j ist somit von i aus erreichbar, wenn im Übergangsgraphen von i ein direkter Pfeil nach j führt oder i und j über eine Pfeilfolge verbunden sind. In Beispiel 4.4 ist jeder Zustand von jedem Zustand aus erreichbar.

Bedingung (iv) zeigt, dass die Situation einfacher ist als im zeit-diskreten Fall, da entweder $p_{ij}(t) > 0$ oder $p_{ij}(t) = 0$ für alle $t > 0$ ist. Damit entfällt der Begriff der Periode.

Die weiteren Begriffe wie **verbunden**, **Klasse**, **abgeschlossen**, **absorbierend**, **irreduzibel** oder **reduzibel** gehen unmittelbar von der eingebetteten Markov-Kette auf den Markov-Prozess über.

4.3   Rekurrenz und Transienz

Sei $Z_i := \{t \geq 0 \mid X(t) = i\}$ die Menge der Zeitpunkte, zu denen sich der Markov-Prozess im Zustand $i \in I$ aufhält. Ein Zustand i heißt **rekurrent**, falls

$$P_i(Z_i \text{ ist unbeschränkt}) = 1$$

gilt, und **transient**, falls

$$P_i(Z_i \text{ ist unbeschränkt}) = 0$$

gilt.

Die Klasseneigenschaften rekurrenter und transienter Zustände, die wir von den Markov-Ketten her kennen (vgl. Satz 2.13), behalten ihre Gültigkeit; sie ergeben sich aus den Klasseneigenschaften der eingebetteten Markov-Kette. Das ist das Ergebnis des folgenden Satzes.

Satz   **4.6**

(i)   Ist i rekurrent (bzw. transient) in der eingebetteten Markov-Kette, so ist i auch rekurrent (bzw. transient) im Markov-Prozess.

(ii) Jeder Zustand i ist entweder rekurrent oder transient.

(iii) Rekurrenz und Transienz sind Klasseneigenschaften.

Beweis: Ist i rekurrent in $(Y_n)_{n \in \mathbb{N}_0}$ und $X(0) = i$, so ist $Y_n = i$ unendlich oft mit Wahrscheinlichkeit 1. Damit ist auch $X(T_n) = i$ unendlich oft mit Wahrscheinlichkeit 1. Folglich ist Z_i unbeschränkt mit Wahrscheinlichkeit 1. Entsprechend für transiente Zustände. (ii) und (iii) folgen dann aus den Sätzen 2.12 und 2.13. $\square$

Weiter können wir zeigen, dass sich Rekurrenz und Transienz aus jeder Diskretisierung des Markov-Prozesses bestimmen lassen. Dabei wollen wir unter einer Diskretisierung des Markov-Prozesses eine Beobachtung zu den diskreten Zeitpunkten $0, h, 2h, \ldots$ für ein $h > 0$ verstehen.

Satz   **4.7**

Sei $h > 0$ beliebig und $(\tilde{X}_n)_{n \in \mathbb{N}_0}$ eine Markov-Kette mit Zustandsraum I und Übergangsmatrix $\tilde{P} = (p_{ij}(h))$. Dann gilt:

(i) Ist i rekurrent in $\{X(t), t \geq 0\}$, so ist i auch rekurrent in $(\tilde{X}_n)_{n \in \mathbb{N}_0}$.

(ii) Ist i transient in $\{X(t), t \geq 0\}$, so ist i auch transient in $(\tilde{X}_n)_{n \in \mathbb{N}_0}$.

Beweis: (i) Sei $nh \leq t < (n+1)h$. Dann gilt

$$p_{ii}((n+1)h) \geq p_{ii}((n+1)h - t)p_{ii}(t) \geq e^{-\alpha_i[(n+1)h-t]}p_{ii}(t) \geq e^{-\alpha_i h}p_{ii}(t)$$

und somit

$$\int_0^\infty p_{ii}(t)dt \leq he^{\alpha_i h}\sum_{n=1}^\infty p_{ii}(nh) \leq he^{\alpha_i h}\sum_{n=1}^\infty \tilde{p}_{ii}^{(n)},$$

(wobei $\tilde{p}_{ii} = p_{ii}(h)$). Um die Rekurrenz von i in $(\tilde{X}_n)_{n \in \mathbb{N}_0}$ zu erhalten, muss nach Satz 2.12 $\sum_{n=1}^{\infty} \tilde{p}_{ii}^{(n)} = \infty$ sein. Da $\int_0^{\infty} p_{ii}(t)dt = \infty$ die entsprechende Bedingung für $\{X(t), t \geq 0\}$ ist (vgl. Norris (1997), Theorem 3.4.2), ist mit der linken Seite der Ungleichung auch die rechte unendlich und damit $\sum_{n=1}^{\infty} \tilde{p}_{ii}^{(n)} = \infty$. Somit gilt (i). Den Beweis zu (ii) überlassen wir dem Leser.
$\square$

4.4 Stationäre Verteilungen

Wir haben bereits gesehen, dass die Vorwärtsgleichungen für die Anwendungen nur von begrenztem Nutzen sind, da eine explizite Lösung nur für wenige Spezialfälle vorliegt und die numerische Berechnung sich als äußerst aufwendig erweist. Daher konzentriert sich das Interesse hauptsächlich auf das asymptotische Verhalten des Prozesses und somit auf die Existenz einer stationären Verteilung.

Eine Verteilung $\pi = \{\pi_j, j \in I\}$ heißt **stationär**, falls

$$\pi_j = \sum_{i \in I} \pi_i p_{ij}(t), \quad j \in I. \tag{4.5}$$

für alle $t > 0$ gilt.

Wählen wir als Anfangsverteilung $\pi(0) = \pi$, so erhalten wir $\pi(t) = \pi$ für alle $t > 0$ aus $\pi(t) = \pi(0)P(t)$. Das veranschaulicht noch einmal den Begriff der Stationarität.

4.8 Satz

Sei $\{X(t), t \geq 0\}$ ein irreduzibler Markov-Prozess und $\pi = \{\pi_j, j \in I\}$ eine beliebige Verteilung. Dann sind die folgenden Aussagen äquivalent:

(i) π ist eine stationäre Verteilung (also $\pi = \pi P(t)$ für alle $t > 0$).

(ii) $\pi = \pi P(s)$ für *ein* $s > 0$.

(iii) $0 = \pi B$.

Beweis: Wir geben den Beweis nur für endlichen Zustandsraum I und verweisen auf Norris (1997), Theorem 3.5.5, für den allgemeinen Fall.

(i)⇒(ii) ist klar. Gilt (ii) für ein $s > 0$, so reduziert sich wegen $\pi = \pi P(s)$ die Summe

$$\pi P(s) = \sum_{n=0}^{\infty} \pi B^n \frac{s^n}{n!}$$

auf den ersten Summanden. Folglich muss $0 = \pi B$ erfüllt sein und wir erhalten (ii)⇒(iii). Ist umgekehrt $0 = \pi B$, so reduziert sich $\sum_{n=0}^{\infty} \pi B^n t^n / (n!)$, $t > 0$, auf den ersten Summanden und damit gilt $\pi = \pi P(t)$ für alle $t > 0$. Hieraus folgt schließlich (iii)⇒(i). □

Sei $\{X(t), t \geq 0\}$ ein irreduzibler Markov-Prozess. Nach Satz 4.8 ist jede stationäre Verteilung π Lösung des Gleichungssystems $0 = \pi B$. Darüber hinaus ist jede Verteilung π mit $0 = \pi B$ und damit jede Lösung des linearen Gleichungssystems

$$u_j \sum_{k \neq j} b_{jk} = \sum_{k \neq j} u_k b_{kj} \tag{4.6}$$

unter Einhaltung der Nichtnegativitätsbedingung

$$u_i \geq 0, \quad i \in I, \tag{4.7}$$

und der Normierungsbedingung

$$\sum_{i \in I} u_i = 1. \tag{4.8}$$

eine stationäre Verteilung.

Besitzt das Gleichungssystem (4.6)-(4.8) keine Lösung, so können wir ferner festhalten, dass dann auch keine stationäre Verteilung existiert. Denn würde eine stationäre Verteilung π existieren, so wäre diese nach Satz 4.8 auch Lösung von $0 = \pi B$. Auf das Fehlen einer stationären Verteilung kommen wir in den Sätzen 4.11 und 4.12 im Zusammenhang mit der asymptotischen Entwicklung des Markov-Prozesses noch einmal zurück.

Die Darstellung (4.6) erlaubt es uns, das Gleichungssystem unmittelbar aus dem Übergangsgraphen heraus aufzustellen: Der Koeffizient von u_j auf der linken Seite der Gleichung ergibt sich aus der Summe der Bewertungen der von j wegführenden Pfeile; der Koeffizient der u_k auf der rechten Seite der Gleichung ergibt sich als Bewertung des Pfeiles der von k an j heranführt.

4.9   **Beispiel**   (Bsp. 4.4 - Forts. 1)

Der Markov-Prozess ist irreduzibel, da jeder Zustand i mit jedem Zustand j durch eine Pfeilfolge verbunden werden kann. Damit ist Satz 4.8 anwendbar.

Besitzt das Gleichungssystem

$$
\begin{aligned}
u_1 \cdot (\lambda_1 + \lambda_2) &= u_2 \cdot \mu_2 + u_3 \cdot \mu_1 \\
u_2 \cdot (\lambda_1 + \mu_2) &= u_1 \cdot \lambda_2 + u_5 \cdot \mu_1 \\
u_3 \cdot (\lambda_2 + \mu_1) &= u_1 \cdot \lambda_1 + u_4 \cdot \mu_2 \\
u_4 \cdot \mu_2 &= u_2 \cdot \lambda_1 \\
u_5 \cdot \mu_1 &= u_3 \cdot \lambda_2
\end{aligned}
$$

unter Einhaltung der Normierungsbedingung

$$
u_1 + u_2 + u_3 + u_4 + u_5 = 1
$$

und der Nichtnegativitätsbedingung

$$
u_1, u_2, u_3, u_4, u_5 \geq 0
$$

eine Lösung π, so ist π eine stationäre Verteilung. Existiert keine Lösung des Gleichungssystems, so existiert auch keine stationäre Verteilung.

Im Vorgriff auf die Sätze 4.11 und 4.12 können wir jedoch schon an dieser Stelle festhalten, dass bei endlichem Zustandsraum (wie hier) stets eine Lösung existiert und die Fallunterscheidung nur bei abzählbarem Zustandsraum nötig ist.   ◊

4.5   ## Das asymptotische Verhalten

Wir betrachten nun das asymptotische Verhalten von $p_{ij}(t)$ für $t \to \infty$ und den Zusammenhang mit der stationären Verteilung. Die Konvergenzaussagen werden über das asymptotische Verhalten des diskretisierten Prozesses $(\tilde{X}_n)_{n \in \mathbb{N}_0}$ (vgl. Satz 4.7) erfolgen zusammen mit der gleichmäßigen Stetigkeit der $p_{ij}(t)$ in t, die sich aus dem folgenden Lemma ergibt.

4.10   **Lemma**

Für alle $i, j \in I$ und alle $t, h, \geq 0$ gilt:

$$
|p_{ij}(t + h) - p_{ij}(t)| \leq 1 - e^{-\alpha_i h}.
$$

Beweis: Unter Berücksichtigung von $P(t+h) = P(h)P(t)$ erhält man zunächst

$$p_{ij}(t+h) - p_{ij}(t) = \sum_{k \neq i} p_{ik}(h)p_{kj}(t) - (1 - p_{ii}(h))p_{ij}(t).$$

Ist $p_{ij}(t+h) - p_{ij}(t) \geq 0$, so folgt weiter

$$p_{ij}(t+h) - p_{ij}(t) \leq \sum_{k \neq i} p_{ik}(h)p_{kj}(t) \leq 1 - p_{ii}(h) \leq P(T_1 \leq h) \leq 1 - e^{-\alpha_i h}.$$

Umgekehrt, also im Falle $p_{ij}(t+h) - p_{ij}(t) \leq 0$, folgt weiter

$$p_{ij}(t+h) - p_{ij}(t) \geq -(1 - p_{ii}(h)) \geq -P(T_1 \leq h) \geq -(1 - e^{-\alpha_i h}).$$

Beide Aussagen zusammen ergeben dann die Behauptung. $\square$

Wir erinnern noch einmal daran, dass Periodizität bei einem Markov-Prozess keine Rolle spielt, da für jedes $i, j \in I$ entweder $p_{ij}(t) > 0$ oder $p_{ij}(t) = 0$ für alle $t > 0$ gilt (vgl. Satz 4.5).

Satz 4.11

Sei $\{X(t), t \geq 0\}$ ein irreduzibler Markov-Prozess mit endlichem Zustandsraum. Dann existiert eine stationäre Verteilung $\{\pi_j, j \in I\}$ und es gilt für alle $i, j \in I$

$$\lim_{t \to \infty} p_{ij}(t) = \pi_j > 0.$$

Beweis: Sei $h > 0$ beliebig und $(\tilde{X}_n)_{n \in \mathbb{N}_0}$ die zugehörige Markov-Kette aus Satz 4.7. $(\tilde{X}_n)_{n \in \mathbb{N}_0}$ ist nach Satz 4.7 irreduzibel und nach Satz 4.5 aperiodisch. Damit existiert für $(\tilde{X}_n)_{n \in \mathbb{N}_0}$ eine stationäre Verteilung $\pi^{(h)}$ und es gilt

$$\lim_{n \to \infty} p_{ij}(nh) = \lim_{n \to \infty} \tilde{p}_{ij}^{(n)} = \pi_j^{(h)} > 0, \quad j \in I.$$

Mit Hilfe von Lemma 4.10 überlegt man sich nun, dass $\pi^{(h)}$ unabhängig von h ist. Damit gilt die Behauptung. $\square$

4.12   **Satz**

Sei $\{X(t), t \geq 0\}$ ein irreduzibler Markov-Prozess mit abzählbarem Zustandsraum. Dann bleibt entweder die Aussage des Satzes 4.11 erhalten oder es gilt $\lim_{t \to \infty} p_{ij}(t) = 0$ für alle $i, j \in I$.

4.6 ___ **Ein praxisnaher Zugang**

Wir kommen nun zur Festlegung der α_i und q_{ij} bei konkreten Problemstellungen. Hierzu betrachten wir ein System, das sich einem Außenstehenden als permanenter Wettlauf konkurrierender Aktivitäten mit unabhängigen exponentialverteilten Dauern darstellt. Jeder Abschluss oder Beginn einer solchen Aktivität löst eine Zustandsänderung aus. Nach jeder Zustandsänderung beginnt der Wettlauf von vorn. Es konkurrieren die Restdauern der noch nicht abgeschlossenen Aktivitäten mit einer eventuell neu hinzugekommenen Aktivität.

Betrachtet man beispielsweise ein $M/M/1$ - Wartesystem (vgl. Beispiel 5.1 für weitere Einzelheiten), so erfolgt ein Übergang vom Zustand i (Anzahl der Kunden im System) in den Zustand $i - 1$, wenn die laufende Bedienung vor Ankunft des nächsten Kunden abgeschlossen ist. Es konkurrieren also miteinander die (exponentialverteilte) Bedienungszeit und die (exponentialverteilte) Zwischenankunftszeit und die kürzere der beiden Dauern gibt den Ausschlag für einen Übergang von i nach $i - 1$ oder von i nach $i + 1$.

Da die Dauern exponentialverteilt sind, haben zu jedem Zeitpunkt die Restdauern dieselbe Verteilung (vgl. Satz A.1). Wir haben es also nach jeder Zustandsänderung mit einem Neubeginn zu tun und können die Vorgeschichte vergessen.

Satz 4.13 stellt den Zusammenhang zum Markov-Prozess her und kann unmittelbar auf n konkurrierende Aktivitäten übertragen werden.

4.13   **Satz**

Seien T_1 und T_2 unabhängige, exponentialverteilte Zufallsvariable mit den Parametern α_1 bzw. α_2. Dann gilt

(i) Die Zufallsvariable $T = \min\{T_1, T_2\}$ ist $(\alpha_1 + \alpha_2)$-exponentialverteilt.

(ii) $P(T_1 > T_2) = \dfrac{\alpha_2}{(\alpha_1 + \alpha_2)}$.

(iii) Die Ereignisse $\{T > t\}$ und $\{T_1 > T_2\}$ sind unabhängig.

Beweis: (i) Unter Berücksichtigung der Unabhängigkeit von T_1 und T_2 gilt für alle $t \geq 0$

$$P(T > t) = P(T_1 > t, T_2 > t) \;\; = \;\; P(T_1 > t)P(T_2 > t)$$
$$= \;\; e^{-\alpha_1 t} e^{-\alpha_2 t} = e^{-(\alpha_1 + \alpha_2)t}.$$

Damit ist T $(\alpha_1 + \alpha_2)$-exponentialverteilt.

(ii) Bedingt man bzgl. der möglichen Werte von T_2 und nutzt die Unabhängigkeit von T_1 und T_2 aus, so folgt

$$P(T_1 > T_2) \;\; = \;\; \int_0^\infty P(T_1 > T_2 \mid T_2 = t)\alpha_2 e^{-\alpha_2 t} dt$$
$$= \;\; \int_0^\infty P(T_1 > t)\alpha_2 e^{-\alpha_2 t} dt$$
$$= \;\; \frac{\alpha_2}{(\alpha_1 + \alpha_2)} \int_0^\infty (\alpha_1 + \alpha_2) e^{-(\alpha_1 + \alpha_2)t} dt$$
$$= \;\; \frac{\alpha_2}{(\alpha_1 + \alpha_2)},$$

wobei die Erweiterung um $(\alpha_1 + \alpha_2)$ vorgenommen wurde, um über die Normierungsbedingung einer Dichte den Wert des Integrals auf bequeme Weise zu bestimmen. Somit gilt (ii).

Die Unabhängigkeit der Ereignisse $\{T > t\}$ und $\{T_1 > T_2\}$ folgt durch Bedingen von T_2 nach u, der Unabhängigkeit von T_1 und T_2 sowie der Beobachtung, dass t als Minimum der Realisationen von T_1 und T_2 kleiner oder gleich u sein muss und damit $u \geq t$.

$$P(T > t, T_1 > T_2) \;\; = \;\; \int_0^\infty P(T > t, T_1 > T_2 \mid T_2 = u)\alpha_2 e^{-\alpha_2 u} du$$
$$= \;\; \int_t^\infty P(T_1 > t, T_1 > u)\alpha_2 e^{-\alpha_2 u} du$$
$$= \;\; \frac{\alpha_2}{(\alpha_1 + \alpha_2)} \int_t^\infty (\alpha_1 + \alpha_2) e^{-(\alpha_1 + \alpha_2)u} du$$
$$= \;\; \frac{\alpha_2}{(\alpha_1 + \alpha_2)} e^{-(\alpha_1 + \alpha_2)t}$$
$$= \;\; P(T_1 > T_2)P(T > t).$$

Die Erweiterung um $(\alpha_1 + \alpha_2)$ diente wieder der eleganten Berechnung des Integrals unter Ausnutzung der Eigenschaften der Exponentialverteilung. $\square$

Mit Teil (i) des Satzes erhalten wir die α_i, mit Teil (ii) die q_{ij}. Die Unabhängigkeit der Aufenthaltsdauern und Übergänge folgt aus Teil (iii). In Beispiel 4.14 werden wir die einzelnen Schritte ausführlich beschreiben.

4.14   **Beispiel** (Repairmen-Problem)

Für n Maschinen stehen $k < n$ Mechaniker zur Verfügung. Fällt eine Maschine aus, so wird die Reparatur von einem der noch freien Mechaniker übernommen oder bis zum Freiwerden eines Mechanikers zurückgestellt.

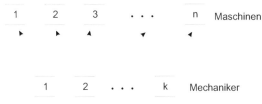

Abb. 4.3. Aufbau des Repairmen-Problems

Die Zeit, die eine Maschine störungsfrei arbeitet, sei λ-exponentialverteilt; die Reparaturzeit einer Maschine sei μ-exponentialverteilt. Die einzelnen Zeiten seien zudem unabhängig.

Sei $X(t)$ die Anzahl der zum Zeitpunkt t ausgefallenen Maschinen. $\{X(t), t \geq 0\}$ ist ein stochastischer Prozess mit Zustandsraum $I = \{0, \ldots, n\}$.

(a) Bestimmung der α_i:

Die Aufenthaltsdauer im Zustand i ergibt sich als Minimum

$$T = \min\{A_1, \ldots, A_{n-i}, R_1, \ldots, R_{\min\{i,k\}}\}$$

der λ-exponentialverteilten (Rest-)Dauern der Arbeitszeiten $A_1, \ldots, A_{n-i}$ der intakten Maschinen sowie der μ-exponentialverteilten (Rest-)Reparaturdauern $R_1, \ldots, R_{\min\{i,k\}}$ der ausgefallenen Maschinen. Nach Satz 4.13 (i) ist T exponentialverteilt mit Parameter

$$\alpha_i := (n - i)\lambda + \min\{i, k\}\mu.$$

(b) Bestimmung der q_{ij}:

Der Prozess geht vom Zustand i in den Zustand $i+1$ über, falls

$$T_R := \min\{R_1, \ldots, R_{\min\{i,k\}}\} > \min\{A_1, \ldots, A_{n-i}\} =: T_A.$$

Da T_R exponentialverteilt ist mit Parameter $\min\{i,k\}\mu$ und T_A exponentialverteilt ist mit Parameter $(n-i)\lambda$, folgt zusammen mit Satz 4.13 (ii)

$$P(T_R > T_A) = \frac{(n-i)\lambda}{\min\{i,k\}\mu + (n-i)\lambda} =: q_{i,i+1}.$$

Ein Übergang vom Zustand i in den Zustand $i-1$ erfolgt mit Wahrscheinlichkeit

$$P(T_R < T_A) = \frac{\min\{i,k\}\mu}{(n-i)\lambda + \min\{i,k\}\mu} =: q_{i,i-1}.$$

Nach Satz 4.13 (iii) sind die Übergangswahrscheinlichkeiten q_{ij} unabhängig von der Aufenthaltsdauer im Zustand i. Damit sind die Voraussetzungen des Satzes 4.3 erfüllt und $\{X(t), t \geq 0\}$ ist ein Markov-Prozess mit den Übergangsraten $b_{01} = \alpha_0 q_{01} = n\lambda$, $b_{n,n-1} = \alpha_n q_{n,n-1} = \min\{n,k\}\mu$ und für $1 \leq i \leq n-1$:

$$b_{i,i+1} = \alpha_i q_{i,i+1} = (n-i)\lambda$$

$$b_{i,i-1} = \alpha_i q_{i,i-1} = \min\{i,k\}\mu.$$

Die Ergebnisse sind im Übergangsgraphen zusammengefasst.

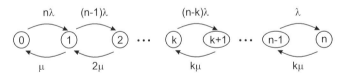

Abb. 4.4. Übergangsgraph des Repairmen-Problems

In der Regel wird man jedoch weniger formal vorgehen und den Übergangsgraphen mit Hilfe der Raten der konkurrierenden Exponentialverteilungen direkt aufstellen:

(1) Die Zustände $0, 1, \ldots, n$ werden als Knoten in den Übergangsgraphen eingetragen.

(2) Jeder direkte Übergang von einem Zustand i in einen Zustand j wird durch einen Pfeil von Knoten i nach Knoten j gekennzeichnet.

(3) Die Bewertung der Pfeile ergibt sich aus den Übergangsraten, die wir exemplarisch erklären wollen:

Im Zustand 0 haben wir n intakte Maschinen. Somit erfolgt eine Zustandsänderung von 0 nach 1 zu dem Zeitpunkt, zu dem die erste Maschine ausfällt. Die Dauer ergibt sich damit als Minimum von n λ-exponentialverteilten Dauern, die nach Satz 4.13 $n\lambda$-exponentialverteilt sind. Damit liegt die Bewertung des Pfeiles von 0 nach 1 mit $n\lambda$ fest.

Im Zustand 1 haben wir $(n-1)$ intakte Maschinen und 1 Maschine in Reparatur. Ein Übergang von 1 nach 2 wird bewirkt durch den Ausfall einer weiteren Maschine. Die Rate, mit der das geschieht, ist $(n-1)\lambda$. Umgekehrt wird ein Übergang von 1 nach 0 bewirkt durch den Abschluss einer Reparatur. Die Rate, mit der das geschieht, ist μ.

In einem Zustand $k < i < n$ haben wir $(n-i)$ intakte Maschinen und k Maschinen in Reparatur (die übrigen $i - k$ Maschinen warten auf Reparatur bis einer der k Mechaniker frei wird). Ein weiterer Ausfall, also Übergang von i nach $i + 1$, erfolgt mit der Rate $(n-i)\lambda$; ein Übergang von i nach $i - 1$ mit der Rate $k\mu$.

Basierend auf der asymptotischen Entwicklung des Systems lassen sich eine Reihe von Kenngrößen des Systems angeben wie

- durchschnittliche Anzahl ausgefallener Maschinen
- Auslastungsgrad der Mechaniker
- Wahrscheinlichkeit, mit der eine Reparatur nicht unmittelbar begonnen werden kann

Zur Ermittlung dieser Kenngrößen benötigen wir die stationäre Verteilung. Dem Übergangsgraphen können wir unmittelbar entnehmen, dass jeder Zustand von jedem anderen Zustand aus erreichbar ist. Damit ist der Markov-Prozess irreduzibel und es existiert, da I endlich ist, nach Satz 4.11 eine stationäre Verteilung.

Das Gleichungssystem zur Berechnung der stationären Verteilung können wir mit Hilfe des Übergangsgraphen direkt aufstellen: Der Koeffizient von u_j auf der linken Seite der Gleichung ergibt sich aus der Summe der Bewertungen der von j wegführenden Pfeile; der Koeffizient der u_k auf der rechten Seite der Gleichung ergibt sich als Bewertung des Pfeiles der von j an k heranführt.

Konkret bedeutet das:

$$
\begin{aligned}
n\lambda u_0 &= \mu u_1 \\
((n-1)\lambda + \mu)u_1 &= n\lambda u_0 + 2\mu u_2 \\
&\;\;\vdots \\
((n-k)\lambda + k\mu)u_k &= (n-k+1)\lambda u_{k-1} + k\mu u_{k+1} \\
((n-k-1)\lambda + k\mu)u_{k+1} &= (n-k)\lambda u_k + k\mu u_{k+2} \\
&\;\;\vdots \\
k\mu u_n &= \lambda u_{n-1}
\end{aligned}
$$

Zusammen mit der Nichtnegativitätsbedingung $u_i \geq 0$, $i \in I$, und der Normierungsbedingung $\sum_{i \in I} u_i = 1$ ergibt sich dann als Lösung $\pi = (\pi_0, \ldots, \pi_n)$ die gesuchte stationäre Verteilung.

In Abhängigkeit von der stationären Verteilung π kann man schließlich die Kenngrößen

- durchschnittliche Anzahl ausgefallener Maschinen

  $\rho_1 = \sum_{i=1}^{n} i\pi_i.$

- Auslastungsgrad der Mechaniker

  $\rho_2 = \frac{1}{k}\left(\sum_{i=1}^{k} i\pi_i + \sum_{i=k+1}^{n} k\pi_i\right).$

- Wahrscheinlichkeit, mit der eine Reparatur nicht unmittelbar begonnen werden kann

  $\rho_3 = \sum_{i=k+1}^{n} \pi_i.$

angeben. Wir verzichten auf eine Interpretation und stellen lediglich fest, dass sie als Stellgrößen für eine „Optimierung" der Anzahl der einzusetzenden Mechaniker herangezogen werden können. $\Diamond$

Geburts- und Todesprozesse

Sind Übergänge nur zu einem benachbarten Zustand möglich, ist also

$$b_{i,i+1} = \lambda_i$$
$$b_{i,i-1} = \mu_i$$

(mit $\mu_0 = 0$) und $b_{ij} = 0$ für $|j - i| > 1$, so spricht man auch von einem **Geburts- und Todesprozess**. λ_i bezeichnet man als **Geburtsrate** im Zustand i und μ_i als **Todesrate**.

Der Übergangsgraph eines Geburts- und Todesprozesses ist in Abb. 4.5 dargestellt.

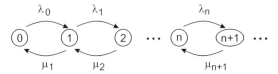

Abb. 4.5. Übergangsgraph eines Geburts- und Todesprozesses

Geburts- und Todesprozesse treten in vielen Anwendungen auf, so etwa in einer Reihe von Wartesystemen. Ihre separate Behandlung resultiert vor allem aus der Tatsache, dass im Falle der Existenz eine Formel zur rekursiven Berechnung der stationären Verteilung angegeben werden kann. Auch die Frage nach der Existenz kann mit Hilfe dieser Formel beantwortet werden: Ist $\pi_0 > 0$, so existiert eine stationäre Verteilung, andernfalls (d.h. im Falle $\pi_0 = 0$) existiert keine stationäre Verteilung.

Zur Aufstellung der Formel entnimmt man zunächst dem Übergangsgraphen das zu lösende Gleichungssystem zur Berechnung der stationären Verteilung und formt es um in

$$
\begin{aligned}
\lambda_0 \pi_0 &= \mu_1 \pi_1 \\
\lambda_1 \pi_1 &= \mu_2 \pi_2 + (\lambda_0 \pi_0 - \mu_1 \pi_1) = \mu_2 \pi_2 \\
\lambda_2 \pi_2 &= \mu_3 \pi_3 + (\lambda_1 \pi_1 - \mu_2 \pi_2) = \mu_3 \pi_3 \\
\lambda_3 \pi_3 &= \mu_4 \pi_4 + (\lambda_2 \pi_2 - \mu_3 \pi_3) = \mu_4 \pi_4 \\
&\vdots
\end{aligned}
$$

In Abhängigkeit von π_0 erhält man dann

$$\begin{aligned}
\pi_0 &= \pi_0 \\[4pt]
\pi_1 &= \frac{\lambda_0}{\mu_1}\pi_0 \\[4pt]
\pi_2 &= \frac{\lambda_1}{\mu_2}\pi_1 = \frac{\lambda_1\lambda_0}{\mu_2\mu_1}\pi_0 \\[4pt]
&\;\;\vdots \\[4pt]
\pi_j &= \frac{\lambda_{j-1}\lambda_{j-2}\ldots\lambda_0}{\mu_j\mu_{j-1}\ldots\mu_1}\pi_0 \\[4pt]
&\;\;\vdots
\end{aligned} \tag{4.9}$$

Die Normierungsbedingung $(\sum \pi_j = 1)$ liefert

$$\pi_0 = \left[1 + \frac{\lambda_0}{\mu_1} + \frac{\lambda_1\lambda_0}{\mu_2\mu_1} + \ldots\right]^{-1}.$$

Somit erhalten wir (im Falle $\pi_0 > 0$) für die stationäre Verteilung

$$\pi_0 = \left[1 + \sum_{n=1}^{\infty} \frac{\lambda_{n-1}\lambda_{n-2}\ldots\lambda_0}{\mu_n\mu_{n-1}\ldots\mu_1}\right]^{-1} \tag{4.10}$$

und für $j \in \mathbb{N}$

$$\pi_j = \frac{\lambda_{j-1}\lambda_{j-2}\ldots\lambda_0}{\mu_j\mu_{j-1}\ldots\mu_1}\left[1 + \sum_{n=1}^{\infty} \frac{\lambda_{n-1}\lambda_{n-2}\ldots\lambda_0}{\mu_n\mu_{n-1}\ldots\mu_1}\right]^{-1}. \tag{4.11}$$

Ist $\pi_0 = 0$, so existiert keine Grenzverteilung.

Beispiel   (Bsp. 4.14 - Forts. 1)   **4.15**

Für $n = 4$, $k = 2$ erhält man den Übergangsgraph

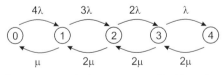

Abb. 4.6. Übergangsgraph des Repairmen-Problems $(n = 4, k = 2)$

Ist bspw. $\lambda/\mu = 0.2$, so folgt

$$\pi_1 \;=\; \frac{\lambda_0}{\mu_1}\pi_0 = \frac{4\lambda}{\mu}\pi_0 = 0.8\pi_0$$

$$\pi_2 \;=\; \frac{\lambda_1\lambda_0}{\mu_2\mu_1}\pi_0 = \frac{3\lambda \cdot 4\lambda}{2\mu \cdot \mu}\pi_0 = 0.24\pi_0$$

$$\pi_3 \;=\; \frac{\lambda_2\lambda_1\lambda_0}{\mu_3\mu_2\mu_1}\pi_0 = \frac{2\lambda \cdot 3\lambda \cdot 4\lambda}{2\mu \cdot 2\mu \cdot \mu}\pi_0 = 0.048\pi_0$$

$$\pi_4 \;=\; \frac{\lambda_3\lambda_2\lambda_1\lambda_0}{\mu_4\mu_3\mu_2\mu_1}\pi_0 = \frac{\lambda \cdot 2\lambda \cdot 3\lambda \cdot 4\lambda}{2\mu \cdot 2\mu \cdot 2\mu \cdot \mu}\pi_0 = 0.0048\pi_0$$

und unter Einbeziehung der Normierungsbedingung

$$\pi_0 = (1 + 0.8 + 0.24 + 0.048 + 0.0048)^{-1} = 0.4778$$

die stationäre Verteilung $\pi = (0.4778, 0.3822, 0.1147, 0.0229, 0.0023)$. Angewandt auf die betrachteten Kenngrößen bedeutet das: $\rho_1 = 0.6896$, $\rho_2 = 0.331$, $\rho_3 = 0.025$. $\Diamond$

4.8   Bewertete Markov-Prozesse

Auch bei zeit-stetigen Prozessen ist es möglich, die Zustände $X(t)$ zu bewerten. Da sich Kosten, mit negativem Vorzeichen versehen, als Gewinne darstellen lassen, betrachten wir im folgenden wieder nur Gewinne und auch nur den einfachsten Fall einer Gewinnrate $r(i)$ im Zustand i.

Sei $i \in I$ der Zustand des Systems zum Zeitpunkt t. Dann erhalten wir in einem hinreichend kleinen Intervall $[t, t+h]$, in dem keine Zustandsänderung stattfindet, einen Gewinn

$$\int_t^{t+h} r(i)ds = hr(i).$$

Entsprechend erhalten wir im Modell mit Diskontierung

$$\int_t^{t+h} e^{-\alpha s}r(i)ds = \alpha^{-1}e^{-\alpha t}(1 - e^{-\alpha h})r(i) \approx e^{-\alpha t}hr(i),$$

wobei $\alpha > 0$ den kontinuierlichen Diskontierungsfaktor bezeichnet.

Wie im zeit-diskreten Modell (vgl. Abschnitt 2.7) müssen wir natürlich noch die Zustandsänderungen berücksichtigen und über alle möglichen Prozessabläufe mitteln. Das führt uns auf die beiden folgenden Kriterien zur Bewertung eines Systems:

(a) **erwarteter diskontierter Gesamtgewinn:** ($\alpha > 0$)

$$V_\alpha(i) := E\left(\int_0^\infty e^{-\alpha t} r(X(t)) dt \mid X(0) = i\right), \quad i \in I.$$

(b) **erwarteter Gewinn pro Zeiteinheit:**

$$G(i) := \lim_{T \to \infty} E\left(\frac{1}{T} \int_0^T r(X(t)) dt \mid X(0) = i\right), \quad i \in I.$$

Für die Berechnung von $V_\alpha(i)$ und $G(i)$ erweisen sich die folgenden Sätze als äußerst nützlich. Sie präzisieren noch einmal die Voraussetzungen, unter denen die bisherigen Aussagen möglich sind und stellen die zu berechnenden Gleichungssysteme bereit.

Satz 4.16

Sei $\{X(t), t \geq 0\}$ ein Markov-Prozess mit endlichem Zustandsraum I und $r : I \to \mathbb{R}$ beliebig.

(i) Sei $\alpha > 0$. Dann ergibt sich $V_\alpha(i)$, $i \in I$, als eindeutige Lösung des linearen Gleichungssystems

$$v(i) = \frac{r(i)}{\alpha + \alpha_i} + \frac{\alpha_i}{\alpha + \alpha_i} \sum_{j \neq i} q_{ij} v(j), \quad i \in I. \qquad (4.12)$$

(ii) Der Markov-Prozess besitze genau eine rekurrente Klasse I_R. Dann gilt

$$G(i) = g = \sum_{j \in I_R} \pi_j r(j), \quad i \in I,$$

wobei π die stationäre Verteilung von $\{X(t), t \geq 0\}$ ist.

(iii) Der Markov-Prozess besitze genau eine rekurrente Klasse. Dann ist $G(i) = g$, $i \in I$, (auch) Lösung des linearen Gleichungssystems

$$v(i) = \frac{r(i)}{\alpha_i} - \frac{g}{\alpha_i} + \sum_{j \neq i} q_{ij} v(j), \quad i \in I,$$

mit $v(i_0) = 0$ für ein $i_0 \in I$.

Beweis: (i) Sei $\hat{r} := \max_{j \in I} |r(j)|$. Zunächst ist

$$|V_\alpha(i)| \leq \hat{r} \int_0^\infty e^{-\alpha t} dt = \hat{r}/\alpha < \infty, \quad i \in I.$$

Damit ist $V_\alpha(i) \in \mathbb{R}$, $i \in I$. Wir zerlegen nun $(0, \infty)$ in $(T_0, T_1), (T_1, T_2), \ldots$ und schreiben $V_\alpha(i)$ um in

$$
\begin{aligned}
V_\alpha(i) &= E\left(\sum_{n=0}^\infty e^{-\alpha T_n} \int_0^{D_{n+1}} e^{-\alpha t} r(Y_n) dt \mid Y_0 = i \right) \\[2mm]
&= E\left(\sum_{n=0}^\infty e^{-\alpha T_n} \alpha^{-1} (1 - e^{-\alpha D_{n+1}}) r(Y_n) \mid Y_0 = i \right) \\[2mm]
&= E\left(e^{-\alpha T_0} \alpha^{-1} (1 - e^{-\alpha D_1}) r(Y_0) \mid Y_0 = i \right) \\[2mm]
&\quad + E\left(\sum_{n=1}^\infty e^{-\alpha T_n} \alpha^{-1} (1 - e^{-\alpha D_{n+1}}) r(Y_n) \mid Y_0 = i \right) \\[2mm]
&= \frac{r(i)}{\alpha} \int_0^\infty (1 - e^{-\alpha t}) \alpha_i e^{-\alpha_i t} dt \\[2mm]
&\quad + \frac{1}{\alpha} \int_0^\infty e^{-\alpha t} \alpha_i e^{-\alpha_i t} \sum_{j \neq i} q_{ij} V_\alpha(j) dt \\[2mm]
&= \frac{r(i)}{\alpha + \alpha_i} + \frac{\alpha_i}{\alpha + \alpha_i} \sum_{j \neq i} q_{ij} V_\alpha(j).
\end{aligned}
$$

Damit ist V_α Lösung von (4.12). Da $\frac{\alpha_i}{\alpha + \alpha_i} < 1$, folgt die Eindeutigkeit wie in Satz 2.31.

(ii) Nach Satz 4.11 existiert eine stationäre Verteilung und es gilt $\lim_{t \to \infty} p_{ij}(t) = \pi_j$. Wie man sich leicht überlegt, konvergiert dann auch $\frac{1}{T} \int_0^T p_{ij}(t) dt$ gegen π_j und wir erhalten durch Vertauschung von Summation und Integration

$$E\left(\frac{1}{T}\int_0^T r(X(t))dt\right) = \frac{1}{T}\int_0^T E(r(X(t)))dt$$

$$= \frac{1}{T}\int_0^T \sum_{j\in I} r(j)P(X(t)=j)dt$$

$$= \frac{1}{T}\int_0^T \sum_{j\in I} r(j)\sum_{i\in I}\pi_i(0)p_{ij}(t)dt$$

$$= \sum_{j\in I} r(j)\underbrace{\sum_{i\in I}\pi_i(0)}_{=1}\underbrace{\frac{1}{T}\int_0^T p_{ij}(t)dt}_{\to\pi_j}$$

und damit Behauptung (ii).

(iii) ergibt sich aus der Theorie der Semi-Markovschen Entscheidungsprozesse, der wir uns in Abschnitt 6.7 zuwenden werden (Spezialfall von (6.19) mit nur einer Aktion in jedem Zustand; siehe auch Puterman (1994), Theorem 11.4.3). $\square$

$V_\alpha(i)$, $i \in I$, kann als Lösung eines linearen Gleichungssystems mit Standardmethoden bestimmt werden. Dasselbe trifft auch für $G(i)$, $i \in I$, zu. Allerdings nur unter der zusätzlichen Annahme, dass der Markov-Prozess nur eine rekurrente Klasse hat. In diesem Fall ist $G(i) = g$, $i \in I$, unabhängig vom Anfangszustand der Markov-Kette. Wählt man Darstellung (ii), so ergibt sich g als gewichtete Summe $g = \sum \pi_j r(j)$ der einstufigen Gewinne. Dabei kann man die durch die stationäre Verteilung π festgelegten Gewichte π_j interpretieren als die Wahrscheinlichkeiten, mit denen sich die Zustände des Markov-Prozesses „nach hinreichend langer Zeit" einstellen.

Satz 4.16(i) lässt sich übertragen auf einen Markov-Prozess mit abzählbarem Zustandsraum. Hierzu hat man lediglich die Funktion $r : I \to \mathbb{R}$ als beschränkt anzunehmen ($\frac{\alpha_i}{\alpha+\alpha_i} \leq \beta < 1$ ergibt sich aus der Regularitätsannahme des Markov-Prozesses). Bei der Übertragung von Satz 4.16(ii) ist zusätzlich sicherzustellen, dass die rekurrente Klasse positiv-rekurrent ist.

4.9　Ergänzende Beweise

Beweis von Satz 4.1

Da $P(\tau_s > t \mid X(s) = i) = P(X(t') = i$ für $0 < t' \le t \mid X(0) = i)$ unabhängig von s ist (Homogenität der Markov-Kette), können wir hierfür abkürzend $\psi_i(t)$ schreiben. Weiter gilt

$$
\begin{aligned}
\psi_i(t+u) &= P(X(t') = i \text{ für } 0 < t' \le t, X(t'') = i \text{ für } t < t'' \le t+u \mid X(0) = i) \\
&= P(X(t') = i \text{ für } 0 < t' \le t \mid X(0) = i) \\
&\quad \cdot P(X(t'') = i \text{ für } t < t'' \le t+u \mid X(t') = i \text{ für } 0 \le t' \le t) \\
&= \psi_i(t) \cdot \psi_i(u).
\end{aligned}
$$

Wiederholte Anwendung von $\psi_i(s+u) = \psi_i(s)\psi_i(u)$ auf $\psi_i(1) = \psi_i(\sum_{i=1}^{n} \frac{1}{n})$ liefert dann $\psi(1) = \psi_i(1/n)^n$ und entsprechend für beliebige $a, b \in \mathbb{N}$

$$
\psi_i\left(\frac{a}{b}\right) = \left[\psi_i\left(\frac{1}{b}\right)\right]^a = [\psi_i(1)]^{a/b}.
$$

Damit gilt $\psi_i(s) = \psi_i(1)^s$ für beliebige rationale Zahlen $s > 0$. Für reelle Zahlen $t > 0$ wählt man eine Einschließung durch rationale Zahlen. Zusammen mit $0 < \psi_i(t) \le 1$ und der Monotonie von $t \to \psi_i(t)$ folgt schließlich $\psi_i(t) = \psi_i(1)^t$, $t \ge 0$, und mit $\alpha_i = -\ln(\psi_i(1))$ die Behauptung.　□

Beweis von Satz 4.2

Die Behauptung folgt aus Satz 4.1 und

$$
\begin{aligned}
&P(Y_1 = j \mid D_1 > t, Y_0 = i) \\
&\quad = P(X(D_1) = j, X(s) = i \text{ für } 0 \le s < D_1 \mid X(s) = i \text{ für } 0 \le s \le t) \\
&\quad = P(X(D_1) = j, X(s) = i \text{ für } 0 \le s < D_1 \mid X(t) = i) \\
&\quad = P(X(\tau_t) = j, X(s) = i \text{ für } 0 \le s < \tau_t \mid X(0) = i) \\
&\quad = P(Y_1 = j \mid Y_0 = i).　□
\end{aligned}
$$

4.10　e-stat Module und Aufgaben

Die in diesem Kapitel verwendeten Module finden Sie im Online-Kurs „Stochastische Modelle (Kapitel 4)".

Aufgabe (3-von-5 System mit heißer Reserve)   **4.17**

Betrachten Sie ein System aus 5 Komponenten mit unabhängigen, λ-exponentialverteilten Lebensdauern. Das System ist intakt, wenn mindestens 3 der 5 Komponenten intakt sind. Fällt eine Komponente aus, so wird unmittelbar mit der Reparatur begonnen oder bis zum Freiwerden des Mechanikers zurückgestellt. Die Dauer einer Reparatur ist von den Lebensdauern der Komponenten unabhängig und μ-exponentialverteilt. Während der Ausfallzeit des Systems kann keine weitere Komponente ausfallen.

(a) Beschreiben Sie die zeitliche Entwicklung des Systems durch einen Geburts- und Todesprozess.

(b) Skizzieren Sie den zugehörigen Übergangsgraph.

(c) Berechnen Sie für $\lambda = 1$ und $\mu = 5$ die stationäre Verteilung sowie die folgenden Kenngrößen:

  (1) durchschnittliche Verfügbarkeit im stationären Zustand (zeitlicher Anteil, in dem das System intakt ist).

  (2) durchschnittliche Anzahl ausgefallener Komponenten im stationären Zustand.

  (3) Auslastungsgrad des Mechanikers im stationären Zustand (zeitlicher Anteil, den der Mechaniker beschäftigt ist).

(d) Bestimmen Sie die langfristig zu erwartenden Kosten pro ZE. Legen Sie Ihrer Berechnung folgende Kostenraten zugrunde: 50 GE bei Einsatz des Mechanikers, 25 GE für jede ausgefallene Maschine und zusätzlich 100 GE bei Systemausfall.

(e) Führen Sie in (b) den Grenzübergang $\mu \to 0$ sowie $\mu \to \infty$ durch und interpretieren Sie das Ergebnis.

Wie ändert sich die Situation, wenn noch ein zweiter Mechaniker zur Verfügung steht?

Aufgabe   **4.18**

An einer Tankstelle mit zwei Stationen und einem Warteplatz, die hintereinander angeordnet sind, treffen Kunden gemäß einem Poisson-Prozess mit Parameter λ ein. Die Autofahrer verhalten sich wie folgt:

Ist die vordere Station (Station 1) frei, so tanken Sie dort. Ist diese belegt, so tanken sie an der hinteren Station (Station 2). Ist auch diese belegt, so warten Sie auf dem Warteplatz. Ist auch der Warteplatz besetzt, so fahren sie weiter zur nächsten Tankstelle. Die Dauer eines Tankvorgangs sei exponentialverteilt mit Parameter μ. Da die Autos in der Tankstelle nicht aneinander vorbeifahren können, kann ein Auto an Station 2 erst dann wegfahren, wenn Station 1 frei ist und ein wartender Kunde erst dann tanken, wenn Station 2 frei ist.

Beschreiben Sie die Belegung der Tankstelle durch einen homogenen Markov-Prozess. Wie ändert sich die Situation, wenn die Autos aneinander vorbeifahren können?

4.19   **Modul** Jagdrevier   (Lernziel: stationäre Verteilung)

In einem Revier leben bis zu n Vögel. In Abhängigkeit von der Anzahl k der Nester ist die Geburtsrate $k \cdot \lambda$, solange die Obergrenze von n noch nicht erreicht ist. m Jäger sorgen für eine Todesrate von $m \cdot \mu$. Beobachten Sie die Entwicklung der Population für $n = 8$ ⌞Start⌝ . Verändern Sie die Anzahl der Nester und Jäger: $m, k =$ ⌞1⌝ ... ⌞5⌝ .

Beantworten Sie nun die folgenden Fragen:

(a) Welche Eigenschaften charakterisieren einen Geburts- und Todesprozess?

(b) Sind die folgenden Behauptungen richtig oder falsch?

   (1) Ist die Anzahl der Nester doppelt so groß wie die Anzahl der Jäger, so existiert keine stationäre Verteilung.

   (2) Es existiert eine stationäre Verteilung und die ist eindeutig.

   (3) Die stationäre Verteilung hängt nur vom Verhältnis $\lambda : \mu$ ab und nicht von λ und μ selbst.

(c) Berechnen Sie die stationäre Verteilung für $\lambda = \mu$ bei

   (1) einem Nest und einem Jäger.

   (2) zwei Nestern und zwei Jägern.

(d) Die Todesraten seien nun von der Anzahl i der vorhandenen Vögel abhängig (sozialer Stress, etc.). Unterstellen Sie der Einfachheit halber nur ein Nest und einen Jäger.

   (1) Skizzieren Sie den Übergangsgraph für $n = 4$ bei einer Todesrate $\mu \cdot i$ bei i Vögeln.

   (2) Berechnen Sie die zugehörige stationäre Verteilung für $\lambda = \mu$.

(e) Vergleichen Sie die stationären Verteilungen aus (c) und (d). Sind die Unterschiede plausibel?

Kapitel 5
Anwendungen

5

5 **Anwendungen**

5

Anwendungen

Wartesysteme

Ein Wartesystem besteht aus Kunden, die zu zufälligen Zeitpunkten an einer Bedienungsstation eintreffen, um Bedienung nachsuchen und nach Abschluss der Bedienung die Station wieder verlassen. Elementare Beispiele eines Wartesystems sind Kunden, die an einem Fahrkartenschalter eintreffen, eine Fahrkarte kaufen und anschließend den Fahrkartenschalter wieder verlassen oder Maschinen, die bei Ausfall von einem der freien Mechaniker zu reparieren sind (vgl. Beispiel 4.14).

Abb. 5.1. Aufbau eines Wartesystems

Bereits diese elementaren Beispiele lassen die Fülle an Spezialfällen erahnen, die bei der Modellierung eines Wartesystems auftreten können. Da es keinen geschlossenen Lösungsansatz gibt, hat man schon sehr früh begonnen, Wartesysteme zu klassifizieren und mit Hilfe einer einheitlichen Notation vergleichbar zu machen.

So versteht man bspw. unter einem $M/M/1$ - Wartesystem eine Bedienungsstation mit einem Schalter, an der Kunden in exponentialverteilten Zeitabständen eintreffen, sich in die Warteschlange einreihen und nach Abfertigung der vorher eingetroffenen Kunden in exponentialverteilter Zeit bedient werden und anschließend die Bedienungsstation wieder verlassen. Dabei steht das erste „M" für die exponentialverteilte Zwischenankunftszeit, das zweite „M" für die exponentialverteilte Bedienungszeit und die „1" für die Anzahl der Schalter.

Die Klassifikation basiert auf einer Charakterisierung der Kundenquelle, der Warteschlange und der Bedienungsstation mit folgenden Unterscheidungsmerkmalen:

— Kundenquelle

    - Ergiebigkeit (Anzahl potentieller Kunden)

- Generierung der Kunden (Modellierung der Zwischenankunftszeiten)
- Art der Ankünfte (einzeln/in Gruppen)

━ Warteschlange

- Kapazität des Wartesystems (endlich/unendlich)
- Warteschlangendisziplin (Bedienungsreihenfolge, z.B. FIFO (first in first out))

━ Bedienungsstation

- Anzahl der Schalter
- Modellierung der Bedienungszeiten
- Abfertigung (einzeln/in Gruppen)

Diese Unterscheidungsmerkmale finden Eingang in eine auf Kendall zurückgehende Notation $A/B/c$ (Kurzform) oder $A/B/c/K/m$ (erweiterte Form), wobei

$A:$ Verteilung der Zwischenankunftszeiten
$B:$ Verteilung der Bedienungszeiten
$c:$ Anzahl der Schalter
$K:$ Kapazität des Systems (Warteschlange und Bedienungsstation)
$m:$ Kapazität der Kundenquelle

Die Symbole A und B stehen für

$M:$ exponentialverteilt
$D:$ konstant
$E_k:$ Erlang-verteilt (mit k Phasen)
$G:$ beliebig verteilt

Kommen wir zurück zu unserem Fahrgast, der noch eine Fahrkarte benötigt. Natürlich möchte er einen freien Schalter bei seiner Ankunft vorfinden, andererseits denkt auch die Bahn über Einsparungsmöglichkeiten nach. Das wirft die Frage nach Kenngrößen eines Wartesystems auf.

Sei $X(t)$ die Anzahl der Kunden, die sich zum Zeitpunkt t im System (Warteschlange und Bedienungsstation) aufhalten. Ist $\{X(t), t \geq 0\}$ ein Markov-Prozess, so ergibt sich $P(X(t) = j)$, $j \in \mathbb{N}_0$, mit (4.2) als Lösung der Vorwärtsgleichungen (4.3). Der Aufwand zur Berechnung von $P(t)$ ist i.Allg. jedoch sehr hoch. Daher erfolgt eine Bewertung des Systems lediglich auf der

Grundlage der stationären Verteilung. Diese ergibt sich, wie wir wissen, als Lösung des linearen Gleichungssystems (4.6)-(4.8).

Besitzt das Wartesystem eine stationäre Verteilung π und dient diese als Grundlage für die Berechnung der Kenngrößen des Systems, so sprechen wir von einem System im **stationären Zustand**. Basisgrößen eines Systems im stationären Zustand sind

$L\ :$ durchschnittliche Anzahl der Kunden im System

$L_q:$ durchschnittliche Anzahl wartender Kunden

$W\ :$ durchschnittliche Verweildauer eines Kunden im System

$W_q:$ durchschnittliche Wartezeit eines Kunden

Insbesondere ist dann $L = \sum_{i=0}^{\infty} i\pi_i$. Entsprechend einfache Formeln ergeben sich auch für die Kenngrößen L_q, W und W_q.

Sei $\tilde{N}(t)$ die Anzahl der Kunden, die bis zum Zeitpunkt t in das System eingetreten sind, und

$$\tilde{\lambda} = \lim_{t \to \infty} \tilde{N}(t)/t$$

die Eintrittsrate. An dieser Stelle ist Vorsicht geboten: Die Eintrittsrate $\tilde{\lambda}$ unterscheidet sich möglicherweise von der Ankunftsrate λ der Kunden. Eine Unterscheidung wird dann notwendig, wenn ein ankommender Kunde abgewiesen werden kann und damit nicht jeder ankommende Kunde auch automatisch in das System eintritt (vgl. Beispiel 5.2).

Die **Formel von Little** stellt einen wichtigen Zusammenhang zwischen den Basisgrößen dar.

$$\begin{aligned} L &= \tilde{\lambda} \cdot W \\ L_q &= \tilde{\lambda} \cdot W_q. \end{aligned}$$

Sie gilt unter sehr allgemeinen Voraussetzungen (und kann in den folgenden Anwendungen stets als gültig angenommen werden).

Eine einfache Möglichkeit der Veranschaulichung der Formel von Little erhält man, wenn man die auftretenden Zufallsvariablen auf ihre Erwartungswerte reduziert. Dann treffen $\tilde{\lambda}t$ Kunden bis zum Zeitpunkt t ein. Diejenigen Kunden, die bis zum Zeitpunkt $t - W$ eingetroffen sind, haben das System bereits wieder verlassen. Somit befinden sich zum Zeitpunkt t noch $L = \tilde{\lambda}t - \tilde{\lambda}(t - W) = \tilde{\lambda}W$ Kunden im System.

5.1   **Beispiel** ($M/M/c$ - Wartesystem)

Es liege ein $M/M/c$ - Wartesystem mit λ-exponentialverteilten Zwischenankunftszeiten und μ-exponentialverteilten Bedienungszeiten vor.

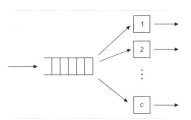

Abb. 5.2. Aufbau eines $M/M/c$ - Wartesystems

Sei $X(t)$ die Anzahl der Kunden im System zum Zeitpunkt t.

$\{X(t), t \geq 0\}$ ist ein Geburts- und Todesprozess mit Zustandsraum $I = \mathbb{N}_0$,
Übergangsraten $\lambda_i = \lambda$ und $\mu_i = \min\{i, c\}\mu$ für $i \in \mathbb{N}_0$ und Übergangsgraph

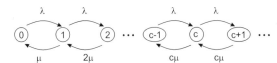

Abb. 5.3. Übergangsgraph des $M/M/c$ - Wartesystems

Ist die **Verkehrsintensität** $\rho := \lambda/(c\mu) < 1$, so ist die Summe in (4.10)
endlich und $\{X(t), t \geq 0\}$ besitzt nach Satz 4.8 eine stationäre Verteilung π.

$\rho < 1$ impliziert $1/(c\mu) < 1/\lambda$ und bedeutet damit, dass im Mittel mehr
Kunden bedient werden können als ankommen.

(a) Im Falle $c = 1$ erhalten wir dann mit (4.10), (4.11) und den Eigenschaften
der geometrischen Reihe die stationäre Verteilung

$$\pi_i = \left(\frac{\lambda}{\mu}\right)^i \left(1 - \frac{\lambda}{\mu}\right) = \rho^i(1 - \rho), \quad i \in \mathbb{N}_0$$

und auf der Grundlage der stationären Verteilung die Kenngrößen

$$L = \sum_{i=0}^{\infty} i\pi_i = (1 - \rho)\rho \sum_{i=1}^{\infty} i\rho^{i-1} = \frac{\rho}{1 - \rho}$$

$$L_q = \sum_{i=1}^{\infty} (i - 1)\pi_i = L - (1 - \pi_0) = \frac{\rho^2}{1 - \rho}.$$

Zusammen mit $\tilde{\lambda} = \lambda$ und der Formel von Little folgen weiter

$$
\begin{aligned}
W_q &= L_q/\lambda = L/\mu \\
W &= L/\lambda.
\end{aligned}
$$

Die direkte Berechnung von W_q und W ist trickreicher. Sind i Kunden bei Eintreffen eines Kunden im System, so ist die Wartezeit T des eintreffenden Kunden darstellbar als Summe $T = T_1 + \ldots + T_i$ der μ-exponentialverteilten Bedienungszeiten dieser i vor ihm eingetroffenen Kunden. Somit ist $E(T) = \sum_{j=1}^{i} E(T_j) = i/\mu$ und es folgt

$$
W_q = \sum_{i=0}^{\infty} \frac{i}{\mu}\pi_i = \frac{L}{\mu}.
$$

Die Verweildauer W setzt sich dann aus der Wartezeit W_q und der Bedienungszeit $1/\mu$ zusammen;

$$
W = W_q + 1/\mu = (L+1)/\mu = L/\lambda.
$$

(b) Sei nun $c > 1$. Dann führen dieselben Argumente auf die stationäre Verteilung

$$
\pi_0 = \left[\sum_{i=0}^{c-1} \frac{(\lambda/\mu)^i}{i!} + \frac{(\lambda/\mu)^c}{c!} \cdot \frac{1}{1-\rho} \right]^{-1}
$$

$$
\pi_i = \begin{cases} \dfrac{(\lambda/\mu)^i}{i!}\pi_0 & i = 1, \ldots, c-1, \\[2ex] \dfrac{(\lambda/\mu)^c}{c!}\rho^{i-c}\pi_0 & i = c, c+1, \ldots \end{cases}
$$

und die Kenngrößen

$$
L_q = \sum_{i=c}^{\infty}(i-c)\pi_i = \frac{(\lambda/\mu)^c}{c!} \cdot \frac{\rho\pi_0}{(1-\rho)^2}
$$

$$
W_q = L_q/\lambda \qquad \text{(Formel von Little)}
$$

$$
W = W_q + \frac{1}{\mu} = \frac{1}{\lambda}\left(L_q + \frac{\lambda}{\mu}\right)
$$

$$
L = \lambda W = L_q + \frac{\lambda}{\mu} \qquad \text{(Formel von Little)}.
$$

Ist die Verkehrsintensität $\rho > 1$ und damit $1/(c\mu) > 1/\lambda$, so kommen im Mittel mehr Kunden an, als bedient werden können. Die Warteschlange wird immer länger und damit ist auch anschaulich klar, dass keine stationäre Verteilung existieren kann. Formal sind alle Zustände des Markov-Prozesses transient; es existiert nach Satz 4.8 keine stationäre Verteilung und nach Satz 4.12 gilt $p_{ij}(t) \to 0$ für $t \to \infty$ und alle $i, j \in \mathbb{N}_0$.

Ist $\rho = 1$ und damit $1/(c\mu) = 1/\lambda$, so kommen im Mittel genau so viele Kunden an wie auch im Mittel bedient werden können. Es herrscht vollkommene Zufälligkeit. Formal sind alle Zustände des Markov-Prozesses null-rekurrent; es existiert nach Satz 4.8 keine stationäre Verteilung und nach Satz 4.12 gilt $p_{ij}(t) \to 0$ für $t \to \infty$ und alle $i, j \in \mathbb{N}_0$. ◊

5.2   **Beispiel** ($M/M/1/K$ - Wartesystem)

Es liege ein $M/M/1/K$ - Wartesystem mit λ-exponentialverteilten Zwischenankunftszeiten und μ-exponentialverteilten Bedienungszeiten vor.

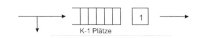

Abb. 5.4. Aufbau eines $M/M/1/K$ - Wartesystems

Sei $X(t)$ die Anzahl der Kunden im System zum Zeitpunkt t.

$\{X(t), t \geq 0\}$ ist ein Geburts- und Todesprozess mit Zustandsraum $I = \{0, \ldots, K\}$, Übergangsraten

$$\lambda_i = \begin{cases} \lambda & \text{falls } i < K, \\ 0 & \text{falls } i = K \end{cases}$$

$$\mu_i = \begin{cases} \mu & \text{falls } 1 \leq i \leq K, \\ 0 & \text{falls } i = 0 \end{cases}$$

und Übergangsgraph

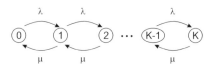

Abb. 5.5. Übergangsgraph des $M/M/1/K$ - Wartesystem

Sei $\rho := \lambda/\mu$. Da I endlich ist, existiert für alle ρ eine stationäre Verteilung. Diese ist eindeutig, da $\{X(t), t \geq 0\}$ irreduzibel ist. Mit Hilfe von (4.10), (4.11) und den Eigenschaften der geometrischen Reihe folgt dann für $i = 0, \ldots, K$:

$$\pi_i = \begin{cases} \dfrac{(1-\rho)\rho^i}{1-\rho^{K+1}} & \text{für } \rho \neq 1 \\[3mm] \dfrac{1}{K+1} & \text{für } \rho = 1 \end{cases}.$$

Hieraus ergeben sich die Kenngrößen

$$L = \sum_{i=0}^{K} i\pi_i = \begin{cases} \dfrac{\rho}{1-\rho} - \dfrac{(K+1)\rho^{K+1}}{1-\rho^{K+1}} & \text{für } \rho \neq 1, \\[3mm] \dfrac{K}{2} & \text{für } \rho = 1 \end{cases}$$

$$L_q = \sum_{i=1}^{K} (i-1)\pi_i = L - (1-\pi_0).$$

Jeder eintreffende Kunde, der bereits K Kunden im System vorfindet, wird abgewiesen. Das macht eine Unterscheidung zwischen der Ankunftsrate λ und der Eintrittsrate

$$\tilde{\lambda} = \lambda(1 - \pi_K)$$

notwendig: Die Kunden treffen gemäß einem Poisson-Prozess mit Parameter λ ein. Ein eintreffender Kunde findet mit Wahrscheinlichkeit $(1 - \pi_K)$ noch einen freien Platz und wird akzeptiert, andernfalls (Wahrscheinlichkeit π_K) abgewiesen. Nach Satz 3.9 treffen damit die nicht abgewiesenen Kunden gemäß einem Poisson-Prozess mit Parameter $\lambda(1 - \pi_K)$ ein und wir erhalten als Eintrittsrate $\tilde{\lambda} = \lambda(1 - \pi_K)$. Zusammen mit der Formel von Little folgt dann

$$W = L/\tilde{\lambda}.$$

Zur direkten Berechnung von W sei $\tilde{\pi}_i$ für $i = 0, \ldots, K-1$ die Wahrscheinlichkeit, dass ein nicht abgewiesener Kunde im System i Kunden vorfindet, also

$$\tilde{\pi}_i = P(X = i \mid X \leq K-1) = \frac{P(X = i, X \leq K-1)}{P(X \leq K-1)} = \frac{\pi_i}{1 - \pi_K}.$$

Zusammen mit der mittleren Bedienungszeit $1/\mu$ eines Kunden folgt dann unmittelbar

$$W = \sum_{i=0}^{K-1} \frac{i+1}{\mu} \tilde{\pi}_i = \sum_{i=0}^{K-1} \frac{i+1}{\mu} \frac{\pi_i}{1-\pi_K} = \frac{1}{\mu(1-\pi_K)}(L-K\pi_K+1-\pi_K) = \frac{L}{\bar{\lambda}}$$

$\Diamond$

5.3   **Beispiel**   ($M/G/1$ - Wartesystem)

Es liege ein $M/G/1$ - Wartesystem vor. Die Zwischenankunftszeiten seien λ-exponentialverteilt; die Bedienungszeiten $B_1, B_2, \ldots$ beliebig verteilt mit Dichte $g(b)$, Erwartungswert $E(B)$ und Varianz $Var(B)$.

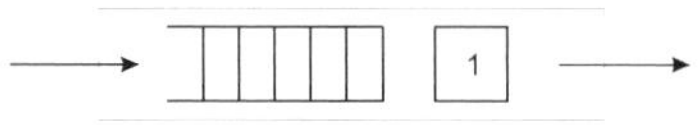

Abb. 5.6. Aufbau eines $M/G/1$ - Wartesystems

Sei $X(t)$ die Anzahl der Kunden im System zum Zeitpunkt t.

$\{X(t), t \geq 0\}$ ist ein stochastischer Prozess mit Zustandsraum $I = \mathbb{N}_0$. Er besitzt eine eingebettete Markov-Kette. Hierzu betrachten wir den Prozess zu den Abgangszeitpunkten $T_1', T_2', \ldots$ der Kunden. Die zugehörigen Zustände $Y_1 = X(T_1'), Y_2 = X(T_2'), \ldots$ sind in Abb. 5.7 dargestellt.

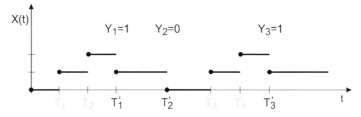

Abb. 5.7. Darstellung der eingebetteten Markov-Kette $(Y_n)_{n \in \mathbb{N}_0}$

Wir werden als nächstes zeigen, dass der zeit-diskrete Prozess $(Y_n)_{n \in \mathbb{N}_0}$ eine Markov-Kette ist. Zunächst gilt

$$Y_{n+1} = \begin{cases} Y_n - 1 + A_{n+1} & \text{falls } Y_n \geq 1 \\ A_{n+1} & \text{falls } Y_n = 0 \end{cases}. \tag{5.1}$$

Dabei bezeichnet A_n die Anzahl der Ankünfte während der Bedienung des n-ten Kunden. Die Zufallsvariablen $A_1, A_2, \ldots$ sind unabhängig, da die ankommenden Kunden durch einen Poisson-Prozess beschrieben werden können und in einem Poisson-Prozess die Zuwächse in disjunkten Intervallen unabhängig sind (Eigenschaft (iii)). Die Anzahl A_n der eintreffenden Kunden während der Bedienung des n-ten Kunden ist damit Poisson-verteilt mit Parameter λb, falls $B_n = b$ gilt (Eigenschaft (ii)). Bedingt man nun noch bzgl. $B_n = b$, so erhält man mit

$$P(A_n = i) = \int_0^\infty P(A_n = i \mid B_n = b) g(b) db = \int_0^\infty \frac{(\lambda b)^i e^{-\lambda b}}{i!} g(b) db =: q_i$$

für $i \in \mathbb{N}_0$ die Verteilung von A_n. Zusammen mit (5.1) ergibt sich dann, dass $(Y_n)_{n \in \mathbb{N}}$ eine irreduzible, aperiodische Markov-Kette mit Zustandsraum $I = \mathbb{N}_0$ und Übergangsmatrix Q ist, wobei

$$Q = \begin{pmatrix} q_0 & q_1 & q_2 & \cdots \\ q_0 & q_1 & q_2 & \cdots \\ 0 & q_0 & q_1 & \cdots \\ 0 & 0 & q_0 & \cdots \\ \vdots & \vdots & \vdots & \ddots \end{pmatrix}.$$

Ist die Verkehrsintensität $\rho := \lambda E(B) < 1$ und damit $E(B) < 1/\lambda$, können also im Mittel mehr Kunden bedient werden als eintreffen, so besitzt das Gleichungssystem (2.10) - (2.12) eine Lösung; die Markov-Kette $(Y_n)_{n \in \mathbb{N}}$ ist nach Satz 2.22 positiv-rekurrent und besitzt eine stationäre Verteilung. Weiter gilt

$$\lim_{t \to \infty} P(X(t) = i) = \lim_{n \to \infty} P(Y_n = i), \quad i \in \mathbb{N}_0$$

(eine Beweisskizze findet man in Taylor, Karlin (1994), p. 508). Damit kann die stationäre Verteilung von $(Y_n)_{n \in \mathbb{N}}$ zur Beschreibung des asymptotischen Verhaltens von $\{X(t), t \geq 0\}$ herangezogen werden. Als Ergebnis einer aufwendigeren Berechnung (vgl. z.B. Allen (1990), section 5.3.1) erhält man die **Pollaczek-Khintchine-Formel**

$$L = \rho + \frac{\lambda^2 Var(B) + \rho^2}{2(1 - \rho)}. \tag{5.2}$$

Bemerkenswert in (5.2) ist die explizite Abhängigkeit der durchschnittlichen Anzahl L der Kunden im System von der Varianz der Bedienungszeit. Im Falle eines $M/M/1$ - Wartesystems erhalten wir wieder $L = \rho/(1 - \rho)$. L wird am kleinsten bei einer konstanten Bedienungszeit, $L = (2(1 - \rho))^{-1} \rho (2 - \rho)$, und nimmt mit der Varianz der Bedienungszeit zu.

Da keine Kunden abgewiesen werden, stimmen λ und $\tilde{\lambda}$ überein. Über die Formel von Little erhalten wir dann wieder die durchschnittliche Verweildauer

W eines Kunden

$$W = L/\lambda.$$

Weiter gilt (vgl. z.B. Allen (1990), section 5.3.1)

$$\pi_0 = 1 - \rho$$

wie im Modell $M/M/1$.

Ist die Verkehrsintensität $\rho = 1$ ($\rho > 1$), so ist $(Y_n)_{n\in\mathbb{N}}$ null-rekurrent (transient). In beiden Fällen existiert keine stationäre Verteilung. $\Diamond$

Häufig treten Wartesysteme nicht isoliert, sondern vernetzt auf. Wir sprechen dann von Warteschlangennetzwerken. Diese haben eine Reihe interessanter Eigenschaften, die sich bereits an dem folgenden einfachen Beispiel veranschaulichen lassen.

5.4   **Beispiel** (Tandem-System)

An einer Bedienungsstation treffen Kunden mit exponentialverteilten Zwischenankunftszeiten (Parameter λ) ein. Sie reihen sich in die Warteschlange vor Schalter 1 ein und warten auf Bedienung. Nach Abschluss der Bedienung der vor ihnen eingetroffenen Kunden werden sie in exponentialverteilter Zeit (Parameter μ_1) bedient. Nach Abschluss der Bedienung reihen sie sich in die Warteschlange vor Schalter 2 ein, warten dort auf Bedienung und verlassen schließlich nach Abschluss der exponentialverteilten Bedienungszeit (Parameter μ_2) Schalter 2, um sich anschließend (Wahrscheinlichkeit p) erneut in die Warteschlange vor Schalter 1 einzureihen oder das System endgültig (Wahrscheinlichkeit $1 - p$) zu verlassen. Abb. 5.8 veranschaulicht die Situation.

Abb. 5.8. Aufbau eines Tandem - Wartesystems

Sei $X(t) = (i_1, i_2)$ die Anzahl der Kunden im System zum Zeitpunkt t (mit i_1 Kunden an Schalter 1 und i_2 Kunden an Schalter 2).

$\{X(t), t \geq 0\}$ ist ein stochastischer Prozess mit Zustandsraum $I = \mathbb{N}_0 \times \mathbb{N}_0$, der zunächst durch die exponentialverteilten Zwischenankunftszeiten der neu ankommenden Kunden und die exponentialverteilten Bedienungszeiten gesteuert wird. Hinzu kommt, dass sich ein Kunde, dessen Bedienung an Schalter 2 abgeschlossen ist, mit Wahrscheinlichkeit $p < 1$ wieder in die Warteschlange vor Schalter 1 einreiht und mit Wahrscheinlichkeit $1 - p > 0$ das System verlässt. Unterstellen wir zunächst, dass die Abgänge an Schalter 2 einen Poisson-Prozess bilden, so zerfällt dieser Poisson-Prozess nach Satz 3.9 in zwei Teilprozesse, einen Poisson-Prozess der Kunden, die wieder zu Schalter 1 zurückkehren und einen Poisson-Prozess der Kunden, die das System endgültig verlassen. Damit haben wir es an Schalter 1 mit einer Überlagerung von zwei Poisson-Prozessen zu tun, die nach Satz 3.8 wiederum einen Poisson-Prozess bilden und damit die Gesamtankunftsrate an Schalter 1 festlegen.

Im stationären Gleichgewicht (vgl. z.B. Corollary 5.6.2 in Ross (1996)) bilden die Abgänge an Schalter 1 einen Poisson-Prozess und damit auch die Zugänge an Schalter 2. Mit demselben Argument folgt dann, dass auch die Abgänge an Schalter 2 einen Poisson-Prozess bilden. Auf diese Weise schließt sich unsere Argumentationskette.

$\{X(t), t \geq 0\}$ ist somit ein Markov-Prozess mit Zustandsraum $I = \mathbb{N}_0 \times \mathbb{N}_0$ und Übergangsraten

$$
b_{ij} = \begin{cases}
\lambda & \text{für } j = (i_1 + 1, i_2) \\
\mu_1 \delta(i_1) & \text{für } j = (i_1 - 1, i_2 + 1) \\
\mu_2 p \delta(i_2) & \text{für } j = (i_1 + 1, i_2 - 1) \\
\mu_2 (1 - p) \delta(i_2) & \text{für } j = (i_1, i_2 - 1) \\
-(\lambda + \mu_1 \delta(i_1) + \mu_2 \delta(i_2)) & \text{für } j = i \\
0 & \text{sonst}
\end{cases}
,
$$

wobei $\delta(0) = 0$ und $\delta(x) = 1$ für $x > 0$. Der zugehörige Übergangsgraph ist in Abb. 5.9 dargestellt.

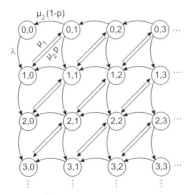

Abb. 5.9. Der Übergangsgraph des Tandem-Systems

Natürlich kann man den Übergangsgraphen auch direkt aufstellen. Hierzu hat man lediglich die Bedienungsrate μ_2 nach Satz 3.9 zu zerlegen in $\mu_2(1-p)$ (mit Übergang nach $(i_1, i_2 - 1)$) und $\mu_2 p$ (mit Übergang nach $(i_1 + 1, i_2 - 1)$).

Stellt man mit Hilfe des Übergangsgraphen das Gleichungssystem (4.6)-(4.8) zur Berechnung der stationären Verteilung auf, so findet man heraus, dass dieses genau dann eine Lösung besitzt, wenn $\rho_k = (\lambda/(1-p))/\mu_k < 1$ für $k = 1, 2$ gilt. Damit existiert genau dann eine stationäre Verteilung π, wenn $\rho_k < 1$ für $k = 1, 2$ ist. Ferner macht man die (überraschende) Beobachtung, dass

$$\pi_{(i_1, i_2)} = \pi_{i_1}^{(1)} \cdot \pi_{i_2}^{(2)}, \quad (i_1, i_2) \in I,$$

gilt, wobei für $k = 1, 2$

$$\pi_\ell^{(k)} = (1 - \rho_k)\rho_k^\ell, \quad \ell \in \mathbb{N}_0.$$

Damit reduziert sich die stationäre Verteilung π auf das Produkt der stationären Verteilungen $\pi^{(1)}$ und $\pi^{(2)}$ zweier unabhängiger $M/M/1$ - Wartesysteme mit $\lambda/(1-p)$ - exponentialverteilten Zwischenankunftszeiten und μ_k-exponentialverteilten Bedienungszeiten. Man beachte jedoch, dass diese Aussage nur im stationären Gleichgewicht gilt.

Abb. 5.10. Produktform des Tandem-Systems

Mit Hilfe von π lassen sich nun Kenngrößen wie L und W unmittelbar angeben. Für die durchschnittliche Anzahl $L = L_1 + L_2$ der Kunden im System erhält man

$$
\begin{aligned}
L &= \sum_{i_1=0}^{\infty} \sum_{i_2=0}^{\infty} (i_1 + i_2)\pi_1(i_1)\pi_2(i_2) \\
&= \sum_{i_1=0}^{\infty} i_1 \pi_1(i_1) + \sum_{i_2=0}^{\infty} i_2 \pi_2(i_2) \\
&= \sum_{k=1}^{2} \frac{\rho_k}{1 - \rho_k} \quad \text{(vgl. Beispiel 5.1)}
\end{aligned}
$$

und zusammen mit der Formel von Little folgt dann für die durchschnittliche Verweildauer eines Kunden:

$$W = \frac{L}{\lambda} = \sum_{k=1}^{2} \frac{1}{\mu_k q - \lambda} \quad \Diamond$$

Die Ergebnisse des Beispiels 5.4 lassen sich auf ein **Jackson Netzwerk** übertragen. Hierunter versteht man eine Bedienungsstation, die aus m vernetzten $M/M/1$ - Wartesystemen besteht. Jeder Knoten dieses Netzwerkes ist ein $M/M/1$ - Wartesystem, die Pfeile konkretisieren die Vernetzung. Abb. 5.11 ist ein Beispiel eines Rechner-Netzwerkes.

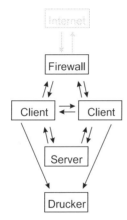

Abb. 5.11. Kommunikation in einem Rechner-Netzwerk

An Knoten $k = 1, \ldots, m$ des Netzwerks treffen Kunden gemäß einem Poisson-Prozess mit Rate λ_k von außerhalb ein. Nach Abschluss der Bedienung (μ_k-exponentialverteilt) reihen sie sich in die Warteschlange von Knoten ℓ ein (Wahrscheinlichkeit $p_{k\ell}$) oder verlassen das System (Wahrscheinlichkeit $w_k := 1 - \sum_{\ell=1}^{m} p_{k\ell}$).

Sei γ_k die Gesamtankunftsrate an Knoten k. Sie setzt sich zusammen aus der externen Ankunftsrate λ_k und den internen Ankunftsraten $\gamma_\ell p_{\ell k}$ von den Knoten $\ell = 1, \ldots, m$ und ergibt sich als Lösung des Gleichungssystems (sog. **Verkehrsgleichungen**)

$$\gamma_k = \lambda_k + \sum_{\ell=1}^{m} \gamma_\ell p_{\ell k} \tag{5.3}$$

unter den Nebenbedingungen

$$
\begin{aligned}
p_{ij} &\geq 0 \quad \text{für } i, j = 1, \ldots, m \\
w_i &\geq 0 \quad \text{für } i = 1, \ldots, m
\end{aligned}
\tag{5.4}
$$

Ein Jackson Netzwerk heißt **offen**, wenn $\lambda_j > 0$ oder $w_j > 0$ für mindestens ein j gilt. Abb. 5.12 veranschaulicht noch einmal die Situation an einem Knoten des Netzwerks.

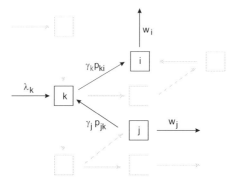

Abb. 5.12. Netzwerk-Ausschnitt mit den Knoten i, j und k

5.5   Satz

Gegeben sei ein offenes Jackson-Netzwerk mit $\gamma_k/\mu_k < 1$ für $k = 1, \ldots, m$. Besitzen die Verkehrsgleichungen eine eindeutige Lösung, so existiert eine stationäre Verteilung π, die sich in der **Produktform**

$$
\pi_{(i_1,\ldots,i_m)} = \prod_{k=1}^{m} \left(\frac{\gamma_k}{\mu_k} \right)^{i_k} \left(1 - \frac{\gamma_k}{\mu_k} \right)
$$

darstellen lässt.

Beweis: Siehe z.B. Theorem 1.14 in Serfozo (1999).   □

Mit Hilfe von π lassen sich nun Kenngrößen wie L und W unmittelbar angeben. Für die durchschnittliche Anzahl $L = L_1 + \ldots + L_m$ der Kunden im

System erhält man

$$L = \sum_{i_1=0}^{\infty} \cdots \sum_{i_m=0}^{\infty} (i_1 + \ldots + i_m) \pi_{(i_1,\ldots,i_m)}$$

$$= \sum_{k=1}^{m} \frac{\gamma_k}{\mu_k - \gamma_k}$$

und zusammen mit der Formel von Little folgt dann für die durchschnittliche Verweildauer W eines Kunden im System

$$W = \frac{L}{\lambda_1 + \ldots + \lambda_m}.$$

Beispiel   (Bsp. 5.4 - Forts. 1)   **5.6**

Die Verkehrsgleichungen (5.3)

$$\gamma_1 = \lambda + \gamma_2 p$$
$$\gamma_2 = \gamma_1$$

haben die eindeutige Lösung $\gamma_1 = \gamma_2 = \lambda/(1-p) \in (0, \infty)$.

Ist $\frac{\gamma_k}{\mu_k} = \frac{\lambda}{(1-p)\mu_k} < 1$ für $k = 1$ und 2, so besitzt das System nach Satz 5.5 eine stationäre Verteilung $\pi_{(i_1,i_2)} = \prod_{k=1}^{2} (\frac{\gamma_k}{\mu_k})^{i_k} (1 - \frac{\gamma_k}{\mu_k})$ in Produktform. Für die Kenngrößen L und W gilt dann

$$L = \sum_{k=1}^{2} \frac{\gamma_k}{\mu_k - \gamma_k} = \sum_{k=1}^{2} \frac{\lambda}{(1-p)\mu_k - \lambda}$$

und $W = L/\lambda$ $\diamond$

Ein Jackson Netzwerk mit $\lambda_j = 0$ und $w_j = 0$ für alle j heißt **abgeschlossen**. Es besteht damit aus einer festen Anzahl m von Kunden, die das System zyklisch durchlaufen. Das Verhalten im stationären Gleichgewicht kann auf ähnliche Weise charakterisiert werden.

Lagerhaltung

Die Lagerhaltung hat eine ebenso lange Tradition wie die Warteschlangentheorie. Sie befasst sich unter ökonomischen Gesichtspunkten mit der Bereitstellung von Gütern für eine spätere Verwendung. So kann bspw. die Fertigung einer größeren Anzahl von Einheiten mit Zwischenlagerung bis zur weiteren Verwendung kostengünstiger sein als die separate Fertigung der unmittelbar benötigten Einheiten. Diesem offensichtlichen Kostenvorteil bei der Herstellung oder Beschaffung von Gütern in einer größeren Anzahl von Einheiten stehen die mit der Lagerung verbundenen Kosten gegenüber. Damit wird sich eine optimale Lagerhaltung an der Nachfrage nach den Gütern, den Lagerkosten und nicht zuletzt den Kosten einer nicht gedeckten Nachfrage orientieren. Dies führt schließlich auf die zentrale Aufgabe der Bestimmung der optimalen Bestellzeitpunkte und der optimalen Bestellmengen.

Lagerhaltung bedeutet häufig (z.B. in einem Ersatzteillager) die Beschaffung und Lagerung von Hunderten von verschiedenen Gütern. Dennoch reicht es in den meisten Fällen aus, die einzelnen Güter isoliert zu betrachten und, unabhängig von einer möglichen Wechselwirkung, für jedes einzelne Gut die Bestellzeitpunkte und Bestellmengen festzulegen. Wir sprechen in diesem Zusammenhang auch von einem **Ein-Produkt-Lager**.

Die unterschiedlichen Annahmen über die Nachfrage nach einem Gut, über die mit der Lagerung und dem Auftreten von Fehlmengen verbunden Kosten sowie die zu berücksichtigenden produktspezifischen Besonderheiten führen selbst bei einer Beschränkung auf ein einzelnes Gut auf eine kaum zu überschauende Modellvielfalt. Typische Unterscheidungsmerkmale sind:

- Die Nachfrage nach dem Gut kann deterministisch oder stochastisch sein; die Nachfrageverteilung kann bekannt oder auch nur unvollständig bekannt sein, sie kann über den gesamten Zeitraum konstant sein oder sich im Laufe der Zeit auch ändern.
- Die Kosten (oder erwarteten Kosten bei Unsicherheit) setzen sich gewöhnlich aus den Bestell-, Lager- und Fehlmengenkosten zusammen. Sie werden sowohl über einen endlichen als auch einen unendlichen Zeitraum (Planungshorizont) betrachtet. Bei unendlichem Planungshorizont wird unterschieden zwischen den (auf den Zeitpunkt 0) diskontierten Gesamtkosten und den Durchschnittskosten (pro Zeiteinheit).
- Weitere Unterscheidungsmerkmale sind die Lieferzeit, die fest aber auch zufällig sein kann; die Behandlung von nicht durch das Lager gedeckter Nachfrage, die sich über die vollständige Vormerkung (bei nächstmöglicher Lieferung) bis hin zum vollständigen Verlust erstreckt. Die Bestellungen können periodisch oder kontinuierlich (d.h. bei Eintreten einer Nachfrage) erfolgen. Die Qualität des Gutes kann über die Zeit gesehen konstant

sein oder sich im Laufe der Zeit ändern. Eine Warenlieferung kann fehlerfrei sein oder einen Ausschußanteil enthalten. Schließlich können unterschiedliche Formen der Bestellung (wie z.B. Normal- oder Eilbestellung) auftreten.

Die Modellvielfalt wird weiter erhöht, wenn man von einem Einzel-Lager zu einer Vernetzung von Lagern im Rahmen des Supply Chain Management übergeht.

Ausgangspunkt der Theorie der Lagerhaltung ist die inzwischen klassische **Losgrößenformel**. Für ein Ein-Produkt-Lager mit konstanter Nachfragerate λ, fixen Bestellkosten k, variablen Bestellkosten c pro Einheit und Lagerkosten h pro Produkt- und Zeiteinheit gibt sie (als Minimum der Funktion $a \to C(a) := (k + ca + h \int_0^T (a - \lambda t) dt)/T$ unter Berücksichtigung von $T = \lambda a$) die Bestellmenge

$$a^* = \sqrt{2k\lambda/h}$$

mit den minimalen Kosten pro Zeiteinheit an. In der Praxis hat die Losgrößenformel (zumindest in verallgemeinerter Form) nach wie vor große Bedeutung.

Im folgenden wenden wir uns zwei Modellen mit stochastischer Nachfrage zu.

Beispiel ((s, S) - Bestellpolitik; zeit-diskret)   **5.7**

Ein Ein-Produkt Lager werde zu den Zeitpunkten $n \in \mathbb{N}_0$ inspiziert und in Abhängigkeit vom Lagerbestand i_n werde eine Entscheidung über eine Bestellung des Produktes und die eventuelle Bestellmenge a_n getroffen. Dabei verfolge der Lagerverwalter eine (s, S) - Bestellpolitik (mit geeigneten Parametern $s \leq S$). M.a.W.

$$a_n = \begin{cases} 0 & \text{für } i_n \geq s \\ S - x_n & \text{für } i_n < s \end{cases}.$$

Eine Bestellung sei unmittelbar im Lager verfügbar.

Die Nachfrage nach dem Produkt zwischen den Zeitpunkten n und $n + 1$ ergebe sich als Realisation z_n einer Zufallsvariablen Z_n mit Werten in $\mathbb{N}_0$. Die Nachfragemengen $Z_0, Z_1, \dots$ seien unabhängig und identisch verteilt mit $P(Z_n = z) = q(z)$ für alle $z \in \mathbb{N}_0$.

Aufgrund der stochastischen Nachfrage ist i_n Realisation einer Zufallsvariablen X_n, die vom Lagerbestand X_{n-1} der Vorperiode, der Bestellmenge a_n und der Nachfrage Z_n abhängt. Gewöhnlich unterscheidet man zwei Fälle:

(a) nicht durch das Lager gedeckte Nachfrage wird vorgemerkt (und als negativer Lagerbestand geführt)

$$X_{n+1} = X_n + a_n - Z_n,$$

(b) nicht durch das Lager gedeckte Nachfrage geht verloren

$$X_{n+1} = \max\{0, X_n + a_n - Z_n\}.$$

In beiden Fällen ist (X_n) eine (homogene) Markov-Kette. Zustandsraum und Übergangsmatrix hängen von der Behandlung der Fehlmengen ab.

(a) mit Vormerkung: $I = \{\dots, -1, 0, 1, \dots, S-1, S\}$

$$p_{ij} = \begin{cases} q(i-j) & \text{für } i \geq s \\ q(S-j) & \text{für } i < s \end{cases}$$

(b) ohne Vormerkung: $I = \{0, 1, \dots, S-1, S\}$

$$p_{ij} = \begin{cases} q(i-j) & \text{für } i \geq s,\, j > 0 \\ \sum_{z \geq i} q(z) & \text{für } i \geq s,\, j = 0 \\ q(S-j) & \text{für } i < s,\, j > 0 \\ \sum_{z \geq S} q(z) & \text{für } i < s,\, j = 0 \end{cases}$$

Abb. 5.13 stellt eine mögliche Lagerbestandsentwicklung bei Vormerkung dar.

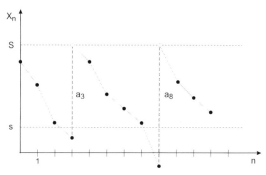

Abb. 5.13. Realisation der Lagerbestandsentwicklung bei Vormerkung

Das Modell ohne Vormerkung ist weniger schreibaufwendig. Daher führen wir die weiteren Überlegungen nur an diesem Modell durch.

Speziell für $s = 2$, $S = 3$ und $q(z) = 0.2$ für $z \in \{0, \ldots, 4\}$ erhält man dann den Zustandsraum $I = \{0, 1, 2, 3\}$ und die Übergangsmatrix

$$P = \begin{pmatrix} 0.4 & 0.2 & 0.2 & 0.2 \\ 0.4 & 0.2 & 0.2 & 0.2 \\ 0.6 & 0.2 & 0.2 & 0.0 \\ 0.4 & 0.2 & 0.2 & 0.2 \end{pmatrix}.$$

Die stationäre Verteilung $\pi = (\pi_0, \ldots, \pi_3) = (11/25, 1/5, 1/5, 4/25)$ ergibt sich als Lösung des linearen Gleichungssystems

$$\begin{aligned} u_0 &= 0.4u_0 + 0.4u_1 + 0.6u_2 + 0.4u_3 \\ u_1 &= 0.2u_0 + 0.2u_1 + 0.2u_2 + 0.2u_3 \\ u_2 &= 0.2u_0 + 0.2u_1 + 0.2u_2 + 0.2u_3 \\ u_3 &= 0.2u_0 + 0.2u_1 + 0.2u_3 \end{aligned}$$

unter Berücksichtigung der Normierungsbedingung $u_0 + u_1 + u_2 + u_3 = 1$ und der Nichtnegativitätsbedingung $u_0, u_1, u_2, u_3 \geq 0$.

Die Kosten einer Bestellung der Höhe a seien

$$b(a) = \begin{cases} 0 & \text{für } a = 0 \\ k + c \cdot a & \text{für } a > 0. \end{cases}$$

die Lager-/Fehlmengenkosten in Abhängigkeit vom Lager-/Fehlmengenbestand x am *Ende* der Periode seien

$$\ell(x) = \begin{cases} \ell_1 \cdot x & \text{für } x \geq 0 \qquad \text{(Lagerkosten)} \\ -\ell_2 \cdot x & \text{für } x < 0 \qquad \text{(Fehlmengenkosten)} \end{cases}$$

mit $0 \leq \ell_1 \leq \ell_2$.

Hieraus ergeben sich die (erwarteten) Gesamtkosten $r(i)$ einer Periode;

$$r(i) = \begin{cases} \displaystyle\sum_{z=0}^{i} \ell_1(i - z)q(z) + \sum_{z=i+1}^{\infty} \ell_2(z - i)q(z) & \text{für } i \geq s \\ \displaystyle k + c(S - i) + \sum_{z=0}^{S} \ell_1(S - z)q(z) + \sum_{z=S+1}^{\infty} \ell_2(z - S)q(z) & \text{für } i < s \,. \end{cases}$$

Speziell für $k = 1$, $c = 3$, $\ell_1 = 1$, $\ell_2 = 10$ folgt $r(0) = 13.2$, $r(1) = 10.2$, $r(2) = 6.6$, $r(3) = 3.2$. Bei unendlichem Planungshorizont ergeben sich dann zusammen mit Satz 2.31(ii) die erwarteten Kosten

$$G(i) = g = \sum_{j=0}^{3} \pi_j r(j) = 9.68$$

pro Periode (unabhängig vom Anfangszustand $i \in I$).

Ist man an den erwarteten diskontierten Gesamtkosten $V_\alpha(i)$, $i \in I$, interessiert, so hat man für $\alpha = 0.9$ nach Satz 2.31(i) das Gleichungssystem

$$
\begin{aligned}
v(0) &= 13.2 + 0.9 \cdot [0.4v(0) + 0.2v(1) + 0.2v(2) + 0.2v(3)] \\
v(1) &= 10.2 + 0.9 \cdot [0.4v(0) + 0.2v(1) + 0.2v(2) + 0.2v(3)] \\
v(2) &= 6.6 + 0.9 \cdot [0.6v(0) + 0.2v(1) + 0.2v(2)] \\
v(3) &= 3.2 + 0.9 \cdot [0.4v(0) + 0.2v(1) + 0.2v(2) + 0.2v(3)]
\end{aligned}
$$

zu lösen.

Die Vorgehensweise kann zum Vergleich von (s, S) - Bestellpolitiken herangezogen werden. Sie ist jedoch wenig effizient im Hinblick auf das Auffinden einer „optimalen" Bestellpolitik, da *alle* Bestellpolitiken in den Vergleich einbezogen werden müßten. Ein wesentlich effizienteres Verfahren, das in jedem Austauschschritt zu einer *verbesserten* (s, S) - Bestellpolitik führt, basiert auf der Politikiteration, die wir im Rahmen der Markovschen Entscheidungsprozesse in Kapitel 6 vorstellen werden. $\Diamond$

5.8   **Beispiel** $((r, q)$ - Bestellpolitik; zeit-stetig)

Ein Produkt werde zu zufälligen Zeitpunkten $T_1, T_2, \ldots$ nachgefragt. Die Nachfrage lasse sich durch einen Poisson-Prozess mit Parameter λ beschreiben. Eine Bestellung habe eine Lieferzeit der festen Länge $L > 0$. Damit ergibt sich (Eigenschaft (ii) des Poisson-Prozesses) eine mittlere Nachfrage von λL Einheiten während der Lieferzeit einer Bestellung.

Der Lagerverwalter verfolge eine (r, q) - Bestellpolitik: Fällt der Lagerbestand zum Zeitpunkt T_n auf r, so werden q Einheiten des Produktes bestellt, die zum Zeitpunkt $T_n + L$ verfügbar sind. Andernfalls erfolgt keine Bestellung.

$X(t)$ bezeichne den Lagerbestand zum Zeitpunkt $t \geq 0$. Nicht durch das Lager gedeckte Nachfrage werde vorgemerkt. Damit nimmt $X(t)$ Werte in $I = \{\ldots, -1, 0, 1, \ldots\}$ an.

Der Einfachheit halber betrachten wir nur den Fall $q = 1$ (und damit eine $(S - 1, S)$ - Bestellpolitik in unserer bisherigen Sprechweise). Unter Berücksichtigung der Lager- und Fehlmengenkosten h bzw. p pro Produkt- und Zeiteinheit (die Bestellkosten sind für die Optimierung irrelevant) ergibt sich dann die optimale Wahl von r bei Betrachtung der durchschnittlichen Kosten pro Periode als Minimum der Funktion $r \to G_{(r,1)}(i)$, wobei

$$G_{(r,1)}(i)$$

$$:= \lim_{T \to \infty} E\left(\frac{1}{T} \int_0^T [h \cdot \max\{0, X(t)\} + p \cdot \max\{0, -X(t)\}] \, dt \mid X(0) = i\right)$$

$$= h \cdot \left(1 + r + \lambda L + \sum_{j=i}^{\infty} \sum_{k=j+1}^{\infty} \frac{(\lambda L)^k}{k!} e^{-\lambda L}\right) + p \cdot \sum_{j=i}^{\infty} \sum_{k=j+1}^{\infty} \frac{(\lambda L)^k}{k!} e^{-\lambda L}.$$

Ist $q > 1$, so hat man zusätzlich die Fixkosten k einer Bestellung zu berücksichtigen. Die variablen Bestellkosten $c \cdot q$ gehen nach wie vor nicht in die Optimierung ein.

Lässt sich die Nachfrage durch einen zusammengesetzten Poisson-Prozess (vgl. Abschnitt 3.3) beschreiben, so hat man lediglich λ durch $\lambda E(Y)$ in den zu minimierenden Kostenfunktionen zu ersetzen.

Weitere Einzelheiten zu diesen Modellen findet man in Zipkin (2000), Chapter 6. ◊

Resource Management

5.3

In diesem Unterabschnitt gehen wir exemplarisch auf einige Managementprobleme ein, die die besondere Bedeutung der Markov-Kette als Analyseinstrument herausstellen.

Beispiel

5.9

Ein Hausbesitzer, der sein Haus verkaufen möchte, erhält zu den Zeitpunkten $n \in \mathbb{N}_0$ ein Angebot der Höhe z_n, das er als Realisation einer Zufallsvariablen Z_n mit Werten in $I = \{0, 1, \ldots, m\}$ auffassen kann. Dabei bezeichnet m ($m \in \mathbb{N}$) das höchste Angebot, das er erwarten kann. Die Zufallsvariablen $Z_0, Z_1, \ldots$ seien unabhängig und identisch verteilt mit $P(Z_n = z) = q(z)$ für $z \in I$.

Lehnt er das zum Zeitpunkt n vorliegende Angebot der Höhe z_n ab, so entstehen ihm Kosten der Höhe $c > 0$. Außerdem kann er auf das Angebot zu keinem späteren Zeitpunkt mehr zurückgreifen. Nimmt er das Angebot an, so erhält er die Auszahlung z_n und der Verkauf ist abgeschlossen.

Gegen ein Warten auf das bestmögliche Angebot (und damit auf m) sprechen die laufenden Kosten des Hauses. Darüber hinaus wollen wir unterstellen, dass ein Angebot der Höhe 1 zum Zeitpunkt n lediglich einen Barwert (also auf den Zeitpunkt 0 diskontierten Wert) der Höhe α^n hat, wobei $\alpha \in (0,1)$.

Um diesem Zielkonflikt angemessen zu begegnen, ringt er sich zu folgender Verkaufsstrategie durch: Er gibt sich einen Mindestverkaufspreis $i^* \in I$ vor und wartet bis zu dem Zeitpunkt n, zu dem sich erstmals ein Angebot der Höhe $z_n \geq i^*$ einstellt.

Zur Beurteilung von i^* beschreiben wir das Verkaufsproblem durch eine Markov-Kette $(X_n)_{n \in \mathbb{N}_0}$ mit Zustandsraum $I = \{0, \ldots, m, m+1\}$ und Übergangsmatrix

$$
P = \begin{pmatrix}
q(0) & \ldots & q(i^*-1) & q(i^*) & q(i^*+1) & \ldots & q(m) & 0 \\
\vdots & & \vdots & \vdots & \vdots & & \vdots & \vdots \\
q(0) & \ldots & q(i^*-1) & q(i^*) & q(i^*+1) & \ldots & q(m) & 0 \\
0 & \ldots & 0 & 0 & 0 & \ldots & 0 & 1 \\
0 & \ldots & 0 & 0 & 0 & \ldots & 0 & 1 \\
\vdots & & \vdots & \vdots & \vdots & & \vdots & \vdots \\
0 & \ldots & 0 & 0 & 0 & \ldots & 0 & 1
\end{pmatrix}.
$$

Dabei bezeichnet X_n das Angebot zum Zeitpunkt n, solange das Haus noch nicht verkauft ist, und $X_n = m+1$ steht für den vollzogenen Verkauf des Hauses. Somit besteht der Zustandsraum I (im Falle $\sum_{j \geq i^*} q(j) > 0$) aus den transienten Zuständen $\{0, \ldots, m\}$ der Angebote und dem absorbierenden Zustand $m+1$ des vollzogenen Verkaufs.

Setzt man nun noch $r(i) = -c$ für $i < i^*$, $r(i) = i$ für $i = i^*, \ldots, m$ und $r(m+1) = 0$, so ergibt sich nach Satz 2.31(i) der erwartete diskontierte Gesamtgewinn $V_\alpha(i)$ als Lösung des Gleichungssystems

$$
v(i) = r(i) + \alpha \sum_{j=0}^{m+1} q(j)v(j), \quad i \in I,
$$

das sich unter Berücksichtigung von $v(m+1) = 0$ und $v(i) = i$ für $i = i^*, \ldots, m$ weiter vereinfachen lässt zu

$$
v(i) = -c + \alpha \sum_{j=i^*}^{m} q(j)j + \alpha \sum_{j=0}^{i^*-1} q(j)v(j), \quad i = 0, \ldots, i^*-1.
$$

Durch Variation von i^* kann man dann zu einer optimalen Verkaufsstrategie gelangen. Siehe auch Modul Hausverkauf. $\lozenge$

Beispiel (Ersetzungsproblem; zeit-diskret)   **5.10**

Eine Maschine sei einem Verschleiß ausgesetzt, dessen Ausmaß sich durch die Zustände $0, 1, \ldots, m$ (mit $m \in \mathbb{N}$) beschreiben lasse. Eine neue Maschine sei im Zustand 0, der Zustand nehme mit dem Ausmaß des Verschleißes zu.

Die Maschine werde zu den Zeitpunkten $n \in \mathbb{N}_0$ inspiziert. Zu jedem dieser Zeitpunkte kann die Maschine durch eine neue ersetzt werden, die unmittelbar verfügbar sei. Sei i_n der Zustand der Maschine zum Zeitpunkt n (mit Werten in $I = \{0, 1, \ldots, m\}$).

Wird die Maschine nicht ersetzt, so trete ein Verschleiß $i_{n+1} \geq i_n$ zum Zeitpunkt $n+1$ mit Wahrscheinlichkeit $q(i_n, i_{n+1})$ auf ($q(i_n, j) = 0$ für $j < i_n$ und damit $\sum_{j \geq i_n} q(i_n, j) = 1$). Wird die Maschine ersetzt, so trete ein Verschleiß i_{n+1} (der ersetzten Maschine) zum Zeitpunkt $n + 1$ mit Wahrscheinlichkeit $q(0, i_{n+1})$ auf ($\sum_{j \in I} q(0, j) = 1$).

Bei der Entscheidung über eine Ersetzung oder Nicht-Ersetzung seien Betriebskosten der Höhe $c(i_n)$ zu berücksichtigen und im Falle einer Ersetzung zusätzlich Ersetzungskosten der Höhe k. Weiter wollen wir unterstellen, dass zukünftige Kosten auf den Zeitpunkt 0 diskontiert werden mit einem Diskontierungsfaktor $\alpha \in (0, 1)$.

Plausibel ist die folgende Ersetzungsstrategie, die der Beobachter verfolge: In Abhängigkeit von einem gerade noch zu tolerierenden Verschleiß $i^* \in I$ ordnet er immer dann eine Ersetzung der Maschine an, wenn das Ausmaß des Verschleißes die Höhe i^* erreicht oder überschritten hat.

Zur Beurteilung der Wahl von i^* beschreiben wir das Ersetzungsproblem durch eine Markov-Kette $(X_n)_{n \in \mathbb{N}_0}$ mit Zustandsraum I und Übergangsmatrix

$$
P = \begin{pmatrix}
q(0,0) & q(0,1) & \ldots & q(0,i-1) & q(0,i) & \ldots & q(0,m) \\
0 & q(1,1) & \ldots & q(1,i-1) & q(1,i) & \ldots & q(1,m) \\
\vdots & \vdots & & \vdots & \vdots & & \vdots \\
0 & 0 & \ldots & q(i-1,i-1) & q(i-1,i) & \ldots & q(i-1,m) \\
q(0,0) & q(0,1) & \ldots & q(0,i-1) & q(0,i) & \ldots & q(0,m) \\
\vdots & \vdots & & \vdots & \vdots & & \vdots \\
q(0,0) & q(0,1) & \ldots & q(0,i-1) & q(0,i) & \ldots & q(0,m)
\end{pmatrix} .
$$

Zusammen mit $r(i) = c(i)$ für $i < i^*$ und $r(i) = k + c(i)$ für $i \geq i^*$ ergeben sich dann die mit der Anwendung der Ersetzungsstrategie verbundenen erwarteten diskontierten Gesamtkosten $V_\alpha(i)$ nach Satz 2.31 (i) als Lösung des

Gleichungssystems

$$v(i) = r(i) + \alpha \sum_{j=0}^{m} q(i,j)v(j), \quad i \in I.$$

Variation von i^* führt schließlich zu einer optimalen Ersetzungsstrategie. $\Diamond$

5.11   **Beispiel** (Stauproblem; zeit-diskret)

Ein Stausee mit endlicher Kapazität m ($m \in \mathbb{N}$) habe in den Perioden $n = 1, 2, \ldots$ einen Zufluss, der sich durch eine Folge $Z_1, Z_2, \ldots$ von unabhängigen, identisch verteilten Zufallsvariablen mit $P(Z_n = z) = q(z)$ für $z \in \mathbb{N}_0$ beschreiben lasse. Dem Stausee werde in jeder Periode Wasser im Umfang von a Einheiten ($a \in \mathbb{N}$) entnommen.

Sei X_{n-1} der Wasserstand zu Beginn der Periode $n \in \mathbb{N}$. Dann ist $(X_n)_{n \in \mathbb{N}_0}$ eine Markov-Kette mit Zustandsraum $I = \{0, \ldots, m\}$ und es gilt

$$X_{n+1} = \min\{m, \; \max\{0, \; X_n - a\} + Z_{n+1}\}.$$

Der Einfachheit halber sei $a = 1$. Dann lautet die zugehörige Übergangsmatrix

$$P = \begin{pmatrix} q(0) & q(1) & \ldots & q(m-1) & \sum_{j \geq m} q(j) \\ q(0) & q(1) & \ldots & q(m-1) & \sum_{j \geq m} q(j) \\ 0 & q(0) & \ldots & q(m-2) & \sum_{j \geq m-1} q(j) \\ \vdots & \vdots & & \vdots & \vdots \\ 0 & 0 & \ldots & q(0) & \sum_{j \geq 1} q(j) \end{pmatrix}.$$

Ist $q(0) = 0$, so sind die Zustände $0, 1, \ldots, m-1$ transient und der Zustand m absorbierend. Damit ist der Stausee nach hinreichend langer Zeit permanent voll und läuft zeitweise über.

Ist $q(0) > 0$, so ist die Markov-Kette irreduzibel und es kann durchaus vorkommen, dass der Stausee leer ist und kein Wasser mehr entnommen werden kann. Die zugehörige Wahrscheinlichkeit $\pi_0 = \lim_{n \to \infty} P(X_n = 0)$ ergibt sich aus der stationären Verteilung π. $\Diamond$

Beispiel (Ruinproblem; zeit-stetig) **5.12**

Die Risikoreserve eines Bestandes an Versicherungen ist gewöhnlich definiert als

$$R(t) = R_0 + ct - S(t), \quad t \geq 0.$$

Sie setzt sich zusammen aus der Anfangsreserve R_0 und den bis zum Zeitpunkt t eingenommenen Prämien ct, vermindert um die bis zum Zeitpunkt t erbrachten Schadensleistungen $S(t)$.

Der Gesamtschadenprozess $\{S(t), t \geq 0\}$ sei ein zusammengesetzter Poisson-Prozess (vgl. Abschnitt 3.3). Damit ist die Anzahl $N(t)$ der Schäden im Zeitraum $(0,t)$ Poisson-verteilt mit Parameter αt und die Schadenshöhen $Y_1, Y_2, \ldots, Y_{N(t)}$ dieser zu den zufälligen Zeitpunkten $T_1, T_2, \ldots, T_{N(t)}$ eintretenden Schäden unabhängig und identisch verteilt.

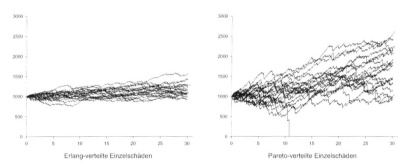

Abb. 5.14. Entwicklung der Risikoreserve

Die zeitliche Entwicklung der Risikoreserve ist ein Maß für die Stabilität des Bestandes. Abb. 5.14 veranschaulicht die Situation für unterschiedliche Gesamtschadenprozesse anhand von jeweils 20 Realisationen. Anfangsreserve R_0, Prämienrate c, Schadensintensität α und mittlere Einzelschadenhöhe $E(Y)$ stimmen in beiden Simulationen überein; Unterschiede bestehen lediglich in der Form der Einzelschadenverteilung. Im Falle der Erlang-verteilten Einzelschäden ergibt sich ein relativ stabiler Verlauf. Dies trifft jedoch nicht für die Pareto-verteilten Einzelschäden zu. Neben einer erhöhten Streuung führt eine Realisation zum vorzeitigen Abbruch infolge eines technischen Ruins (d.h. des Eintretens einer negativen Risikoreserve).

Die Verteilung des Ruinzeitpunktes T, $T = \inf\{t > 0 \mid R(t) < 0\}$, ist ein anerkanntes Stabilitätskriterium, das zur Steuerung der Risikoreserve herangezogen wird. $\diamond$

5.4   e-stat Module und Aufgaben

Die in diesem Kapitel verwendeten Module finden Sie im Online-Kurs „Stochastische Modelle (Kapitel 5)".

5.13   **Modul** $M/M/1$ - System   (Lernziel: Null-Rekurrenz des Markov-Prozesses)

Betrachten Sie zunächst das $D/D/1$ - Wartesystem mit (konstanten) Zwischenankunftszeiten $1/\lambda$ und (konstanten) Bedienungszeiten $1/\mu$. Wie entwickelt sich die Anzahl der Kunden im System bei $\lambda = \mu$?

Gehen Sie nun davon aus, dass die Zwischenankunftszeiten und Bedienungszeiten exponential-verteilt sind mit Erwartungswert $1/\lambda$ bzw. $1/\mu$. Was passiert dann bei $\lambda = \mu$?

Überprüfen Sie Ihre Vermutung anhand des Moduls.

5.14   **Modul** $M/M/1/k$ - System   (Lernziel: Vergleich von Wartesystemen)

In der Praxis sind Warteräume oft begrenzt und ein potentieller Kunde, der keinen freien Warteplatz vorfindet, geht verloren.

(a) Wie wirkt sich dies im Falle $\rho < 1$ auf die folgenden Kennzahlen aus?

     (1) durchschnittliche Anzahl der Kunden im System steigt/sinkt/ändert sich nicht.

     (2) durchschnittliche Bedienungszeit steigt/sinkt/ändert sich nicht.

     (3) durchschnittliche Wartezeit steigt/sinkt/ändert sich nicht.

(b) Überprüfen Sie Ihre Annahme

     (1) mit $k = \boxed{1}$, $\boxed{3}$ und $\boxed{5}$.

     (2) analytisch.

5.15   **Modul** $M/M/c$ - System   (Lernziel: Vergleich von Wartesystemen)

In vielen Bahnhöfen und Postämtern wurde von getrennten Warteschlangen vor den Schaltern auf eine gemeinsame Warteschlange für alle Schalter umgestellt.

(a) Jemand behauptet nun: „Das ist dumm! Ich muss jetzt viel länger warten als vorher, da die Warteschlange länger geworden ist." Können Sie sich dieser Meinung anschließen?

(b) Wenn ja, dann sollten Sie sich unbedingt unsere Simulation ansehen.

(c) Sie können natürlich auch analytisch überprüfen, welche Lösung die bessere ist.

Modul Jackson-Netzwerk   (Lernziel: offenes Jackson-Netzwerk)   **5.16**

Mehrere $M/M/1$ - Wartesysteme sind zu einem offenen Netzwerk zusammengeschlossen. Sie werden zur Analyse des Systems aufgefordert.

(a) Wo kommt es zu Überlagerungen und wo zu Zerlegungen (Verdünnungen) von Poisson-Prozessen?

(b) Warum ist es schwer, konkrete Aussagen über das Verhalten des Systems zu treffen?

(c) Wo könnten Bedienungsengpässe auftreten und woran könnte es liegen?

Oft ist es nicht möglich, ein System vollständig analytisch zu erfassen. Dann wird wie in diesem Modul auf eine Simulation zurückgegriffen.

(a) Untersuchen Sie die Stationen, an denen Sie Bedienungsengpässe erwarten, indem Sie konkrete Wertepaare für die Parameter einsetzen. (Geben Sie dem System genug Zeit um sich zu stabilisieren!)

(b) Jemand möchte das System mit $\lambda = \boxed{1.00}$, $p = \boxed{0.75}$, $q = \boxed{0.50}$, $\mu_1 = \boxed{1.40}$, $\mu_2 = \boxed{0.65}$, $\mu_3 = \boxed{0.95}$, $\mu_4 = \boxed{0.40}$ und $\mu_5 = \boxed{1.20}$ betreiben. Welchen Rat können Sie dem Betreiber aufgrund Ihrer Analyse geben? An welchen Stationen sollte die Leistungsfähigkeit verbessert werden?

Aufgabe   **5.17**

Betrachten Sie das Jackson-Netzwerk aus Abb. 5.15 mit den Stationen 1, 2 und 3, den externen Ankunftsraten $\lambda_1 = 2$ und $\lambda_2 = 5$, den exponentialverteilten Bedienungszeiten mit $\mu_1 = 13$, $\mu_2 = 9$ und $\mu_3 = 10$ sowie den Übergangswahrscheinlichkeiten $p_{13} = 0.5$, $p_{21} = 0.6$, $p_{23} = 0.4$ und $p_{32} = 0.4$.

(a) Wieso liegt ein offenes Netzwerk vor?

(b) Stellen Sie die Verkehrsgleichungen auf und bestimmen Sie für jede Station die Gesamtankunftsrate.

(c) Verifizieren Sie, dass der zugehörige Markov-Prozess eine stationäre Verteilung besitzt und berechnen Sie

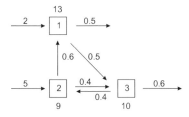

Abb. 5.15. offenes Jackson-Netzwerk

(1) die Wahrscheinlichkeit, mit der man ein leeres System vorfindet?

(2) die durchschnittliche Anzahl der Kunden im System.

(3) die durchschnittliche Verweildauer eines Kunden im System.

5.18   Modul Systemvergleich (Lernziel: optimale Auslegung von Wartesystemen)

Betrachten Sie zunächst das linke Bild: Nach Abschluss der Bedienung verlässt der Kunde das System (Ws $1 - p$) oder reiht sich wieder in die Warteschlange vor der Station (Ws p) ein. Wählen Sie $\lambda < \mu$. Was passiert, wenn Sie p in Schritten von 0.1 von 0 auf 1 erhöhen?

Beziehen Sie nun das rechte Bild mit in die Betrachtung ein. Wählen Sie wieder $\lambda < \mu$ und erhöhen Sie p in Schritten von 0.1 von 0 auf 1. Ist das unterschiedliche Verhalten beider Systeme plausibel? Welche Rückschlüsse können Sie auf die auf die optimale Auslegung eines Wartesystems ziehen?

5.19   Modul (s,S)-Politik (Lernziel: Vergleich von Markov-Ketten)

Entwickeln Sie ein Gefühl für die Festlegung der Parameter einer (s, S)-Bestellpolitik in Beispiel 5.7.

(a) Führen Sie für feste s und S 15 Simulationsläufe durch und bestimmen Sie das zugehörige arithmetische Mittel der beobachteten diskontierten Gesamtkosten bei Start mit einem leeren Lager.

(b) Variieren Sie nun s und S, indem Sie zu $(s + 1, S)$, $(s - 1, S)$, $(s, S + 1)$ oder $(s, S-1)$ übergehen. Haben Sie eine Idee, wie man sicherstellen kann, dass die neue Politik „nicht schlechter" als die alte ist? (Die Theorie der Markovschen Entscheidungsprozesse kann Ihnen eine Antwort geben.)

Modul Hausverkauf (Lernziel: Optimierung von Markov-Ketten)   **5.20**

Betrachten Sie Beispiel 5.9. Ihre Aufgabe ist es, den optimalen Verkaufspreis für das Haus zu erzielen. Ihre Daten sind: $\alpha = 0.9$, $c = 1$, $I = \{130, 150, \ldots, 250\}$ mit $q(130) = q(250) = 0.05$, $q(150) = q(230) = 0.10$, $q(170) = q(210) = 0.20$, $q(190) = 0.30$. Sie gehen so vor:

(1) Sie wählen einen beliebigen Mindestverkaufspreis $i^* \in I$ aus.

(2) Sie bestimmen den zugehörigen diskontierten Gesamtgewinn $V_\alpha^{i^*}(i)$, $i \in I$, als Lösung des Gleichungssystems

$$v(i) = -c + \alpha \sum_{j=i^*}^{m} q(j)j + \alpha \sum_{j=0}^{i^*-1} q(j)v(j) , \quad i = 0, \ldots, i^* - 1$$

und setzen $V_\alpha^{i^*}(i) = i$ für $i \geq i^*$.

(3) Sie wählen einen neuen Mindestverkaufspreis $j^* \neq i^*$ aus und prüfen, ob die folgenden Ungleichungen

$$-c + \alpha \sum_{j=0}^{m} q(j)V_\alpha^{i^*}(j) \;\geq\; V_\alpha^{i^*}(i) \quad \text{für } i < j^*$$

$$i \;\geq\; V_\alpha^{i^*}(i) \quad \text{für } i \geq j^*$$

erfüllt sind.

(α) Finden Sie keinen Verkaufspreis $j^* \neq i^*$, der beide Ungleichungen erfüllt, so begnügen Sie sich mit i^* und brechen das Verfahren ab.

(β) Finden Sie einen neuen Verkaufspreis $j^* \neq i^*$, der beide Ungleichungen erfüllt, so wiederholen Sie die Schritte (2) und (3) mit j^* anstelle von i^*.

(a) Was fällt Ihnen beim Übergang von i^* nach j^* auf?

(b) Nehmen Sie einmal an, dass Sie auf diese Weise kein j^* mehr finden. Überprüfen Sie zu Ihrer Sicherheit noch einmal alle Werte $V_\alpha^a(i)$, $i \in I$, für $a \in I$ im direkten Vergleich. Wie gut schneidet dabei Ihr i^* ab, mit dem Sie das Verfahren abgebrochen haben?

(c) Wie ist Ihr abschließendes Urteil?

5.21   Fallstudie Bürgerbüro

Die Problemstellung

Eine Gemeindeverwaltung will ihren Service verbessern und die Amtsstube in ein Bürgerbüro verwandeln. Um eine Entscheidungsgrundlage zu haben, wird der Sachbearbeiter beauftragt, einen Monat lang Buch zu führen über (a) die Anzahl der Bürger, die pro Stunde die Amtsstube aufsuchen und (b) die Bearbeitungszeiten der Vorgänge. Anhand der gesammelten Daten stellt sich heraus, dass im Schnitt 5 Bürger pro Stunde kommen und der Sachbearbeiter etwa 10 Minuten pro Vorgang benötigt.

Das Budget der Gemeinde ist knapp und laut Stellenplan steht ihr nur ein Angestellter zur Verfügung. Trotzdem ist der Gemeinderat gewillt, die Betreuung der Bürger verbessern.

Eine Gemeinderätin schlägt vor, den Wartebereich ansprechender zu gestalten. Hierzu sollen vier Stühle aufgestellt werden, um insbesondere den älteren Bürgern das Warten zu erleichtern. Außerdem soll der Wartebereich durch neue Bilder ansprechender gestaltet werden. Ein anderes Mitglied des Gemeinderates prophezeit, dass sich daraufhin das Verhalten der Bürger verändern wird. Sie würden nur dann noch warten, wenn Sie auf einem der Stühle Platz nehmen könnten und ansonsten an einem anderen Tag wiederkommen.

Ein anderes Ratsmitglied schlägt (alternativ) die Einführung einer Software vor, die die Arbeit des Angestellten vereinfachen könnte. Der Hersteller dieser Software wirbt damit, dass sie eine standardisierte Bearbeitung eines beliebigen Vorgangs in exakt 10 Minuten ermöglicht. Der Amtsvorsteher merkt an, dass die Nachbargemeinde dieses System bereits verwendet. Soweit er weiß, ist die Bearbeitungszeit nur im Mittel 10 Minuten bei einer Standardabweichung von 5 Minuten.

Erleichtern Sie der Gemeindeverwaltung ihre Entscheidung:

- Helfen Sie dem Gemeinderat, indem Sie zunächst die wichtigsten Kennzahlen der einzelnen Alternativen auflisten.
- Zu welchem Vorgehen würden Sie den Gemeinderäten aufgrund Ihrer Ergebnisse raten?
- Erarbeiten Sie aufgrund Ihrer Ergebnisse einen eigenen Vorschlag zur Verbesserung des Service. Kombinieren Sie dazu die Vorschläge der Gemeinderäte oder entwickeln Sie ein eigenes Konzept. Beachten Sie dabei aber stets das knappe Budget der Gemeinde.

Hinweise zur Modellierung

Beschreiben Sie die aktuelle Situation durch ein $M/M/1$ - Wartesystem. Durch die Bestuhlung des Wartebereichs entsteht ein $M/M/1/K$ - System. Die Einführung der Software soll ein $M/D/1$ - System bringen, tatsächlich wird aber ein $M/G/1$ - System daraus.

Fallstudie Internetcafé   **5.22**

Einleitung

Wollten Sie sich nicht schon immer selbständig machen. Am liebsten in einem Betrieb, der Ihnen sowohl den Kontakt zu Menschen als auch eine Arbeit im Multimediabereich ermöglicht? Warum eröffnen Sie dann kein Internetcafé? Dafür benötigen Sie lediglich einen Businessplan und etwas Startkapital.

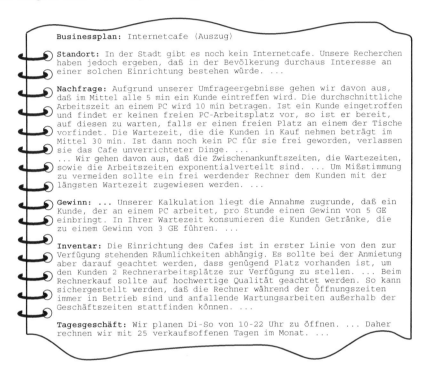

```
Businessplan: Internetcafe (Auszug)

Standort: In der Stadt gibt es noch kein Internetcafe. Unsere Recherchen
haben jedoch ergeben, daß in der Bevölkerung durchaus Interesse an
einer solchen Einrichtung bestehen würde. ...

Nachfrage: Aufgrund unserer Umfrageergebnisse gehen wir davon aus,
daß im Mittel alle 5 min ein Kunde eintreffen wird. Die durchschnittliche
Arbeitszeit an einem PC wird 10 min betragen. Ist ein Kunde eingetroffen
und findet er keinen freien PC-Arbeitsplatz vor, so ist er bereit,
auf diesen zu warten, falls er einen freien Platz an einem der Tische
vorfindet. Die Wartezeit, die die Kunden in Kauf nehmen beträgt im
Mittel 30 min. Ist dann noch kein PC für sie frei geworden, verlassen
sie das Cafe unverrichteter Dinge. ...
... Wir gehen davon aus, daß die Zwischenankunftszeiten, die Wartezeiten,
sowie die Arbeitszeiten exponentialverteilt sind. ... Um Mißstimmung
zu vermeiden sollte ein frei werdender Rechner dem Kunden mit der
längsten Wartezeit zugewiesen werden. ...

Gewinn: ... Unserer Kalkulation liegt die Annahme zugrunde, daß ein
Kunde, der an einem PC arbeitet, pro Stunde einen Gewinn von 5 GE
einbringt. In Ihrer Wartezeit konsumieren die Kunden Getränke, die
zu einem Gewinn von 3 GE führen. ...

Inventar: Die Einrichtung des Cafes ist in erster Linie von den zur
Verfügung stehenden Räumlichkeiten abhängig. Es sollte bei der Anmietung
aber darauf geachtet werden, dass genügend Platz vorhanden ist, um
den Kunden 2 Rechnerarbeitsplätze zur Verfügung zu stellen. ... Beim
Rechnerkauf sollte auf hochwertige Qualität geachtet werden. So kann
sichergestellt werden, daß die Rechner während der Öffnungszeiten
immer in Betrieb sind und anfallende Wartungsarbeiten außerhalb der
Geschäftszeiten stattfinden können. ...

Tagesgeschäft: Wir planen Di-So von 10-22 Uhr zu öffnen. ... Daher
rechnen wir mit 25 verkaufsoffenen Tagen im Monat. ...
```

Abb. 5.16. Businessplan für ein Internetcafé

Wir haben (ausnahmsweise!) für Sie bereits einen Businessplan (vgl. Abb. 5.16) aufgestellt und im Rahmen einer Start-Up-Aktion der TEAM-Initiative[1] vorgelegt. Der Antrag wurde angenommen und Sie erhalten im Rahmen dieser Aktion neben dem notwendigen Startkapital auch ein Firmenkonto mit unbegrenztem Kreditrahmen für Ihr Tagesgeschäft. Sie werden außerdem von TEAM-Mitarbeiten in der Startphase (zwei Jahre) bei Ihren Entscheidungen unterstützt. Dazu treffen Sie sich alle 6 Monate, sprechen über Erfahrungen und legen die nächsten Schritte fest. Geeignete Räumlichkeiten sind in der Markov-Allee vorhanden.

Schön, dass Sie mitmachen. Ihre erste Aufgabe ist es, die Einrichtung des Raumes so zu planen, dass Sie keinen Platz verschwenden und die Möglichkeit haben, oh-

---

[1]TEAM ist ein Verband zur Förderung von Unternehmensgründungen

ne große Umstände Café-Tische durch Arbeitsplätze zu ersetzen und umgekehrt. Wir unterstellen einmal, dass Sie zu dem Ergebnis in Abb. 5.17 mit den variabel nutzbaren Stellflächen A, B und C gekommen sind.

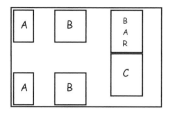

Benötigtes Inventar:

Tisch mit 2 Stühlen (2x) passend zu A
Tisch mit 3 Stühlen (2x) passend zu B
Tisch mit 4 Stühlen passend zu C
PC-Arbeitsplatz (4x) passend zu A und B

RAUMEINTEILUNG

Abb. 5.17. modulare Einteilung des Internetcafés

Erste Schritte als Unternehmer

Die TEAM-Mitarbeiter unterbreiten Ihnen einen konkreten Vorschlag für die Erst-Nutzung des Cafés: Zwei Arbeitsplätze auf den Stellflächen A, ein weiterer Arbeitsplatz sowie ein Tisch mit 3 Stühlen auf den Stellflächen B und ein Tisch mit 4 Stühlen auf der Stellfläche C. Hierzu wurde der Gewinn pro Monat kalkuliert. Rechnungsgrundlage war ein System im stationären Zustand. Wie bewerten Sie diesen Vorschlag?

Weitere Warteplätze an der Bar

Sie haben beobachtet, dass Sie viele Kunden abweisen müssen, da die Warteplätze nicht ausreichen. Dabei ist Ihnen die Idee gekommen, weitere Warteplätze an der Bar zu schaffen. Kunden, die bei ihrer Ankunft keinen freien Platz an einem der Tische auf den Stellflächen A und B vorfinden, werden zunächst (bis zum Freiwerden eines Platzes) an die Bar gebeten. Dort können sie sich ein Getränk ihrer Wahl auf Kosten des Hauses aussuchen. Sie gehen davon aus, dass Kunden, die Sie auf diese Weise verwöhnen, bereit sind, an der Bar im Mittel 7,5 Minuten zu warten.

Hierzu schaffen Sie 6 Barhocker an, die Sie anstelle der Stühle auf der Stellfläche C platzieren. Das nötige Inventar können Sie aus Ihrem Startkapital finanzieren. Sie müssen jedoch mit Kosten von 1 GE pro Stunde und Warteplatz an der Bar rechnen.

Das „grüne Café"

Es ist bekannt, dass Pflanzen die Gemütlichkeit eines Raums erhöhen. In einer aktuellen Studie wurde nun ein Zusammenhang zwischen der Größe des Raums, der Anzahl der Pflanzen und der Verweildauer der Personen festgestellt. Das trifft auch für Ihr Café zu. Konkret könnte mit 11 Pflanzen bereits eine 100%-ige Zunahme der mittleren Wartezeit erreicht werden. Jede zusätzliche Pflanze würde eine weitere Steigerung um 10% bringen.

Der Ankauf der Pflanzen kann aus den Mitteln des Startkapitals bestritten werden. Die Pflanzen benötigen jedoch Platz und es kann zu Einschränkungen bei der Einrichtung kommen: Auf den 2 Fensterbänken können zwar bequem Blumenkästen mit jeweils 4 Pflanzen stehen, doch dann können auf den angrenzenden A-Flächen nur noch Arbeitsplätze eingerichtet werden. Auf der Stellfläche C können weitere Pflanzen platziert werden. Für jeweils einen Blumenkasten mit 3 Pflanzen müssen jedoch 3 Barhocker weichen.

Erweiterung des Internetcafés

Die Pflanzen haben Ihrem Lokal eine besondere Note gegeben, auf die Sie nicht mehr verzichten wollen. Die Barhocker haben Sie wieder entfernt, um den Raum mit 14 Pflanzen begrünen zu können. Ihr Vermieter bietet Ihnen einen zusätzlichen Raum für 500 GE pro Monat an. In diesem Raum können Sie allerdings nur drei weitere Arbeitsplätze unterbringen. Eine Investition in drei weitere Rechner wäre noch aus dem Startguthaben finanzierbar, die zusätzliche Miete müsste jedoch aus den laufenden Einnahmen gedeckt werden.

Theorie trifft Praxis

Da Sie von den TEAM-Mitarbeitern angehalten wurden, eigene Erfahrungen zu sammeln, haben sie in der ersten Projektphase über die Belegung des Cafés Buch geführt. Abb. 5.18 enthält einen Auszug Ihrer Aufzeichnungen.

Zeit	Kunde kommt an PC	Kunde kommt an Tisch	Kunde verläßt PC	Kunde verläßt Tisch
11:00	X			
11:02			X	
11:02	X			
11:07	X			
11:09		X		
11:10				X
11:12			X	
11:13			X	
11:13			X	
11:15	X			
11:16	X			
11:17	X			
11:20		X		

Abb. 5.18. Belegung des Cafés (Auszug)

Anhand dieser Notizen (Tag mit 3 Arbeits- und 7 Warteplätzen) kommen Sie zu dem folgenden Ergebnis:

$$
\begin{aligned}
\text{Nutzung der PCs}: &\quad 17 \text{ h } 20 \text{ min} \\
\text{Nutzung der Warteplätze}: &\quad 4 \text{ h } 14 \text{ min} \\
\text{Anzahl der Kunden}: &\quad 106 \\
\text{Gewinn an diesem Tag}: &\quad 99{,}37 \text{ GE}
\end{aligned}
$$

Sie sind verunsichert, da Ihr Ergebnis abweicht von den Kennzahlen, die Sie von den TEAM-Mitarbeitern erhalten haben und bitten um ein klärendes Gespräch.

Hinweise zur Modellierung

Die Arbeitsplätze des Internetcafés können als Bedienungsstationen, die Plätze an den Tischen und an der Bar als Warteraum modelliert werden. Im Gegensatz zu „klassischen" Wartesystemen warten die Kunden jedoch nicht beliebig lange, sondern nur eine exponentialverteilte Zeit auf Bedienung.

Kapitel 6

Markovsche Entscheidungsprozesse

6

6   **Markovsche Entscheidungsprozesse**

6

Markovsche Entscheidungsprozesse

Mehrstufige Entscheidungsprobleme begegnen uns im Alltag ständig. Sie treten immer dann auf, wenn eine zu treffende Entscheidung neben unmittelbaren Auswirkungen auch Konsequenzen auf zukünftige Entscheidungen haben kann. Wir haben es also nicht mit isoliert zu betrachtenden Entscheidungen zu tun, sondern mit einer Folge von Entscheidungen, die in einem engen Zusammenhang stehen. Das folgende einfache Beispiel verdeutlicht die Problematik: Ein Langstreckenläufer, der sich zum Ziel gesetzt hat, eine Meisterschaft zu erringen, wird dieses Ziel verfehlen, wenn er sich taktisch falsch verhält. Geht er das Rennen zu schnell an, so wird er das Tempo nicht durchhalten können und in der Endphase des Rennens zurückfallen. Geht er umgekehrt das Rennen zu langsam an und wird der Abstand zur Spitzengruppe zu groß, so wird er den Rückstand nicht mehr aufholen können. Er wird sich daher die Strecke gedanklich in Abschnitte einteilen und in jedem Abschnitt sein Laufverhalten auf das der Konkurrenten und seine eigene Leistungsfähigkeit abstimmen.

Die Zustände einer Markov-Kette unterliegen häufig einer Bewertung in Form einstufiger Gewinne oder Kosten, die zur Bildung einer Kenngröße herangezogen werden können.

Im Rahmen der Lagerhaltung kann man auf diese Weise eine (s, S) - Bestellpolitik auf der Grundlage der erwarteten Kosten pro Zeitstufe oder der erwarteten diskontierten Gesamtkosten bewerten. Hierzu hat man lediglich ein lineares Gleichungssystem zu lösen. Prinzipiell kann man so verschiedene (s, S) - Bestellpolitiken vergleichen. Diese Vorgehensweise ist jedoch wenig effizient, da zu viele Vergleiche durchzuführen und damit zu viele Gleichungssysteme zu lösen sind.

Wesentlich effizienter ist die Formulierung als Markovscher Entscheidungsprozess, der es uns erlaubt, durch Wahl von Aktionen Einfluss auf das Übergangsverhalten des Prozesses und die einstufigen Gewinne/Kosten zu nehmen. Verbunden mit dem resultierenden Entscheidungsprozess ist eine in gewissem Sinne optimale Strategie (optimale Festlegung der Folge von Aktionen). Angewandt auf die Lagerhaltung könnte es unser Bestreben sein, eine Bestellpolitik, nicht zwangsläufig eine (s, S) - Bestellpolitik, anzuwenden, die die erwarteten diskontierten Gesamtkosten oder die erwarteten Kosten pro Zeitstufe minimiert.

Einfach strukturierte Strategien tragen wesentlich zur Akzeptanz durch den potentiellen Anwender bei. Neben der effizienten Berechnung einer optimalen Strategie (und der zugehörigen Wertfunktion) sind wir daher an der Optimalität einfach strukturierter Strategien interessiert, so bspw. an hinreichenden

Bedingungen für die Optimalität einer (s, S) - Bestellpolitik im Rahmen allgemeiner Bestellpolitiken.

6.1 ____ Grundlagen

Unter einem **Markovschen Entscheidungsprozess** (MEP) verstehen wir ein Tupel (I, A, D, p, r), wobei die einzelnen Größen die folgende Bedeutung haben:

(i) I, der Zustandsraum, ist eine *abzählbare* Menge.

(ii) A, der Aktionenraum, ist eine *abzählbare* Menge. $D(i) \subset A$, $i \in I$, ist die *endliche* Menge aller zulässigen Aktionen im Zustand i.

(iii) p, das Übergangsgesetz von $D := \{(i, a) \mid i \in I, a \in D(i)\}$ nach I, spezifiziert die Menge der Übergangswahrscheinlichkeiten $p_{ij}(a)$ von i nach j bei Wahl von $a \in D(i)$.

(iv) $r : D \to \mathbb{R}$, die einstufige Gewinnfunktion, ist *beschränkt*.

Zur Veranschaulichung eines MEP betrachten wir ein System, das zu diskreten Zeitpunkten $n = 0, 1, \ldots$ beobachtet werde. Dieses System befinde sich zum Zeitpunkt n in einem Zustand $i_n \in I$. Dann wählt der Beobachter eine Aktion a_n aus der Menge $D(i_n) \subset A$ der zulässigen Aktionen im Zustand i_n. Verbunden mit i_n und a_n ist ein einstufiger Gewinn $r(i_n, a_n)$ und es erfolgt mit Wahrscheinlichkeit $p_{i_n, i_{n+1}}(a_n)$ ein Übergang des Systems in den Zustand $i_{n+1} \in I$ zum Zeitpunkt $n + 1$. Abb. 6.1 dient der Veranschaulichung.

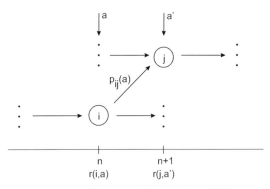

Abb. 6.1. Veranschaulichung eines MEP

Wir wenden uns nun der Steuerung eines MEP zu. Hierzu definieren wir zunächst eine Abbildung $f : I \to A$, die jedem Zustand i eine zulässige Aktion $f(i) \in D(i) \subset A$ zuordnet. Eine solche Abbildung f heißt **Entscheidungsregel**. Sei F die Menge aller Entscheidungsregeln.

Unter einer **Strategie** (oder auch Politik) $\delta = (f_0, f_1, \ldots)$ verstehen wir eine Folge $f_0, f_1, \ldots$ von Entscheidungsregeln. Eine Strategie legt die Aktion $a_n = f_n(i_n)$ fest, die zum Zeitpunkt n im Zustand i_n zu wählen ist. Sei F^∞ die Menge aller Strategien. Hauptsächlich sind wir jedoch an einer **stationären Strategie** $\delta = (f, f, \ldots)$ interessiert, die durch eine einzige Entscheidungsregel f festgelegt ist und damit eine zeitunabhängige Steuerung ermöglicht.

Zu gegebener Strategie $\delta = (f_0, f_1, \ldots)$ wird durch die Folge (P_{f_n}) der Übergangsmatrizen

$$P_{f_n} = (p_{ij}(f_n(i)))$$

auf eindeutige Weise (Satz von Ionescu Tulcea) ein W-Maß $\mathbf{P}_\delta$ auf der Menge I^∞ der Prozessrealisationen $(i_0, i_1, \ldots)$ definiert mit der Eigenschaft

$$\mathbf{P}_\delta(X_0 = i_0, X_1 = i_1, \ldots, X_n = i_n) = P(X_0 = i_0) \cdot \prod_{\nu=0}^{n-1} p_{i_\nu, i_{\nu+1}}(f_\nu(i_\nu))$$

für alle $n \in \mathbb{N}$ und alle $i_0, i_1, \ldots, i_n \in I$. $\mathbf{E}_\delta$ bezeichne den Erwartungswert bzgl. $\mathbf{P}_\delta$.

Um zu einer optimalen Strategie zu gelangen, benötigen wir zunächst ein Vergleichskriterium, wir sprechen auch von einem Optimalitätskriterium. Klassische Optimalitätskriterien sind:

(a) **Diskontierter Gesamtgewinn** ($\alpha \in (0,1)$)
    Zu gegebener Strategie $\delta = (f_0, f_1, \ldots) \in F^\infty$ sei

$$R_\delta := \sum_{n=0}^{\infty} \alpha^n r(X_n, f_n(X_n))$$

der mit einem **Diskontierungsfaktor** $\alpha \in (0,1)$ auf den Zeitpunkt $n = 0$ diskontierte Gesamtgewinn. R_δ ist als Funktion der Zufallsvariablen $X_0, X_1, \ldots$ selbst eine Zufallsvariable. Diese ist wohldefiniert, da r beschränkt ist. Ihr Erwartungswert $\mathbf{E}_\delta(R_\delta)$ wird nun zur Beurteilung der Güte einer Strategie herangezogen.

Gewöhnlich ist der Anfangszustand i_0 bekannt. Dann kann der Erwartungswert $\mathbf{E}_\delta(R_\delta)$ ersetzt werden durch den bedingten Erwartungswert $\mathbf{E}_\delta(R_\delta \mid X_0 = i_0)$, den wir auch mit $V_\delta(i_0)$ bezeichnen. Folglich können wir

$$V_\delta(i) = \mathbf{E}_\delta \left[\sum_{n=0}^{\infty} \alpha^n r(X_n, f_n(X_n)) \mid X_0 = i \right]$$

interpretieren als den erwarteten diskontierten Gesamtgewinn bei Start im Zustand i und Anwendung der Strategie δ.

Für den Spezialfall einer stationären Strategie $\delta = (f, f, \ldots)$ ergibt sich mit $r_f(i) := r(i, f(i))$ für $i \in I$ die uns aus Abschnitt 2.7 bereits vertraute Darstellung $V_\delta = \sum_{n=0}^{\infty} \alpha^n P_f^n r_f$ einer bewerteten Markov-Kette.

Für alle $i \in I$ sei

$$V(i) := \sup_{\delta \in F^\infty} V_\delta(i)$$

der maximale erwartete diskontierte Gesamtgewinn bei Start im Zustand i. V bezeichnet man auch als **Wertfunktion**.

Eine Strategie δ^* heißt $\alpha-$**optimal**, falls $V_{\delta^*}(i) = V(i)$ für *alle* $i \in I$ gilt. Wir sagen auch, dass eine Entscheidungsregel f^* $\alpha-$optimal ist, wenn die zugehörige stationäre Strategie $\alpha-$optimal ist.

(b) **Durchschnittlicher Gewinn pro Zeitstufe**

Anstelle des diskontierten Gesamtgewinns wird der langfristig erzielbare Gewinn pro Zeitstufe als Vergleichskriterium herangezogen. Hierzu sei

$$G_{N,\delta}(i) := \mathbf{E}_\delta \left[\frac{1}{N} \sum_{n=0}^{N-1} r(X_n, f_n(X_n)) \mid X_0 = i \right]$$

der bei $N \in \mathbb{N}$ Stufen zu erwartende Gewinn pro Stufe unter Anwendung der Strategie $\delta = (f_0, f_1, \ldots) \in F^\infty$ und Start im Zustand $i \in I$ sowie

$$G_\delta(i) := \lim_{N \to \infty} G_{N,\delta}(i), \tag{6.1}$$

falls der Grenzwert existiert, und

$$G_\delta(i) := \lim_{N \to \infty} \inf_{N' \geq N} G_{N',\delta}(i),$$

wenn er nicht existiert. Ist I endlich, so gilt (6.1) für alle stationären Strategien. Dies trifft jedoch nicht generell zu, wie einfache Gegenbeispiele mit abzählbarem Zustandsraum zeigen.

Eine Strategie $\delta^* \in F^\infty$ heißt $d-$**optimal**, falls

$$G_{\delta^*}(i) = G(i) := \sup_{\delta \in F^\infty} G_\delta(i)$$

für *alle* $i \in I$ gilt.

Wir sagen auch, dass eine Entscheidungsregel f^* d−optimal ist, wenn die zugehörige stationäre Strategie d−optimal ist. G, also den maximalen erwarteten Gewinn pro Zeitstufe, bezeichnen wir auch als **Wertfunktion**.

Die Berechnung der Wertfunktion und einer optimalen Strategie führt man gewöhnlich auf die Lösung einer Funktionalgleichung (Optimalitätsgleichung) zurück, der wir uns jetzt zuwenden wollen.

Im Hinblick auf eine einfache Notation verzichten wir im Folgenden weitgehend auf eine Unterscheidung zwischen stationärer Strategie $\delta = (f, f, \ldots)$ und definierender Entscheidungsregel f, wenn aus dem Zusammenhang hervorgeht, was gemeint ist. So schreiben wir z.B. V_f anstelle von V_δ und G_f anstelle von G_δ. Entsprechendes gilt für die noch einzuführenden Modifikationen dieser beiden Grundmodelle.

MEPs sind ein wichtiges Analyseinstrument. Entsprechend vielseitig sind die Anwendungen. Die Beispiele, die wir noch betrachten werden, können das breite Spektrum bestehender und potentieller Anwendungen nur andeuten.

Wir haben die Präsentation der Beispiele verbunden mit zusätzlichen Überlegungen zur Optimalität einfach strukturierter Entscheidungsregeln. Solche Strukturaussagen sind von doppeltem Interesse; sie tragen zu einer erhöhten Akzeptanz bei Entscheidungsträgern bei und reduzieren den Rechenaufwand bei der Lösung der Optimalitätsgleichung. Der interessierte Leser kann sich jedoch vorab mit der Darstellung dieser Probleme als MEP vertraut machen und die Strukturaussagen, die im Anschluss an die Optimalitätsgleichung folgen, zunächst zurückstellen.

Gesamtgewinnkriterium

In diesem Abschnitt sei $\alpha \in (0, 1)$.

Zur Herleitung der Optimalitätsgleichung benötigen wir einige topologische Grundlagen.

Sei $\mathfrak{V}$ die Menge (Banach Raum) aller beschränkten Funktionen auf I (bzgl. der Supremum-Norm $\|v\| := \sup_{i \in I} |v(i)|$). Weiter bezeichne $H : \mathfrak{V} \to \mathfrak{V}$ einen (zunächst beliebigen) Operator auf $\mathfrak{V}$. Wir sagen, dass H **kontrahierend** ist mit Kontraktionsfaktor $\beta \in (0, 1)$, wenn für alle $v, w \in \mathfrak{V}$ die Ungleichung

$$\|Hv - Hw\| \le \beta \|v - w\|$$

gilt.

Die Kontraktionseigenschaft besagt, dass sich der Abstand $\|v - w\|$ von v und w bei Anwendung des Operators H auf $\|Hv - Hw\| \leq \beta\|v - w\|$ und bei wiederholter Anwendung auf $\|H^n v - H^n w\| \leq \beta^n\|v - w\|$ reduziert, wobei $H^n v := H(H^{n-1} v)$ für $v \in \mathfrak{V}$, $n \in \mathbb{N}$ (mit $H^0 v := v$). Damit gilt $\|H^n v - H^n w\| \to 0$ für $n \to \infty$; die Funktionen $H^n v$ und $H^n w$ nähern sich also beliebig an.

Die Bedeutung kontrahierender Abbildungen liegt in dem folgenden klassischen Resultat, mit dessen Hilfe wir die Berechnung der Wertfunktion V auf das Lösen einer Funktionalgleichung zurückführen werden.

6.1   Satz   (Banachscher Fixpunktsatz)

Sei $H : \mathfrak{V} \to \mathfrak{V}$ kontrahierend mit Kontraktionsfaktor $\beta \in (0, 1)$. Dann gilt

(i) Es existiert genau ein $v^* \in \mathfrak{V}$ mit $v^* = Hv^*$.

(ii) Für alle Anfangswerte $v_0 \in \mathfrak{V}$ konvergiert die Folge (v_n), rekursiv definiert durch $v_n = Hv_{n-1}$, $n \in \mathbb{N}$, gegen v^* und es gilt die Fehlerabschätzung

$$\|v^* - v_n\| \leq \frac{\beta}{1-\beta} \cdot \|v_n - v_{n-1}\| \leq \frac{\beta^n}{1-\beta} \cdot \|v_1 - v_0\|.$$

Beweis: Sei $v_0 \in \mathfrak{V}$ beliebig und sei $v_n = Hv_{n-1}$, $n \in \mathbb{N}$. Dann gilt

$$\|v_{n+1} - v_n\| = \|Hv_n - Hv_{n-1}\| \leq \beta\|v_n - v_{n-1}\| \leq \ldots \leq \beta^n\|v_1 - v_0\|$$

und für $m > n$ durch wiederholte Anwendung

$$
\begin{aligned}
\| v_m - v_n \| &= \left\| \sum_{i=n}^{m-1} (v_{i+1} - v_i) \right\| \leq \sum_{i=n}^{m-1} \| v_{i+1} - v_i \| \\
&\leq \frac{\beta}{1-\beta} \| v_n - v_{n-1} \| \leq \frac{\beta^n}{1-\beta} \| v_1 - v_0 \|.
\end{aligned}
\tag{6.2}
$$

Sei $\varepsilon > 0$ beliebig. Dann gilt für hinreichend großes n_0 und alle $m > n \geq n_0$

$$\| v_m - v_n \| \leq \frac{\beta^{n_0}}{1-\beta} \| v_1 - v_0 \| < \varepsilon.$$

Somit ist (v_n) eine Cauchy Folge. Da $\mathfrak{V}$ ein Banach Raum ist, existiert ein $v \in \mathfrak{V}$ mit $v = \lim_{n\to\infty} v_n$. Da H stetig ist, gilt zusätzlich $Hv = \lim_{n\to\infty} Hv_n$. Unter Berücksichtigung von $Hv_n = v_{n+1}$, $n \in \mathbb{N}$, erhalten wir schließlich $Hv = v$.

Sei $w \in \mathfrak{V}$ ein weiterer Fixpunkt des Operators H. Dann gilt $\|v - w\| = \|Hv - Hw\| \leq \beta\|v - w\|$ und, da $\beta < 1$, $v = w$.

Die Fehlerabschätzungen folgen unmittelbar aus (6.2).   □

Der Banachsche Fixpunktsatz besagt, dass der Operator H genau einen Fixpunkt $v^* = Hv^*$ in der Menge der beschränkten Funktionen besitzt. Zudem lässt sich dieser Fixpunkt v^*, ausgehend von einer beliebigen Anfangsnäherung v_0, durch sukzessive Approximation $v_n = Hv_{n-1}$, $n \in \mathbb{N}$, berechnen.

Wir werden später sehen, dass der maximale erwartete Gesamtgewinn V als Fixpunkt einer Operatorgleichung $V = UV$ mit noch zu definierendem Operator U darstellbar und mit Hilfe einer sukzessiven Approximation berechenbar ist.

Eine weitere Eigenschaft, von der wir im Folgenden Gebrauch machen werden, ist die Monotonie eines Operators. Ein Operator $H : \mathfrak{V} \to \mathfrak{V}$ heißt **monoton**, wenn aus $v \leq w$ auch $Hv \leq Hw$ folgt, wobei $v \leq w$ bedeutet, dass $v(i) \leq w(i)$ für alle $i \in I$ gilt. Wie üblich verstehen wir dann unter $v \geq w$, dass $-v \leq -w$ ist.

Gilt z.B. $v \leq Hv$, so generiert v eine Folge $(H^n v)$ monoton wachsender Funktionen, die zusammen mit dem Banachschen Fixpunktsatz von unten gegen v^* konvergiert. Im Rahmen der Lösungsverfahren werden wir einen Ansatz zur Konstruktion von $v \in \mathfrak{V}$ mit $v \leq Hv$ (bzw. $v \geq Hv$) vorstellen.

Die Optimalitätsgleichung

Um den Banachschen Fixpunktsatz anwenden zu können, definieren wir zunächst Operatoren U_f, $f \in F$, und U auf $\mathfrak{V}$ durch

$$U_f v(i) \;\; := \;\; r(i, f(i)) + \alpha \sum_{j \in I} p_{ij}(f(i)) v(j)$$

$$U v(i) \;\; := \;\; \max_{a \in D(i)} \left\{ r(i, a) + \alpha \sum_{j \in I} p_{ij}(a) v(j) \right\}$$

für alle $i \in I$ und $v \in \mathfrak{V}$.

Die Operatoren U_f, $f \in F$, und U sind sowohl monoton als auch kontrahierend. Vorbereitend zeigen wir

Lemma   **6.2**

Seien $v, w \in \mathfrak{V}$. Dann gilt

$$U v(i) - U w(i) \leq \alpha \sup_{j \in I} \left\{ v(j) - w(j) \right\}, \quad i \in I.$$

Beweis: Seien $v, w \in \mathfrak{V}$. Da $D(i)$, $i \in I$, nach Voraussetzung endlich ist, existiert ein $f \in F$ mit $U_f v = Uv$. Zusammen mit $U_f w \leq Uw$ gilt dann für alle $i \in I$

$$
\begin{aligned}
Uv(i) - Uw(i) &\leq U_f v(i) - U_f w(i) \\
&= \alpha \sum_{j \in I} p_{ij}(f(i))(v(j) - w(j)) \\
&\leq \alpha \sum_{j \in I} p_{ij}(f(i)) \sup_{j \in I} \{v(j) - w(j)\} \\
&= \alpha \sup_{j \in I} \{v(j) - w(j)\}. \qquad \square
\end{aligned}
$$

Mit Hilfe von Lemma 6.2 erhält man nun unmittelbar

6.3   Lemma

Die Operatoren U_f, $f \in F$, und U sind monoton und kontrahierend (mit Faktor α).

Unter Berücksichtigung von Lemma 6.3 können wir nun den Banachschen Fixpunktsatz anwenden.

6.4   Satz

(i) V ist die einzige beschränkte Lösung der **Optimalitätsgleichung**

$$
V(i) = \max_{a \in D(i)} \left\{ r(i,a) + \alpha \sum_{j \in I} p_{ij}(a) V(j) \right\}, \quad i \in I. \tag{6.3}
$$

(ii) Jede Entscheidungsregel $f^* \in F$, die aus Aktionen $f^*(i)$ gebildet wird, die die rechte Seite von (6.3) maximieren, ist $\alpha-$optimal.

Beweis: (a). Nach Satz 6.1 existiert genau ein $v^* \in \mathfrak{V}$ mit $v^* = Uv^*$. Da $D(i)$, $i \in I$, endlich ist, existiert zudem ein $f^* \in F$ mit $U_{f^*} v^* = Uv^*$ und es gilt schließlich $v^* = U_{f^*} v^*$. In Abschnitt 2.7 haben wir bereits gezeigt, dass V_{f^*} die einzige Lösung von $v = U_{f^*} v$ (in $\mathfrak{V}$) ist. Damit stimmen V_{f^*} und v^* überein.

(b). Seien $N \in \mathbb{N}$, $n \le N$, $\delta \in F^\infty$, $(i_0, \ldots, i_n) \in I^{n+1}$. Dann bezeichnet

$$R_n^N(\delta, i_0, \ldots, i_n) = \mathbf{E}_\delta \left[\sum_{t=n}^{N-1} \alpha^{t-n} r(X_t, f_t(X_t)) \mid X_0 = i_0, \ldots, X_n = i_n \right]$$

den bei Anwendung der Strategie δ erwarteten Gewinn auf den Stufen $n, \ldots, N-1$, diskontiert auf die Stufe n.

Wählt man $w \equiv 0$, so folgt für $n = N-1$ die Ungleichung

$$R_{N-1}^N(\delta, i_0, \ldots, i_{N-2}, i) \le \sup_{a \in D(i)} \{r(i, a)\} = Uw(i) \qquad (6.4)$$

und unter Berücksichtigung von (6.4) für $n = N-2$

$$
\begin{aligned}
R_{N-2}^N&(\delta, i_0, \ldots, i_{N-3}, i) \\
&= \; r(i, f_{N-2}(i)) + \alpha \sum_{j \in I} p_{ij}(f_{N-2}(i)) R_{N-1}^N(\delta, i_0, \ldots, i_{N-3}, i, j) \\
&\le \; r(i, f_{N-2}(i)) + \alpha \sum_{j \in I} p_{ij}(f_{N-2}(i)) Uw(j) \\
&\le \; U^2 w(i).
\end{aligned}
$$

Dehnt man die Vorgehensweise auf $n = N-3, N-4, \ldots, 0$ aus, so erhält man schließlich

$$R_0^N(\delta, i) \le U^N w(i), \quad i \in I.$$

Für $N \to \infty$ konvergiert die linke Seite der Ungleichung gegen V_δ, die rechte nach Satz 6.1(ii) gegen v^*.

(c). Fasst man beide Teilergebnisse zusammen, so folgt $V = \sup_{\delta \in F^\infty} V_\delta \le v^* = V_{f^*} \le V$ und zusammen mit der Konstruktion von f^* die Behauptung des Satzes. $\square$

Lösungsverfahren

Zur Berechnung der Wertfunktion und einer optimalen Entscheidungsregel ist es nach Satz 6.4 erforderlich, die Optimalitätsgleichung $V = UV$ zu lösen. Hierzu werden im Folgenden drei Lösungsansätze vorgestellt, die Wertiteration mit Extrapolation, die Politikiteration und die lineare Optimierung.

– Wertiteration mit Extrapolation

Die Wertiteration basiert auf dem Banachschen Fixpunktsatz (vgl. Satz 6.1) und generiert, ausgehend von einer beliebigen Anfangsnäherung $v_0 \in \mathfrak{V}$, eine

Folge (v_n) von Näherungen, die gleichmäßig gegen V konvergiert. Die Konvergenz ist jedoch im Allgemeinen sehr langsam. Daher ist es sinnvoll und teilweise sogar notwendig, eine Konvergenzbeschleunigung anzustreben.

Wertiteration in Verbindung mit einer Extrapolation führt auf jeder Iterationsstufe n zu unteren und oberen Schranken w_n^- bzw. w_n^+ für V, die in der Regel wesentlich schneller konvergieren als die Folge (v_n) der Näherungen auf denen sie basieren. Legt man einen nach MacQueen benannten Extrapolationsansatz zugrunde, so sind die folgenden Schritte auszuführen:

1. Wähle eine Anfangsnäherung $v_0 \in \mathfrak{V}$ und eine Abbruchschranke $\varepsilon > 0$ für den absoluten Fehler. Setze $n = 1$.

2. Berechne
$$v_n(i) = Uv_{n-1}(i), \quad i \in I.$$

   Bestimme
$$w_n^+(i) = v_n(i) + \frac{\alpha}{1-\alpha} \sup_{j \in I} \{v_n(j) - v_{n-1}(j)\}$$

$$w_n^-(i) = v_n(i) + \frac{\alpha}{1-\alpha} \inf_{j \in I} \{v_n(j) - v_{n-1}(j)\}.$$

3. Ist $w_n^+(i) - w_n^-(i) \leq 2\varepsilon$ für alle $i \in I$, so stoppe. Andernfalls wiederhole 2. mit $n = n + 1$.

Die Eigenschaften des Algorithmus sind in Satz 6.5 zusammengefasst.

6.5   Satz

Für alle $n \in \mathbb{N}$ und alle $i \in I$ gilt

(i) $w_n^-(i) \leq w_{n+1}^-(i) \leq V(i) \leq w_{n+1}^+(i) \leq w_n^+(i)$.

(ii) $\lim\limits_{n \to \infty} w_n^-(i) = \lim\limits_{n \to \infty} w_n^+(i) = V(i)$.

(iii) Sei $f_n \in F$ mit $v_n = U_{f_n} v_{n-1}$. Dann ist $V_{f_n} \geq w_n^-$.

Beweis: (i). Sei $v \in \mathfrak{V}$ und c eine beliebige Konstante. Dann gilt

$$
\begin{aligned}
U(v+c)(i) &= \max_{a\in D(i)} \Big\{ r(i,a) + \alpha \sum_{j\in I} p_{ij}(a)(v(j)+c) \Big\} \\
&= \max_{a\in D(i)} \Big\{ r(i,a) + \alpha \sum_{j\in I} p_{ij}(a)v(j) + \alpha c \Big\} \\
&= Uv(i) + \alpha c \, .
\end{aligned}
$$

Wir konstruieren nun zu gegebenem $v \in \mathfrak{V}$ Konstanten $c^{\pm}$ mit $U(v+c^+) \leq v + c^+$ bzw. $U(v+c^-) \geq v + c^-$ und damit obere und untere Schranken für V. Nach Lemma 6.2 gilt zunächst

$$
v_{n+1}(i) - v_n(i) \leq \alpha \sup_{j\in I} \{ v_n(j) - v_{n-1}(j) \} \, .
$$

Hieraus folgt für

$$
c_n^+ := \frac{\alpha}{1-\alpha} \sup_{j\in I} \{ v_n(j) - v_{n-1}(j) \}
$$

die Ungleichung $c_{n+1}^+ \leq \alpha c_n^+$ und durch wiederholte Anwendung $c_{n+m}^+ \leq \alpha^m c_n^+$, $m \in \mathbb{N}$. Zusammen mit $U(v_n + c_n^+)(i) = Uv_n(i) + \alpha c_n^+$ folgt dann

$$
\begin{aligned}
Uw_n^+(i) - w_n^+(i) &= \big(v_{n+1}(i) + \alpha c_n^+ \big) - \big(v_n(i) + c_n^+ \big) \\
&= v_{n+1}(i) - v_n(i) - (1-\alpha)c_n^+ \\
&\leq \alpha \sup_{j\in I} \{ v_n(j) - v_{n-1}(j) \} - (1-\alpha)c_n^+ \\
&= (1-\alpha)c_n^+ - (1-\alpha)c_n^+ \\
&= 0
\end{aligned}
$$

und somit $Uw_n^+(i) \leq w_n^+(i)$, $i \in I$. Unter Berücksichtigung der Monotonie des Operators U und Satz 6.1(ii) folgt nun $V(i) \leq \ldots \leq U^2 w_n^+(i) \leq U w_n^+(i) \leq w_n^+(i)$, $i \in I$. Damit ist w_n^+ eine obere Schranke für V.

Die Monotonie der oberen Schranken ergibt sich aus

$$
\begin{aligned}
w_{n+1}^+(i) - w_n^+(i) &= v_{n+1}(i) + c_{n+1}^+ - v_n(i) - c_n^+ \\
&\leq \alpha \sup_{j\in I} \{ v_n(j) - v_{n-1}(j) \} + \alpha c_n^+ - c_n^+ \\
&= (1-\alpha)c_n^+ + \alpha c_n^+ - c_n^+ \\
&= 0 \, .
\end{aligned}
$$

$w_n^-(i) \leq w_{n+1}^-(i) \leq V(i)$ zeigt man analog.

(ii). Die Konvergenz der oberen Schranken ergibt sich aus

$$U^m w_n^+(i) = U^m v_n(i) + \alpha^m c_n^+ \geq v_{n+m}(i) + c_{n+m}^+ = w_{n+m}^+(i) \geq V(i), \quad m \in \mathbb{N},$$

und der Konvergenz der Iterationsfolge $(U^m w_n^+)$ gegen V für $m \to \infty$. Die Konvergenz der unteren Schranken erhält man analog.

(iii) folgt aus

$$w_n^-(i) = U v_{n-1}(i) + c_n^- = U_{f_n} v_{n-1}(i) + \frac{\alpha}{1-\alpha} \inf_{j \in I} \{ U_{f_n} v_{n-1}(j) - v_{n-1}(j) \}$$

und (i) (mit Operator U_{f_n} anstelle von U und v_{n-1} als Anfangsnäherung). $\square$

Satz 6.5 zeigt die deutliche Verbesserung gegenüber der klassischen Wertiteration: Mit nur geringem zusätzlichen Rechenaufwand erhält man neben einer Folge (v_n) von Näherungen eine Folge $(w_n^\pm)$ von Schranken, die monoton gegen V konvergiert. Die unteren Schranken können außerdem zur Beurteilung der Güte der auf den Iterationsstufen ermittelten Entscheidungsregeln herangezogen werden.

Vorgehensweise und Effizienz der Schranken veranschaulichen wir anhand des folgenden Beispiels.

6.6   **Beispiel**

Gegeben sei ein MEP mit Zustandsraum $I = \{1, 2, 3\}$, Aktionenraum $A = \{1, 2, 3\}$, Mengen $D(1) = A$, $D(2) = \{1, 2\}$, $D(3) = A$ zulässiger Aktionen, einstufigen Gewinnen und Übergangswahrscheinlichkeiten gemäß folgender Tabelle

i	a	$r(i,a)$	$p_{i1}(a)$	$p_{i2}(a)$	$p_{i3}(a)$
1	1	8	1/2	1/4	1/4
	2	11/4	1/16	3/4	3/16
	3	17/4	1/4	1/8	5/8
2	1	16	1/2	0	1/2
	2	15	1/16	7/8	1/16
3	1	7	1/4	1/4	1/2
	2	4	1/8	3/4	1/8
	3	9/2	3/4	1/16	3/16

Tabelle 6.1. Einstufige Gewinne und Übergangswahrscheinlichkeiten des MEP

und Diskontierungsfaktor $\alpha = 0.9$.

n	$v_n(1)$	$v_n(2)$	$v_n(3)$	$f_n(1)$	$f_n(2)$	$f_n(3)$	$w_n^-(1)$	$w_n^+(1)$	$w_n^-(2)$	$w_n^+(2)$	$w_n^-(3)$	$w_n^+(3)$
0	0	0	0	–	–	–	–	–	–	–	–	–
1	8.0	16.0	7.0	1	1	1	71.0	152.0	79.0	160.0	70.0	151.0
2	16.8	28.4	16.5	1	2	2	95.8	128.8	107.4	140.4	95.5	128.5
3	25.7	39.3	26.9	2	2	2	105.8	123.1	119.4	136.7	107.0	124.4
4	35.2	48.9	36.4	2	2	2	120.6	121.8	134.3	135.4	121.8	123.0
5	43.9	57.5	45.1	2	2	2	121.5	121.7	135.2	135.3	122.7	122.9
6	51.7	65.3	52.8	2	2	2	121.6	121.7	135.3	135.3	122.8	122.8
7	58.7	72.3	59.8	2	2	2	121.7	121.7				

Tabelle 6.2. Wertiteration in Verbindung mit Extrapolation

Den Spalten 2-4 der Tab. 6.2 kann man entnehmen, dass nach 7 Iterationen noch keine Konvergenz der Näherungen $v_n(i)$ erkennbar ist. Dennoch liegt die Wertfunktion V bereits fest. Gerundet auf eine Stelle nach dem Komma stimmen die obere und untere Schranke $w_n^\pm(i)$ überein. Somit ist $V(1) = 121.7$, $V(2) = 135.3$ und $V(3) = 122.8$. Darüber hinaus ist Entscheidungsregel f_7 α–optimal, wobei $f_7(i) = 2$ für $i \in I$. $\Diamond$

– Politikiteration

Die Wertiteration basierte auf einer sukzessiven Approximation der Wertfunktion. Der Politikiteration liegt die Idee zugrunde, eine Folge (f_n) von Entscheidungsregeln mit $V_{f_n} \leq V_{f_{n+1}}$ und $\lim_{n\to\infty} V_{f_n} = V$ zu konstruieren. Die einzelnen Schritte sind:

1. Wähle eine Entscheidungsregel $f_0 \in F$. Setze $n = 0$.

2. Berechne V_{f_n} als (eindeutige) des linearen Gleichungssystems

$$V_{f_n}(i) = r(i, f_n(i)) + \alpha \sum_{j\in I} p_{ij}(f_n(i)) V_{f_n}(j), \quad i \in I.$$

3. Berechne die Testgröße

$$UV_{f_n}(i) = \max_{a\in D(i)} \left\{ r(i,a) + \alpha \sum_{j\in I} p_{ij}(a) V_{f_n}(j) \right\}, \quad i \in I. \quad (6.5)$$

4. Gilt $U_{f_n} V_{f_n} = UV_{f_n}$, dann stoppe. Andernfalls fahre mit 5. fort.

5. Wähle $f_{n+1} \in F$ mit $U_{f_{n+1}} V_{f_n} = UV_{f_n}$, setze $n = n + 1$ und fahre mit 2. fort.

Die Eigenschaften der Politikiteration sind in Satz 6.7 zusammengefasst. In Teil (i) wird die Optimalität der sich aufgrund des Abbruchkriteriums in Schritt 4 ergebenden Entscheidungsregel f_n verifiziert; in Teil (ii) wird gezeigt, dass die neue Entscheidungsregel f_{n+1} zu einem verbesserten Gesamtgewinn führt.

6.7   Satz

(i) Sei $f \in F$ mit $U_f V_f(i) = UV_f(i)$ für alle $i \in I$. Dann ist

$$V_f(i) = V(i), \quad i \in I.$$

(ii) Seien $f, f' \in F$ mit $U_{f'} V_f(i) = UV_f(i)$ für alle $i \in I$. Dann ist

$$V_{f'}(i) \geq V_f(i), \quad i \in I.$$

Beweis: (i). Sei $f \in F$ mit $U_f V_f(i) = UV_f(i)$, $i \in I$. Dann ist $V_f = UV_f$ und die Behauptung folgt unmittelbar aus Satz 6.4(i).

(ii). Seien $f, f' \in F$ mit $U_{f'} V_f(i) = UV_f(i)$ für alle $i \in I$. Dann ist $V_f = U_f V_f \leq UV_f = U_{f'} V_f$ und damit V_f eine untere Schranke für $V_{f'}$ aufgrund der Monotonie von $U_{f'}$. $\square$

6.8   Beispiel (Bsp. 6.6 - Forts. 1)

Gegeben sei der MEP aus Beispiel 6.6. Startet man die Politikiteration mit $f_0(i) = 1, i \in I$, so erhält man die Resultate der Tab. 6.3.

Spalte 3 der Tab. 6.3 enthält das auf jeder Iterationsstufe zu lösende lineare Gleichungssystem, Spalte 4 die zugehörige Lösung und Spalte 5 die Werte $r(i, a) + \alpha \sum_{j \in I} p_{ij}(a) V_{f_n}(j)$, über die die Testgröße (6.5) zu maximieren ist. Die Maxima sind hervorgehoben, die zugehörigen Aktionen legen die neue Entscheidungsregel f_{n+1} fest ($n = 0, 1$) oder führen zum Abbruch des Verfahrens ($n = 2$).

Insbesondere ist Entscheidungsregel f_2 α–optimal, wobei $f_2(i) = 2$ für $i \in I$, und $V = V_{f_2}$ mit $V(1) = 121.7$, $V(2) = 135.3$ und $V(3) = 122.8$. $\Diamond$

n	i	$f_n(i)$	Gleichungssystem	V_{f_n}	$UV_{f_n}(i)$
0	1	1	$x_1 - 0.9(\frac{x_1}{2} + \frac{x_2}{4} + \frac{x_3}{4}) = 8$	91.3	$\max\{\mathbf{91.3}, 89.0, 86.4\}$
	2	1	$x_2 - 0.9(\frac{x_1}{2} + \frac{x_3}{2}) = 16$	97.6	$\max\{97.6, \mathbf{102.1}\}$
	3	1	$x_3 - 0.9(\frac{x_1}{4} + \frac{x_2}{4} + \frac{x_3}{2}) = 7$	90.0	$\max\{90.0, \mathbf{90.3}, 76.7\}$
1	1	1	$x_1 - 0.9(\frac{x_1}{2} + \frac{x_2}{4} + \frac{x_3}{4}) = 8$	119.4	$\max\{119.4, \mathbf{120.8}, 114.8\}$
	2	2	$x_2 - 0.9(\frac{x_1}{16} + \frac{7x_2}{8} + \frac{x_3}{16}) = 15$	134.5	$\max\{124.6, \mathbf{134.5}\}$
	3	2	$x_3 - 0.9(\frac{x_1}{8} + \frac{3x_2}{4} + \frac{x_3}{8}) = 4$	121.9	$\max\{119.0, \mathbf{121.9}, 113.2\}$
2	1	2	$x_1 - 0.9(\frac{x_1}{16} + \frac{3x_2}{4} + \frac{3x_3}{16}) = \frac{11}{4}$	121.7	$\max\{120.8, \mathbf{121.7}, 115.9\}$
	2	2	$x_2 - 0.9(\frac{x_1}{16} + \frac{7x_2}{8} + \frac{x_3}{16}) = 15$	135.3	$\max\{126.0, \mathbf{135.3}\}$
	3	2	$x_3 - 0.9(\frac{x_1}{8} + \frac{3x_2}{4} + \frac{x_3}{8}) = 4$	122.8	$\max\{120.1, \mathbf{122.8}, 115.0\}$

Tabelle 6.3. Politikiteration

– Lineare Optimierung

Sei I endlich und $|I|$ die Anzahl der Zustände. Ausgangspunkt ist das folgende lineare Optimierungsproblem, das wir als primales Problem bezeichnen.

Primales Problem:

Minimiere $\sum_{i \in I} w_i$

unter den Nebenbedingungen

$$w_i - \alpha \sum_{j \in I} p_{ij}(a)w_j \geq r(i,a), \quad i \in I, \ a \in D(i).$$

V ist nicht nur eine zulässige, sondern sogar eine optimale Lösung des primalen Problems. Dies ist das Ergebnis des folgenden Satzes.

6.9   **Satz**

Für die optimale Lösung w_i^*, $i \in I$, des primalen Problems gilt

$$w_i^* = V(i), \quad i \in I.$$

Beweis: Zunächst ist $V(i)$, $i \in I$, eine zulässige Lösung, da nach (6.3)

$$V(i) - \alpha \sum_{j \in I} p_{ij}(a)V(j) \geq r(i,a), \quad (i,a) \in D,$$

gilt. Wir zeigen nun, dass V die kleinste zulässige Lösung ist. Hierzu sei $f^* \in F$ eine α–optimale Entscheidungsregel (vgl. Satz 6.4(ii)). Reduziert auf f^* gilt dann für alle zulässigen Lösungen w_i, $i \in I$,

$$w_i - \alpha \sum_{j \in I} p_{ij}(f^*(i))w_j \geq r(i, f^*(i))$$

und damit für $v \in \mathfrak{V}$, definiert durch $v(i) := w_i$ für $i \in I$,

$$v(i) \geq r(i, f^*(i)) + \alpha \sum_{j \in I} p_{ij}(f^*(i))v(j).$$

Zusammen mit der Monotonie des Operators U_{f^*} folgt dann $v \geq U_{f^*}v \geq V_{f^*} = V$ und damit die Behauptung. $\square$

Die (nicht vorzeichenbeschränkten) Variablen w_i des primalen Problems ergeben den maximalen erwarteten Gesamtgewinn $V(i)$; aus den Variablen $x_{i,a}$ des dualen Problems, das wir nun aufstellen, lässt sich eine optimale Entscheidungsregel ermitteln. Für die praktische Umsetzung ist es jedoch ausreichend, entweder das primale oder das duale Problem zu lösen (vgl. Beispiel 6.11).

Duales Problem:

Maximiere $\sum_{i \in I} \sum_{a \in D(i)} r(i,a)x_{i,a}$

unter den Nebenbedingungen

$$\sum_{a \in D(j)} x_{j,a} - \alpha \sum_{i \in I} \sum_{a \in D(i)} p_{ij}(a)x_{i,a} = 1, \quad j \in I,$$

$$x_{i,a} \geq 0, \quad i \in I, \ a \in D(i).$$

Satz   6.10

Sei $x_{i,a}^*$, $(i,a) \in D$, eine optimale Lösung des dualen Problems. Dann gilt

(i) Für jedes $i \in I$ existiert genau ein $a \in D(i)$ mit $x_{i,a}^* > 0$. Alle übrigen $x_{i,a}^*$ sind Null.

(ii) Die Entscheidungsregel $f^* \in F$, die sich aus den Aktionen $x_{i,a}^*$ mit $x_{i,a}^* > 0$ bilden lässt, ist α–optimal.

Beweis: Der Beweis erfolgt in zwei Schritten; wir zeigen (a), dass jede Entscheidungsregel eine zulässige Lösung generiert und (b), dass jeder Basislösung eine Entscheidungsregel zugeordnet werden kann.

(a). Sei $I = \{1, \ldots, |I|\}$ und sei $f \in F$ beliebig. Setzt man $x_{i,a} = 0$ für alle $a \in D(i)$ mit $a \neq f(i)$, so gehen die Nebenbedingungen über in

$$x_{j,f(j)} - \alpha \sum_{i \in I} p_{ij}(f(i)) x_{i,f(i)} = 1, \quad j \in I,$$

oder, in Matrixschreibweise, mit P_f und der Einheitsmatrix E, in

$$\left(x_{1,f(1)}, \ldots, x_{|I|,f(|I|)} \right) (E - \alpha P_f) = (1, \ldots, 1) \, .$$

Die Matrix $E - \alpha P_f$ besitzt eine Inverse

$$(E - \alpha P_f)^{-1} = E + \alpha P_f + \alpha^2 P_f^2 + \ldots$$

(von Neumann Reihe) mit nichtnegativen Elementen. Somit ist

$$\left(x_{1,f(1)}, \ldots, x_{|I|,f(|I|)} \right) = (1, \ldots, 1)(E - \alpha P_f)^{-1}$$

eine zulässige Lösung.

(b). Jede Basislösung hat genau $|I|$ Basisvariablen (d.h. $|I|$ positive $x_{i,a}$), da die Matrix $E - \alpha P_f$ invertierbar ist und damit das die Nebenbedingungen definierende Gleichungssystem vollen Rang hat. Aus der Nichtnegativität der $x_{i,a}$ und

$$\sum_{a \in D(j)} x_{j,a} = 1 + \alpha \sum_{i \in I} \sum_{a \in D(i)} p_{ij}(a) x_{i,a} \geq 1$$

folgt weiter, dass für jedes $i \in I$ ein $x_{i,a} > 0$ sein muss. Auf diese Weise lässt sich jeder zulässigen Lösung eine Entscheidungsregel zuordnen.

(c). Fasst man beide Teilergebnisse zusammen, so folgen (i) und (ii) des Satzes. $\square$

Unsere Entscheidungsregeln $f \in F$ sehen nur deterministische Aktionen vor. Interpretieren wir jedoch $\varphi_i(a) := x_{i,a} / \sum_{a \in D(i)} x_{i,a}$ als Wahrscheinlichkeit, die Aktion a im Zustand i zu wählen, so zeigt der Beweis von Satz 6.10, dass die Berücksichtigung randomisierter Aktionen zu keiner Verbesserung des maximalen erwarteten Gesamtgewinns führt. Insofern behält die Optimalität einer Entscheidungsregel ihre Gültigkeit auch in der allgemeinen Klasse der randomisierten Strategien.

6.11   **Beispiel**   (Bsp. 6.6 - Forts. 2)

Unter Berücksichtigung der Schlupfvariablen $s_1, s_2, \ldots, s_8$ lautet das primale Problem:

Minimiere $w_1 + w_2 + w_3$

unter den Nebenbedingungen

$$w_1 - 0.9(w_1/2 + w_2/4 + w_3/4) - s_1 = 8$$
$$w_1 - 0.9(w_1/16 + 3w_2/4 + 3w_3/16) - s_2 = 11/4$$
$$w_1 - 0.9(w_1/4 + w_2/8 + 5w_3/8) - s_3 = 17/4$$
$$w_2 - 0.9(w_1/2 + w_3/2) - s_4 = 16$$
$$w_2 - 0.9(w_1/16 + 7w_2/8 + w_3/16) - s_5 = 15$$
$$w_3 - 0.9(w_1/4 + w_2/4 + w_3/2) - s_6 = 7$$
$$w_3 - 0.9(w_1/8 + 3w_2/4 + w_3/8) - s_7 = 4$$
$$w_3 - 0.9(3w_1/4 + w_2/16 + 3w_3/16) - s_8 = 9/2$$
$$s_1, s_2, \ldots, s_8 \geq 0$$

Es kann mit Hilfe einer Standardsoftware gelöst werden. Die zugehörige Lösung ergibt für die Strukturvariablen

$$w_1^* = 121.7 = V(1) \qquad w_2^* = 135.3 = V(2) \qquad w_3^* = 122.8 = V(3)$$

und für die Schlupfvariablen

$$s_1^* = 0.8 \quad s_2^* = 0.0 \quad s_3^* = 5.7 \quad s_4^* = 9.3$$
$$s_5^* = 0.0 \quad s_6^* = 2.7 \quad s_7^* = 0.0 \quad s_8^* = 7.9$$

Nach dem Satz vom komplementären Schlupf sind die zu den postiven Schlupfvariablen $s_1^*, s_3^*, s_4^*, s_6^*, s_8^*$ gehörenden Strukturvariablen $x_{11}^*, x_{13}^*, x_{21}^*, x_{31}^*, x_{33}^*$ des dualen Problems Null. Darüber hinaus existieren nach Satz 6.10(i) für jedes i ein $a \in D(i)$ mit $x_{i,a}^* > 0$. Demzufolge sind $x_{12}^*, x_{22}^*, x_{32}^*$ positiv und legen zusammen mit Satz 6.10(ii) die α−optimale Entscheidungsregel

$$s_2^* \triangleq f^*(1) = 2 \qquad s_5^* \triangleq f^*(2) = 2 \qquad s_7^* \triangleq f^*(3) = 2$$

fest. Somit kommt man bei der praktischen Umsetzung mit der Lösung des primalen Problems aus. Entsprechendes gilt auch für das duale Problem, wie wir noch sehen werden.

Für das duale Problem erhalten wir mit den Schlupfvariablen s_1, s_2, s_3:

Maximiere $8x_{11} + \frac{11}{4}x_{12} + \frac{17}{4}x_{13} + 16x_{21} + 15x_{22} + 7x_{31} + 4x_{32} + \frac{9}{2}x_{33}$

unter den Nebenbedingungen

$x_{11} + x_{12} + x_{13} - \frac{0.9}{16}(8x_{11} + x_{12} + 4x_{13} + 8x_{21} + x_{22} + 4x_{31} + 2x_{32} + 12x_{33}) + s_1 = 1$
$x_{21} + x_{22} - \frac{0.9}{16}(4x_{11} + 12x_{12} + 2x_{13} + 14x_{22} + 4x_{31} + 12x_{32} + x_{33}) + s_2 = 1$
$x_{31} + x_{32} + x_{33} - \frac{0.9}{16}(4x_{11} + 3x_{12} + 10x_{13} + 8x_{21} + x_{22} + 8x_{31} + 2x_{32} + 3x_{33}) + s_3 = 1$
$$x_{11}, \ldots, x_{33} \geq 0, \quad s_1, s_2, s_3 = 0$$

Es hat die Lösung

$$x_{11}^* = 0.0 \quad x_{12}^* = 2.9 \quad x_{13}^* = 0.0 \quad x_{21}^* = 0.0$$
$$x_{22}^* = 23.9 \quad x_{31}^* = 0.0 \quad x_{32}^* = 3.2 \quad x_{33}^* = 0.0$$

Die positiven Variablen x_{12}^*, x_{22}^*, x_{32}^* führen nach Satz 6.10(ii) auf die α−optimale Entscheidungsregel,

$$x_{12}^* \triangleq f^*(1) = 2 \qquad x_{22}^* \triangleq f^*(2) = 2 \qquad x_{32}^* \triangleq f^*(3) = 2 \; ;$$

die Schattenpreise der Schlupfvariablen s_i^*

$$s_1^* \triangleq V(1) = 121.7 \qquad s_2^* \triangleq V(2) = 135.3 \qquad s_3^* \triangleq V(3) = 122.8$$

auf die Wertfunktion. $\Diamond$

Optimalität strukturierter Strategien

Mit den betrachteten Algorithmen verfügen wir über effiziente Verfahren zur Lösung der Optimalitätsgleichung und damit zur Berechnung der Wertfunktion und einer optimalen Strategie. Oftmals ist es jedoch wünschenswert, über numerische Werte hinausgehende Informationen über die Output-Größen zu erhalten. Diese Informationen ergeben sich häufig unter zusätzlichen, in der Regel natürlichen Annahmen an die Input-Größen und sollen im

Folgenden exemplarisch untersucht werden. Mathematische Hilfsmittel sind Monotonieeigenschaften der einstufigen Gewinnfunktion und/oder des Übergangsgesetzes, die sich auf die Wertfunktion und schließlich auf eine optimale Strategie übertragen.

Wir beginnen mit einem klassischen Beispiel, dem optimalen Ersetzungszeitpunkt einer Maschine, die einem Verschleiß ausgesetzt ist. Hierzu greifen wir noch einmal Beispiel 5.10 auf.

6.12   **Beispiel**   (Ein Ersetzungsmodell)

Der Zustand einer Maschine lasse sich durch eine der Zahlen $0, \ldots, M$ mit $M \in \mathbb{N}$ beschreiben. Eine neue Maschine sei im Zustand 0. Die Maschine unterliege einem Verschleiß, der eine Verschlechterung (Anwachsen) des Zustandes bewirke.

Die Maschine werde zu den Zeitpunkten $n \in \mathbb{N}_0$ inspiziert. In Abhängigkeit vom beobachteten Zustand $i_n \in \{0, \ldots, M\}$ werde eine der beiden folgenden Entscheidungen getroffen: Die Maschine nicht zu ersetzen (Aktion $a_n = 0$) oder die Maschine durch eine neue zu ersetzen (Aktion $a_n = 1$). Die neue Maschine sei unmittelbar verfügbar. Damit ist $(1 - a_n)i_n$ der Zustand der Maschine unmittelbar nach der Entscheidung. Eine Verschlechterung bis zum Zeitpunkt $n + 1$ von $(1 - a_n)i_n$ nach i_{n+1} trete dann mit Wahrscheinlichkeit $q_{(1-a_n)i_n, i_{n+1}}$ ein.

Zu berücksichtigen seien Betriebskosten der Höhe $c((1 - a_n)i_n)$ und im Falle einer Ersetzung der Maschine zusätzlich Ersetzungskosten der Höhe k.

Eine Ersetzungsstrategie, die die erwarteten diskontierten Gesamtkosten minimiert, lässt sich mit Hilfe eines MEP bestimmen, wobei

(i) $I = \{0, \ldots, M\}$. Zustand i bezeichnet den Verschleiß der Maschine (vor Entscheidung über Ersetzung).

(ii) $A = \{0, 1\}$. Aktion $a = 0$ steht für „nicht ersetzen"; $a = 1$ für „ersetzen". Außerdem ist $D(i) = A$, $i \in I$. (Aktion $a = 1$ im Zustand $i = 0$, also eine neue Maschine zu ersetzen, muss sich als suboptimal erweisen und wird daher nicht ausgeschlossen. Entsprechendes gilt für Aktion $a = 0$ im Zustand M.)

(iii) $p_{ij}(0) = q_{ij}$ und $p_{ij}(1) = q_{0j}$ für $i, j \in I$ (mit $q_{ij} \geq 0$, $\sum_{j \in I} q_{ij} = 1$).

(iv) $r(i, 0) = -c(i)$ und $r(i, 1) = -k - c(0)$ für $i \in I$. (Das negative Vorzeichen resultiert aus der Darstellung der Kosten als negative Gewinne.)

Die zugehörige Optimalitätsgleichung lautet

$$V(i) = \max \left\{ -c(i) + \alpha \sum_{j=0}^{M} q_{ij} V(j), \; -k - c(0) + \alpha \sum_{j=0}^{M} q_{0j} V(j) \right\}. \quad (6.6)$$

Es ist natürlicher, die minimalen diskontierten Gesamtkosten $\Psi(i) := -V(i)$, $i \in I$, zu betrachten. Dann geht (6.6) über in

$$\Psi(i) = \min \left\{ c(i) + \alpha \sum_{j=0}^{M} q_{ij} \Psi(j), \; k + c(0) + \alpha \sum_{j=0}^{M} q_{0j} \Psi(j) \right\}.$$

Der linke Term der geschweiften Klammer enthält die Folgekosten bei Nicht-Ersetzung, der rechte die bei Ersetzung der Maschine.

Man wird erwarten, dass sich der Zustand der Maschine im Laufe der Zeit verschlechtert, was wiederum zu erhöhten Betriebskosten führt und irgendwann eine Ersetzung nahe legt. Diese Vorstellung lässt sich unter den folgenden Annahmen verifizieren und quantifizieren.

Annahmen: Für alle $i < M$ und $j \in I$ gilt

(A1). $c(i) \leq c(i+1)$.

(A2). $q_{i,j} + q_{i,j+1} + \ldots + q_{i,M} \leq q_{i+1,j} + q_{i+1,j+1} + \ldots + q_{i+1,M}$.

Annahme (A1) besagt, dass eine Verschlechterung des Zustandes der Maschine zu einer Erhöhung der Betriebskosten führt. Annahme (A2) besagt, dass die Wahrscheinlichkeit, in einen „schlechten" Zustand $i_{n+1} \in \{j, j+1, \ldots, M\}$ ($j \in I$ beliebig) zu gelangen, monoton wachsend ist in i_n.

Lemma   **6.13**

Sei $v : \{0, \ldots, M\} \to \mathbb{R}$ eine beliebige, monoton wachsende Funktion. Ist Annahme (A2) erfüllt, so gilt

$$\sum_{j=0}^{M} q_{ij} v(j) \leq \sum_{j=0}^{M} q_{i+1,j} v(j)$$

für alle $i < M$.

Beweis: Unter Ausnutzung von (A2) und der Monotonie von v erhält man unmittelbar

$$\sum_{j=0}^{M} q_{ij} v(j)$$

$$= \sum_{j=0}^{M} q_{ij} v(0) + \sum_{j=1}^{M} q_{ij}[v(1) - v(0)] + \ldots + \sum_{j=M}^{M} q_{ij}[v(M) - v(M-1)]$$

$$= v(0) + \sum_{\ell=1}^{M} [v(\ell) - v(\ell-1)] \sum_{j=\ell}^{M} q_{ij}$$

$$\leq v(0) + \sum_{\ell=1}^{M} [v(\ell) - v(\ell-1)] \sum_{j=\ell}^{M} q_{i+1,j}$$

$$= \sum_{j=0}^{M} q_{i+1,j} v(j)$$

und damit die Behauptung. $\quad\square$

Angewandt auf $\psi_0 = 0$ und, für $n \in \mathbb{N}$,

$$J_n(i) \quad := \quad c(i) + \alpha \sum_{j=0}^{M} q_{ij} \psi_{n-1}(j)$$

$$\psi_n(i) \quad := \quad \min\{J_n(i),\, k + J_n(0)\}, \quad i \in I,$$

folgt nun mit Lemma 6.13

6.14   **Lemma**

Sind die Annahmen (A1) und (A2) erfüllt, so gilt für alle $n \in \mathbb{N}$ und $i < M$

(i) $J_n(i) \leq J_n(i+1)$.

(ii) $\psi_n(i) \leq \psi_n(i+1)$.

Beweis: Der Beweis wird durch vollständige Induktion geführt. Zunächst folgen aus $\psi_0 = 0$ und Annahme (A1) die Behauptungen (i) und (ii) für $n = 1$. Treffen daher die Behauptungen für ein $n \in \mathbb{N}$ zu, so folgt (i) für $n + 1$ unmittelbar aus (A1), der Monotonie von ψ_n (nach Induktionsannahme) und

Lemma 6.13. Behauptung (ii) ergibt sich dann aus der Monotonie von J_n und

$$\begin{aligned}
\psi_{n+1}(i) &= \min\{J_{n+1}(i),\ k + J_{n+1}(0)\} \\
&\leq \min\{J_{n+1}(i+1),\ k + J_{n+1}(0)\} = \psi_{n+1}(i+1).
\end{aligned}$$

Somit gelten die Ungleichungen (i) und (ii) für alle $n \in \mathbb{N}$ und $i < M$. $\qquad\square$

Durch Grenzübergang $n \to \infty$ in Lemma 6.14 erhält man schließlich

$$\Psi(i) = \lim_{n \to \infty} \psi_n(i) \leq \lim_{n \to \infty} \psi_n(i+1) = \Psi(i+1),$$

und damit die angestrebte Monotonie.

Satz 6.15

Sind (A1) und (A2) erfüllt, so gilt $\Psi(i) \leq \Psi(i+1)$ für alle $i < M$.

Seien nun $\mathcal{M} := \{i \in I \mid c(i) + \alpha \sum_{j \in I} q_{ij} \Psi(j) \geq k + \Psi(0)\}$ und i^* definiert als das Minimum der Menge $\mathcal{M}$ (mit $\min \emptyset = \infty$). Dann folgt mit Satz 6.15 und Satz 6.4(ii), dass die Entscheidungsregel

$$f^*(i) = \begin{cases} 1 & \text{für } i \geq i^* \\ 0 & \text{für } i < i^* \end{cases}$$

α-optimal ist.

Somit erweist es sich als optimal, die Maschine zu dem Zeitpunkt n zu ersetzen, zu dem der Verschleiß i_n erstmals die Eingriffsgrenze i^* erreicht oder überschritten hat. $\quad\Diamond$

Beispiel 6.12 verdeutlicht noch einmal die Vorteile der Optimalität einer strukturierten Strategie: Neben einer erhöhten Akzeptanz durch die Praxis erreichen wir eine zum Teil erhebliche Reduktion des Rechenaufwandes. Ist es z.B. im Zustand i optimal, die Maschine zu ersetzen, so trifft dies auch für die Zustände $i' > i$ zu und die Funktionswerte $J(i')$ müssen wegen $\Psi(i') = k + \Psi(0)$ nicht mehr berechnet werden. Ist es umgekehrt im Zustand i optimal, die Maschine nicht zu ersetzen, so trifft dies auch für alle Zustände $i' < i$ zu und die Vergleiche von $J(i')$ und $k + \Psi(0)$ können wegen $\Psi(i') = J(i)$ entfallen. Wird Ψ mit Hilfe der Wertiteration mit Extrapolation berechnet, so trifft diese Rechenersparnis bei der Berechnung jeder Näherung zu.

6.16   **Beispiel** (Ein Lagerhaltungsmodell)

Wir greifen noch einmal das Lagerhaltungsmodell aus Beispiel 5.7 auf und nehmen folgende Modifikation vor:

Ein Ein-Produkt Lager werde zu den Zeitpunkten $n \in \mathbb{N}_0$ inspiziert und in Abhängigkeit vom Lagerbestand i_n eine Entscheidung über eine Bestellung und die eventuelle Bestellmenge $b_n \geq 0$ getroffen. Eine Bestellung sei unmittelbar im Lager verfügbar. Daher bezeichne $a_n = i_n + b_n$ den Lagerbestand zum Zeitpunkt n unmittelbar nach der Bestellentscheidung.

Die Nachfrage z_n nach dem Gut zwischen den Zeitpunkten n und $n+1$ ergebe sich als Realisation einer diskreten Zufallsvariablen Z_n mit Werten in $\{0, \ldots, m\}$ für ein $m \in \mathbb{N}$. Die Zufallsvariablen $Z_0, Z_1, \ldots$ seien unabhängig und identisch verteilt mit $P(Z = z) = q(z)$, $z \in \{0, \ldots, m\}$, und Erwartungswert μ.

In Abhängigkeit von i_n, a_n und z_n ergebe sich der Lagerbestand i_{n+1} zum Zeitpunkt $n+1$ gemäß $i_{n+1} = a_n - z_n$; nicht durch das Lager gedeckter Bedarf wird also vorgemerkt. Wir unterstellen ein beschränktes Lager. Somit ist $i_n \leq a_n \leq M \in \mathbb{N}$. Ein negativer Bestand i_n entspricht einer Vormerkung, die durch die nächste Bestellung, die unmittelbar zu erfolgen hat, ausgeglichen wird. Dies impliziert $a_n \geq 0$.

Verbunden mit der Bestellung des Gutes seien mengenproportionale Bestellkosten $c \cdot b_n$. Außerdem seien Lager- und Fehlmengenkosten $l(a_n - z_n)$ zu berücksichtigen in Abhängigkeit vom Lager- bzw. Fehlmengenbestand $a_n - z_n$ am Ende der Bestellperiode. Der Einfachheit halber sei

$$l(i) = \begin{cases} l_1 \cdot i & \text{für } i \geq 0 \\ -l_2 \cdot i & \text{für } i < 0 \end{cases}$$

mit $l_2 > l_1 \geq 0$.

Eine Lagerhaltungsstrategie, die die erwarteten diskontierten Gesamtkosten minimiert, lässt sich mit Hilfe eines MEP bestimmen, wobei

(i) $I = \{-m, \ldots, -1, 0, 1, \ldots, M\}$. Zustand i_n bezeichnet den Lagerbestand zum Zeitpunkt n unmittelbar vor der Bestellentscheidung.

(ii) $A = \{0, 1, \ldots, M\}$ und $D(i) = \{\max\{0, i\}, \ldots, M\}$ für $i \in I$. Aktion a_n mit $a_n \geq \max\{0, i_n\}$ bezeichnet den Lagerbestand zum Zeitpunkt n unmittelbar nach der Bestellentscheidung.

(iii) $p_{ij}(a) = q(a - j)$ für $a - j \in \{0, \ldots, m\}$ und 0 sonst.

(iv) die einstufigen Gewinne

$$r(i,a) = -c(a-i) - \alpha \sum_{z=0}^{m} q(z)l(a-z).$$

(Das negative Vorzeichen resultiert aus der Darstellung der Kosten als negative Gewinne.)

Ausgangspunkt der Strukturuntersuchungen ist wieder die Optimalitätsgleichung. Sie lautet

$$V(i) = \max_{a \in D(i)} \left\{ -c(a-i) - \alpha \sum_{z=0}^{m} q(z)l(a-z) + \alpha \sum_{z=0}^{m} q(z)V(a-z) \right\} \quad (6.7)$$

oder unter Berücksichtigung von $\Psi(i) := -V(i) + ci$ für $i \in I$

$$\Psi(i) = \min_{\max\{0,i\} \leq a \leq M} \left\{ (1-\alpha)ca + \alpha c\mu + \alpha \sum_{z=0}^{m} q(z)l(a-z) \right.$$
$$\left. + \alpha \sum_{z=0}^{m} q(z)\Psi(a-z) \right\}. \quad (6.8)$$

Der Übergang von V zu Ψ hat lediglich einen Einfluss auf die Wertfunktion, nicht aber auf die Optimalität einer Strategie, denn diejenigen Aktionen, die Maximumpunkte von (6.7) sind, sind auch Minimumpunkte von (6.8) und umgekehrt. Daher konzentrieren sich die folgenden Überlegungen auf die einfacher zu handhabende Optimalitätsgleichung (6.8).

Lemma   6.17

Sei $v : I \to \mathbb{R}$ eine konvexe Funktion. Dann sind auch $w_1 : A \to \mathbb{R}$ und $w_2 : I \to \mathbb{R}$,

$$w_1(a) := \sum_{z=0}^{m} q(z)v(a-z) \quad \text{und} \quad w_2(i) := \min\{v(a) \mid a \geq \max\{0,i\}\},$$

konvex.

Beweis: Die **Konvexität** von v ist äquivalent zu der Eigenschaft, dass $\Delta v(i) := v(i+1) - v(i)$, $i < M$, monoton wachsend in i ist. Um die Konvexität von w_1 und w_2 zu erhalten, zeigen wir nun, dass auch $\Delta w_1(a) :=$

$w_1(a+1) - w_1(a)$ und $\Delta w_2(i) := w_2(i+1) - w_2(i)$ monoton wachsend in a bzw. i sind. Die Monotonie von $\Delta w_1(a)$ in a folgt unmittelbar aus

$$\Delta w_1(a+1) - \Delta w_1(a) = \sum_{z=0}^{m} q(z)[\Delta v(a+1-z) - \Delta v(a-z)] \geq 0.$$

Ist v monoton wachsend bzw. fallend, so ist $w_2(i) = v(\max\{0,i\})$ bzw. $w_2(i) = v(M)$. In diesen Fällen ist w_2 konvex. Anderenfalls existiert ein $i^* \in I$ mit $v(i^*) \leq v(i)$ für alle $i \in I$. Ist $i^* \geq 0$, so erhält man dann durch Fallunterscheidung

$$\Delta w_2(i+1) - \Delta w_2(i) = \begin{cases} v(i^*) - v(i^*) - v(i^*) + v(i^*) & \text{für } i \leq i^* - 2 \\ v(i^*+1) - v(i^*) - v(i^*) + v(i^*) & \text{für } i = i^* - 1 \\ v(i+2) - v(i+1) \\ \qquad -v(i+1) + v(i+1) & \text{für } i \geq i^* \end{cases}$$
$$\geq 0.$$

Für $i^* < 0$ ist v monoton wachsend auf A und damit $w_2(i) = v(\max\{0,i\})$. Folglich gilt auch hier $\Delta w_2(i) \geq 0$ und schließlich die Konvexität von w_2. $\square$

Angewandt auf $\psi_0 = 0$ und, für $n \in \mathbb{N}$,

$$J_n(a) \;\; := \;\; (1-\alpha)ca + \alpha c\mu + \alpha \sum_{z=0}^{m} q(z)l(a-z) + \alpha \sum_{z=0}^{m} q(z)\psi_{n-1}(a-z)$$
$$\psi_n(i) \;\; := \;\; \min\{J_n(a) \mid \max\{0,i\} \leq a \leq M\}, \quad i \in I,$$

folgt nun mit Hilfe von Lemma 6.17 durch vollständige Induktion

6.18   Lemma

Für alle $n \in \mathbb{N}$ gilt

(i) $J_n(a)$ ist konvex in a.

(ii) $\psi_n(i)$ ist konvex in i.

Durch Grenzübergang $n \to \infty$ in Lemma 6.18 erhält man die Konvexität von $\Psi = \lim_{n\to\infty} \psi_n$ und $J = \lim_{n\to\infty} J_n$. Damit folgt die angestrebte Strukturaussage, die Existenz einer α-optimalen Entscheidungsregel f^* mit

$$f^*(i) = \begin{cases} i & \text{für } i \geq S^* \\ S^* & \text{für } i < S^* \end{cases}$$

und $S^* \in I$ als Minimumpunkt von $a \to J(a)$. Die optimale Lagerhaltungspolitik sieht somit vor, S^* Einheiten des Gutes bereitzuhalten und die nachgefragten Einheiten unmittelbar zu ersetzen.

Entscheidend für die Struktur dieser Bestellpolitik ist, dass keine Fixkosten bei einer Bestellung anfallen. Treten zusätzlich Fixkosten der Höhe k pro Bestellung auf, so lässt sich unter einem schwächeren Konvexitätsbegriff, der **k−Konvexität**, die α−Optimalität einer (s, S) - Bestellpolitik zeigen, d. h. einer Entscheidungsregel f^* der Form

$$f^*(i) = \begin{cases} i & \text{für } i \geq s^* \\ S^* & \text{für } i < s^* \end{cases}$$

mit $s^*, S^* \in I$ und $s^* \leq S^*$. In diesem Falle wird eine Bestellung nur dann vorgenommen, wenn der Lagerbestand unter der kritischen Größe s^* liegt. Die Bestellung (von $S^* - i$ Einheiten des Gutes) sieht dann eine Anhebung des Lagerbestandes auf S^* vor. $\Diamond$

Durchschnittsgewinnkriterium

Sowohl die Optimalität einer Entscheidungsregel als auch die Existenz einer Optimalitätsgleichung lassen sich beim Durchschnittsgewinnkriterium nur unter zusätzlichen Annahmen zeigen.

Wir beginnen mit einem fundamentalen Zusammenhang zwischen dem Gesamt- und Durchschnittsgewinnkriterium. Hierzu benötigen wir die Wertfunktion V als Funktion von α und schreiben V_α anstelle von V.

Satz   6.19

Ist I endlich, so gilt

(i) $G(i) = \lim_{\alpha \uparrow 1}(1 - \alpha)V_\alpha(i)$, $i \in I$.

(ii) Es existiert eine d−optimale Entscheidungsregel f^*.

(iii) f^* ist α−optimal für alle $\alpha \geq \alpha_0$ und hinreichend großes α_0.

Beweis: Siehe Abschnitt 6.9. $\square$

Satz 6.19 garantiert zwar die Existenz einer $d-$optimalen Entscheidungsregel, zeigt aber keinen Weg auf, wie diese berechnet werden kann. Unter der folgenden Annahme (C) wird es möglich sein, eine Optimalitätsgleichung aufzustellen und über diese eine $d-$optimale Entscheidungsregel zu berechnen.

Annahme:

(C). I ist endlich und für alle $f \in F$ gilt: P_f hat nur eine rekurrente Klasse.

Sei I endlich und $f \in F$ eine Entscheidungsregel, für die die zugehörige Markov-Kette (mit Übergangsmatrix P_f) nur eine rekurrente Klasse hat. Dann gilt unter Berücksichtigung der stationären Verteilung $\pi(f)$ und einstufigen Gewinne $r_f(i)$ nach Satz 2.31(ii) für den erwarteten Gewinn pro Stufe $g_f = \sum_{j \in I} \pi_j(f) r_f(j)$ und damit $G_f(i) = g_f$ für alle $i \in I$. Ist Annahme (C) erfüllt, besitzt also für jede Entscheidungsregel $f \in F$ die zugehörige Markov-Kette nur eine rekurrente Klasse, so ist (zusammen mit Satz 6.19)

$$G(i) = \sup_{f \in F} g_f, \quad i \in I,$$

unabhängig von i und reduziert sich damit auf eine Konstante.

6.20   Satz

Ist die Annahme (C) erfüllt, so existieren eine Konstante $g \in \mathbb{R}$ und eine Funktion $h : I \to \mathbb{R}$ mit

$$g + h(i) = \max_{a \in D(i)} \left\{ r(i,a) + \sum_{j \in I} p_{ij}(a) h(j) \right\}, \quad i \in I, \tag{6.9}$$

und es gilt

(i) $G(i) = g$ für alle $i \in I$.

(ii) Jede Entscheidungsregel $f^* \in F$, die aus Aktionen gebildet wird, die die rechte Seite von (6.9) maximieren, ist $d-$optimal.

Beweis: Siehe Abschnitt 6.9. $\square$

Die Existenz von g und h lässt sich für das Ersetzungsproblem auf einfache Weise zeigen.

Beispiel   (Bsp. 6.12 - Forts. 1)   **6.21**

Ausgehend vom Gesamtgewinnkriterium mit der Optimalitätsgleichung (6.6) definieren wir für $\alpha \in (0,1)$

$$
\begin{aligned}
g_\alpha &:= (1-\alpha)V_\alpha(0) \\
h_\alpha(i) &:= V_\alpha(i) - V_\alpha(0), \quad i \in I.
\end{aligned}
$$

$h_\alpha(i)$ ist beschränkt in α: Für *alle* $\alpha \in (0,1)$ gilt

$$
0 \geq h_\alpha(i) = V_\alpha(i) - V_\alpha(0) \geq -k - c(0) + \alpha \sum_{j=0}^{M} q_{0j} V_\alpha(j) - V_\alpha(0) = -k.
$$

Dabei folgt die linke Ungleichung aus Satz 6.15; die übrigen Abschätzungen ergeben sich unmittelbar aus (6.6).

Damit existiert eine Folge $(\alpha_n) \to 1$ und die Grenzwerte

$$
\begin{aligned}
g &:= \lim_{\alpha_n \to 1} g_{\alpha_n} \\
h(i) &:= \lim_{\alpha_n \to 1} h_{\alpha_n}(i), \quad i \in I,
\end{aligned}
$$

sind wohldefiniert.

(g,h) ist Lösung einer Funktionalgleichung. Zunächst gilt für $\alpha \in (0,1)$

$$
\begin{aligned}
V_\alpha(i) - V_\alpha(0) = \max\Big\{ &-c(i) - (1-\alpha)V_\alpha(0) + \alpha \sum_{j=0}^{M} q_{ij}(V_\alpha(j) - V_\alpha(0)), \\
&-k - c(0) - (1-\alpha)V_\alpha(0) + \alpha \sum_{j=0}^{M} q_{0j}(V_\alpha(j) - V_\alpha(0)) \Big\}
\end{aligned}
$$

und damit

$$
h_\alpha(i) + g_\alpha = \max\left\{ -c(i) + \alpha \sum_{j=0}^{M} q_{ij}h_\alpha(j), \ -k - c(0) + \alpha \sum_{j=0}^{M} q_{0j}h_\alpha(j) \right\}.
$$

Durch Grenzübergang $\alpha \to 1$ erhalten wir dann

$$
h(i) + g = \max\left\{ -c(i) + \sum_{j=0}^{M} q_{ij}h(j), \ -k - c(0) + \sum_{j=0}^{M} q_{0j}h(j) \right\}
$$

und damit die gewünschte Existenzaussage. $\Diamond$

Das Ersetzungsproblem deckt einen wichtigen Zusammenhang zwischen Gesamtgewinn- und Durchschnittsgewinnkriterium auf, der für die Übertragung von Strukturaussagen auf das Durchschnittsgewinnkriterium von besonderer Bedeutung ist:

$$g \quad := \quad \lim_{\alpha \to 1} (1 - \alpha) V_\alpha(0)$$
$$h(i) \quad := \quad \lim_{\alpha \to 1} (V_\alpha(i) - V_\alpha(0)), \quad i \in I.$$

Sei daher $i_0 \in I$ ein ausgewählter Zustand. Dann existieren unter Annahme (C) nach Satz 6.20 (i), Satz 6.19(i) und Theorem 6.4.2 in Sennott(1999)

$$g \quad := \quad \lim_{\alpha \to 1} (1 - \alpha) V_\alpha(i_0) \tag{6.10}$$
$$h(i) \quad := \quad \lim_{\alpha \to 1} (V_\alpha(i) - V_\alpha(i_0)), \quad i \in I, \tag{6.11}$$

und erfüllen die Optimalitätsgleichung (6.9).

Auf die Annahme (C) kann verzichtet werden, wenn es gelingt, (g,h) zu finden, die (6.9) erfüllen. Hierzu seien $U, U_f : \mathfrak{V} \to \mathfrak{V}$,

$$Uv(i) \quad := \quad \max_{a \in D(i)} \left\{ r(i,a) + \sum_{j \in I} p_{ij}(a)v(j) \right\}$$
$$U_f v(i) \quad := \quad r(i, f(i)) + \sum_{j \in I} p_{ij}(f(i))v(j).$$

Man überprüft leicht, dass die Operatoren U und U_f, $f \in F$, monoton sind.

6.22   Lemma

Sei $f \in F$ beliebig.

(i) Existieren $g \in \mathbb{R}$ und $h \in \mathfrak{V}$, die die Ungleichung $U_f h(i) \leq g + h(i)$ für alle $i \in I$ erfüllen, so gilt

$$G_f(i) \leq g, \quad i \in I.$$

(ii) Existieren $g \in \mathbb{R}$ und $h \in \mathfrak{V}$, die die Ungleichung $U_f h(i) \geq g + h(i)$ für alle $i \in I$ erfüllen, so gilt

$$G_f(i) \geq g, \quad i \in I.$$

Beweis: Sei $f \in F$. Wendet man U_f auf $(g + h)(\cdot) := g + h(\cdot)$ an, so folgt

$$U_f(g + h)(i) = g + U_f h(i)$$

und durch wiederholte Anwendung für $n > 1$

$$U_f^n(g + h)(i) = g + U_f^n h(i), \quad i \in I.$$

Sei $U_f h(i) \leq g + h(i)$. Zusammen mit der Monotonie des Operators U_f erhalten wir dann

$$U_f^n h(i) = U_f^{n-1}(U_f h)(i) \leq U_f^{n-1}(g + h)(i) = g + U_f^{n-1} h(i) \leq ng + h(i)$$

und schließlich

$$\frac{1}{n} U_f^n h(i) \leq g + \frac{h(i)}{n} \ .$$

Außerdem ist

$$\frac{1}{n} U_f^n h(i) = \mathbf{E}_f\left[\frac{1}{n} \sum_{t=0}^{n-1} r(X_t, f(X_t)) \mid X_0 = i \right] + \mathbf{E}_f\left[\frac{h(X_n)}{n} \mid X_0 = i \right].$$

Damit folgt (i) für $n \to \infty$, (ii) zeigt man analog. $\square$

Mit Lemma 6.22 und $Uv = U_{f^*} v$ für ein geeignetes $f^* \in F$ sowie $Uv \geq U_f v$ für alle $f \in F$ erhalten wir das zentrale Resultat

Satz   6.23

Exististieren $g \in \mathbb{R}$ und $h \in \mathfrak{V}$ mit

$$g + h(i) = Uh(i), \quad i \in I,$$

so gilt

(i) $G(i) = g$ für alle $i \in I$.

(ii) Jedes $f^* \in F$ mit $U_{f^*} h = Uh$ ist $d-$optimal.

Beweis: Für alle $f \in F$ gilt $U_f h(i) \leq g + h(i)$. Nach Lemma 6.22(i) ist $G_f(i) \leq g$. Sei nun $f^* \in F$ mit $U_{f^*} h(i) = g + h(i)$. Dann ergibt Lemma 6.22(ii) $G_{f^*}(i) \geq g$. Damit ist f^* $d-$optimal. $\square$

Für viele Anwendungen (u.a. Steuerung von Wartesystemen) wäre es wünschenswert, eine hinreichende Bedingung für die Existenz von g und h auch für einen abzählbaren Zustandsraum zu haben. Eine solche Bedingung findet man z.B. auf Seite 132 in Sennott (1999). Sie basiert auf den folgenden Annahmen und lässt zudem eine *unbeschränkte* Gewinnfunktion $r : D \to \mathbb{R}$ zu.

Annahmen:

(C1). Es existiert ein Zustand $i_0 \in I$, für den $\alpha \to (1 - \alpha)V_\alpha(i_0)$ beschränkt ist. (Dabei ist zugelassen, dass $r : D \to \mathbb{R}$ unbeschränkt ist.)

(C2). Es existieren eine Funktion $b^- : I \to \mathbb{R}_+$ und eine Konstante $b^+ \in \mathbb{R}_+$ mit

$$-b^-(i) \leq h_\alpha(i) := V_\alpha(i) - V_\alpha(i_0) \leq b^+$$

für alle $i \in I$, $\alpha \in (0, 1)$.

6.24   **Satz**

Sind die Annahmen (C1) und (C2) erfüllt, so existieren $g \in \mathbb{R}$ und $h : I \to \mathbb{R}$ mit $-b^-(i) \leq h(i) \leq b^+$ und

$$g + h(i) \leq \max_{a \in D(i)} \left\{ r(i,a) + \sum_{j \in I} p_{ij}(a)h(j) \right\}, \quad i \in I, \qquad (6.12)$$

und es gilt

(i) $G(i) = g = \lim_{\alpha \to 1}(1 - \alpha)V_\alpha(i)$ für alle $i \in I$.

(ii) Jede Entscheidungsregel $f^* \in F$, die aus Aktionen gebildet wird, die die rechte Seite von (6.12) maximieren, ist $d-$optimal.

Beweis: Siehe Sennott (1999), Theorem 7.2.3. $\square$

6.25   **Beispiel** (Zugangskontrolle)

Gegeben sei ein Wartesystem, das zu den diskreten Zeitpunkten $0, \Delta, 2\Delta, \ldots$ beobachtet werde.

Zum Zeitpunkt Δt treffe eine Gruppe (batch arrival) von $j \in \mathbb{N}_0$ Kunden mit Wahrscheinlichkeit λ_j ein, wobei $0 < \lambda_0 < 1$. Der Beobachter habe die Möglichkeit, die gesamte Gruppe anzunehmen (a=1) oder abzulehnen (a=0). Die Gruppengröße sei zum Zeitpunkt der Entscheidung noch nicht bekannt. Bei Annahme beginne die Bedienung zum Zeitpunkt $\Delta(t+1)$, falls die Bedienungsstation leer ist und andernfalls nach Bedienungsende der zuvor angenommenen Gruppen.

Die Bedienungszeit eines Kunden (in Vielfachen von Δ) sei geometrisch verteilt mit Parameter $\mu \in (0,1)$, d.h. eine Bedienung, die zum Zeitpunkt Δt noch nicht abgeschlossenen ist, wird fortgeführt und mit Wahrscheinlichkeit μ bis zum Zeitpunkt $\Delta(t+1)$ abgeschlossen. In diesem Zusammenhang wird μ auch als Bedienungsrate bezeichnet.

Zum Zeitpunkt Δt fallen Wartekosten der Höhe $c_w > 0$ pro Kunde im System an, d.h. aller Kunden, die bis zum Zeitpunkt $\Delta(t-1)$ eingetroffen sind und deren Bedienung noch nicht abgeschlossen ist; bei Ablehnung der eingetroffenen Gruppe zusätzliche Fixkosten der Höhe $c_r > 0$.

Gesucht ist eine Steuerung der Zugangs, die die erwarteten Kosten pro Zeiteinheit Δ (Slot) minimiert. Sie führt auf einen MEP mit

(i) $I = \mathbb{N}_0$. Dabei ist i die Anzahl der Kunden im System.

(ii) $A = \{0,1\}$. Aktion $a = 0$ steht für die Ablehnung der Gruppe, Aktion $a = 1$ für die Annahme.

(iii) Die Übergangswahrscheinlichkeiten des Systems ergeben sich zu

$$
\begin{aligned}
p_{00}(0) &= 1 \\
p_{i,i-1}(0) &= \mu, \quad i \geq 1 \\
p_{i,i}(0) &= 1-\mu, \quad i \geq 1 \\
p_{0,j}(1) &= \lambda_j, \quad j \geq 0 \\
p_{i,i-1}(1) &= \mu\lambda_0, \quad i \geq 1 \\
p_{i,i+j}(1) &= \mu\lambda_{j+1} + (1-\mu)\lambda_j, \quad i \geq 1, j \geq 0.
\end{aligned}
$$

(iv) Die einstufigen Gewinne sind $r(i,a) = -(1-a)c_r - c_w i$.

Die Voraussetzungen (C1) und (C2) sind nach Proposition 7.6.3(i) in Sennott (1999) erfüllt. Damit ist Satz 6.24 anwendbar. $\diamond$

6.26   **Beispiel** (Steuerung der Bedienungsrate)

Gegeben sei das Wartesystem aus Beispiel 6.25. Anstelle einer Zugangskontrolle nehmen wir eine Steuerung der Bedienungsrate μ vor. Damit wird μ zu einer Aktion a; zulässig seien $0 < a_1 < a_2 < \ldots < a_M < 1$ für ein geeignetes $M \in \mathbb{N}$.

Verbunden mit Bedienungsrate a zum Zeitpunkt Δt seien Kosten $c_b(a) \geq 0$. Hinzu kommen die Wartekosten $c_w > 0$ pro Kunde im System.

Gesucht ist eine Steuerung der Bedienungsrate, die die erwarteten Kosten pro Zeiteinheit Δ (Slot) minimiert. Sie führt auf einen MEP mit

(i) $I = \mathbb{N}_0$. Dabei ist i die Anzahl der Kunden im System.

(ii) $A = \{a_1, \ldots, a_M, a_{M+1}\}$. Die Aktionen $0 < a_1 < a_2 < \ldots < a_M < 1$ stehen für die zu wählende Bedienungsrate; $a_{M+1} = 1$ für die Aktion im Zustand 0 (keine Bedienung).

(iii) Die Übergangswahrscheinlichkeiten des Systems ergeben sich zu

$$\begin{aligned} p_{0j}(1) &= \lambda_j, \quad j \geq 0 \\ p_{i,i-1}(a) &= a\lambda_0, \quad i \geq 1 \\ p_{i,i+j}(a) &= a\lambda_{j+1} + (1-a)\lambda_j, \quad i \geq 1, j \geq 0, \end{aligned}$$

da j Kunden mit Wahrscheinlichkeit λ_j eintreffen.

(iv) Die einstufigen Gewinne sind $r(i,a) = -c_w i - c_b(a)$ mit $c_b(1) = 0$.

Gilt $0 < \sum_{j \in \mathbb{N}_0} j\lambda_j < a_M$ und $\sum_{j \in \mathbb{N}_0} j^2\lambda_j < \infty$, so sind die Voraussetzungen (C1) und (C2) nach Proposition 7.6.7(i) in Sennott (1999) erfüllt. Damit ist Satz 6.24 anwendbar. $\Diamond$

Lösungsverfahren

Wertiteration mit Extrapolation, Politikiteration und lineare Optimierung lassen sich unter der Annahme (C) in natürlicher Weise auf das Durchschnittsgewinnkriterium übertragen.

– Politikiteration

1. Wähle eine Entscheidungsregel $f_0 \in F$. Setze $n = 0$.

2. Berechne g_{f_n} und h_{f_n} als Lösung des linearen Gleichungssystems

$$g_{f_n} + h_{f_n}(i) = r(i, f_n(i)) + \sum_{j \in I} p_{ij}(f_n(i)) h_{f_n}(j), \quad i \in I,$$

mit $h_{f_n}(i_0) = 0$ für ein $i_0 \in I$.

3. Berechne die Testgröße

$$U h_{f_n}(i) = \max_{a \in D(i)} \left\{ r(i, a) + \sum_{j \in I} p_{ij}(a) h_{f_n}(j) \right\}, \quad i \in I. \quad (6.13)$$

4. Gilt $U_{f_n} h_{f_n} = U h_{f_n}$, dann stoppe. Andernfalls fahre mit 5. fort.

5. Wähle $f_{n+1} \in F$ mit $U_{f_{n+1}} h_{f_n} = U h_{f_n}$, setze $n = n + 1$ und fahre mit 2. fort.

Die Eigenschaften der Politikiteration sind in Satz 6.27 zusammengefasst. In Teil (i) wird die Optimalität der sich aufgrund des Abbruchkriteriums in Schritt 4 ergebenden Entscheidungsregel f_n verifiziert; in Teil (ii) wird gezeigt, dass die neue Entscheidungsregel f_{n+1} zu einem verbesserten Durchschnittsgewinn führt.

Satz 6.27

Unter der Annahme (C) gilt

(i) Sei $f \in F$ mit $U_f h_f(i) = U h_f(i)$ für alle $i \in I$. Dann ist $g_f = g$.

(ii) Seien $f', f \in F$ mit $U_{f'} h_f(i) \geq U_f h_f(i)$ für alle $i \in I$. Dann ist $g_{f'} \geq g_f$.

Beweis: Sei $f \in F$ beliebig. Dann hat das Gleichungssystem $g_f + h_f(i) = U_f h_f(i)$, $i \in I$, nach Satz 6.20(i) eine Lösung. Existieren Lösungen (g_f, h_f) und (g'_f, h'_f), so stimmen g_f und g'_f nach Lemma 6.22 überein.

Sei $f \in F$ mit $g_f + h_f(i) = U h_f(i)$, $i \in I$. Dann ist $g_f = g$ nach Satz 6.23 und wir erhalten (i). Für $f', f \in F$ mit $U_{f'} h_f(i) \geq U_f h_f(i) = g_f + h_f(i)$, $i \in I$, folgt $g_{f'} \geq g_f$ aus Lemma 6.22(ii) und damit (ii). $\square$

Die Politikiteration bricht nach endlich vielen Schritten ab, da es unter Annahme (C) nur endlich viele Entscheidungsregeln gibt. Man beachte jedoch, dass bei jedem Iterationsschritt ein lineares Gleichungssystem zu lösen ist.

6.28   **Beispiel**   (Bsp. 6.6 - Forts. 3)

Gegeben sei der MEP aus Beispiel 6.6. Man überprüft leicht, dass die zu den Entscheidungsregeln gehörenden Markov-Ketten irreduzibel sind. Damit ist Annahme (C) erfüllt und die Politikiteration anwendbar.

Bei der Lösung der linearen Gleichungssysteme setzen wir $h_f(1) = 0$ für alle $f \in F$. Ausgehend von $f_0(i) = 1, i \in I$, erhalten wir dann

n	i	$f_n(i)$	Gleichungssystem	g_{f_n}	h_{f_n}	$UV_{f_n}(i)$
0	1	1	$x_g - \frac{x_2}{4} - \frac{x_3}{4} = 8$	9.20	0	$\max\{\mathbf{9.20}, 7.10, 4.18\}$
	2	1	$x_g + x_2 - \frac{x_3}{2} = 16$		6.13	$\max\{15.33, \mathbf{20.28}\}$
	3	1	$x_g + x_3 - \frac{x_2}{4} - \frac{x_3}{2} = 7$		-1.33	$\max\{7.87, \mathbf{8.43}, 4.63\}$
1	1	1	$x_g - \frac{x_2}{4} - \frac{x_3}{4} = 8$	13.15	0	$\max\{13.15, \mathbf{16.02}, 8.77\}$
	2	2	$x_g + x_2 - \frac{7x_2}{8} - \frac{x_3}{16} = 15$		16.73	$\max\{17.94, \mathbf{29.88}\}$
	3	2	$x_g + x_3 - \frac{3x_2}{4} - \frac{x_3}{8} = 4$		3.88	$\max\{13.12, \mathbf{17.03}, 6.27\}$
2	1	2	$x_g - \frac{3x_2}{4} - \frac{3x_3}{16} = \frac{11}{4}$	13.34	0	$\max\{11.75, \mathbf{13.34}, 6.71\}$
	2	2	$x_g + x_2 - \frac{7x_2}{8} - \frac{x_3}{16} = 15$		13.83	$\max\{16.59, \mathbf{27.18}\}$
	3	2	$x_g + x_3 - \frac{3x_2}{4} - \frac{x_3}{8} = 4$		1.18	$\max\{11.05, \mathbf{14.52}, 5.59\}$

Tabelle 6.4. Politikiteration

Spalte 3 der Tab. 6.4 enthält das auf jeder Iterationsstufe zu lösende lineare Gleichungssystem, die Spalten 4 und 5 die zugehörige Lösung und Spalte 6 die Werte $r(i, a) + \sum_{j \in I} p_{ij}(a)h_{f_n}(j)$, über die die Testgröße (6.13) zu maximieren ist. Die Maxima sind hervorgehoben, die zugehörigen Aktionen legen die neue Entscheidungsregel f_{n+1} fest ($n = 0, 1$) oder führen zum Abbruch des Verfahrens ($n = 2$).

Damit stoppt der Algorithmus nach 2 Iterationsschritten mit der d−optimalen Entscheidungsregel f_2, wobei $f_2(i) = 2$ für $i \in I$, und dem maximalen Gewinn $g = g_{f_2} = 13.34$ pro Zeitstufe. $\lozenge$

– Wertiteration mit Extrapolation

1. Wähle eine Anfangsnäherung $v_0 \in \mathfrak{V}$ und eine Abbruchschranke $\varepsilon > 0$ für den absoluten Fehler. Setze $n = 1$.

2. Berechne
$$v_n(i) = U v_{n-1}(i), \quad i \in I.$$

Bestimme
$$c_n^+ = \max_{j \in I} \{v_n(j) - v_{n-1}(j)\}$$

$$c_n^- = \min_{j \in I} \{v_n(j) - v_{n-1}(j)\}.$$

3. Ist $c_n^+ - c_n^- \leq 2\varepsilon$, so stoppe. Andernfalls wiederhole 2. mit $n = n + 1$.

Die Eigenschaften des Algorithmus sind in Satz 6.29 zusammengefasst.

Satz   6.29

Unter der Annahme (C) gilt für alle $n \in \mathbb{N}$

(i) $c_n^- \leq c_{n+1}^- \leq g \leq c_{n+1}^+ \leq c_n^+$.

(ii) Für $f_n \in F$ mit $U_{f_n} v_{n-1} = U v_{n-1}$ ist $c_n^- \leq g_{f_n} \leq g \leq c_n^+$.

(iii) Sind die Markov-Ketten, die sich bei Anwendung der Entscheidungsregeln $f \in F$ ergeben, aperiodisch, so gilt

$$\lim_{n \to \infty} c_n^- = \lim_{n \to \infty} c_n^+ = g .$$

Beweis: Sei $f_n \in F$ mit $U_{f_n} v_{n-1} = U v_{n-1}$. Zunächst gilt

$$v_{n-1}(i) + c_n^- = v_{n-1}(i) + \min_{j \in I} \{v_n(j) - v_{n-1}(j)\} \leq v_n(i) = U_{f_n} v_{n-1}(i).$$

Zusammen mit Lemma 6.22(ii) folgt dann $c_n^- \leq g_{f_n}$ und, da $g_{f_n} \leq g$, insgesamt $c_n^- \leq g_{f_n} \leq g$.

Umgekehrt ergibt sich für alle $f \in F$ aus

$$
\begin{aligned}
v_{n-1}(i) + c_n^+ &= v_{n-1}(i) + \max_{j \in I} \{v_n(j) - v_{n-1}(j)\} \\
&\geq v_n(i) \\
&= U v_{n-1}(i) \\
&\geq U_f v_{n-1}(i)
\end{aligned}
$$

und Lemma 6.22(i) die Ungleichung $c_n^+ \geq g_f$, $f \in F$, und damit $c_n^+ \geq g$.

Zur Überprüfung der Monotonie der unteren Schranken sei wieder $f_n \in F$ mit $U_{f_n} v_{n-1} = U v_{n-1}$. Dann gilt für alle $i \in I$

$$
\begin{aligned}
v_{n+1}(i) - v_n(i) &= U v_n(i) - U v_{n-1}(i) \\
&\geq U_{f_n} v_n(i) - U_{f_n} v_{n-1}(i) \\
&= \sum_{j \in I} p_{ij}(f_n(i))(v_n(j) - v_{n-1}(j)) \\
&\geq \sum_{j \in I} p_{ij}(f_n(i)) \min_{j \in I}\{v_n(j) - v_{n-1}(j)\} \\
&= c_n^-
\end{aligned}
$$

und somit $c_{n+1}^- \geq c_n^-$. Ebenso zeigt man $c_{n+1}^+ \leq c_n^+$. Die Konvergenz der Schranken ist Gegenstand von Theorem 3.4.2 in Tijms (1994) . $\square$

6.30   **Beispiel** (Bsp. 6.6 - Forts. 4)

Zur Veranschaulichung der Wertiteration greifen wir noch einmal Beispiel 6.6 auf. Wir haben bereits in Beispiel 6.28 darauf hingewiesen, dass Annahme (C) erfüllt ist. Darüber hinaus sind die den $f \in F$ zugehörigen Markov-Ketten aperiodisch. Somit kann Satz 6.29 herangezogen werden.

n	$v_n(1)$	$v_n(2)$	$v_n(3)$	$f_n(1)$	$f_n(2)$	$f_n(3)$	c_n^-	c_n^+
0	0	0	0	–	–	–	–	–
1	8.00	16.00	7.00	1	1	1	7.00	16.00
2	17.75	29.94	17.88	1	2	2	9.75	13.94
3	29.66	43.42	30.91	2	2	2	11.91	13.48
4	42.97	56.78	44.14	2	2	2	13.23	13.36
5	56.30	70.13	57.47	2	2	2	13.33	13.35
6	69.64	83.47	70.82	2	2	2	13.34	13.34

Tabelle 6.5. Wertiteration mit Extrapolation

Den Spalten 8 und 9 der Tab. 6.5 kann man entnehmen, dass die Schranken $c_n^{\pm}$ nach 6 Iterationen auf 2 Stellen nach dem Komma übereinstimmen. Somit bricht der Algorithmus nach sechs Iterationsschritten mit dem maximalen erwarteten Gewinn $c_6^{\pm} = g = 13.34$ pro Zeitstufe und der d−optimalen Entscheidungsregel f_6, wobei $f_6(i) = 2$ für $i \in I$, ab.   ◇

− Lineare Optimierung

Sei $I = \{1, \ldots, |I|\}$ endlich. Ausgangspunkt ist das folgende lineare Optimierungsproblem, das wir als primales Problem bezeichnen.

Primales Problem:

Minimiere w_0

unter den Nebenbedingungen

$$w_0 + w_i - \sum_{j \in I} p_{ij}(a) w_j \geq r(i, a), \quad i \in I, \ a \in D(i).$$

g ist nicht nur eine zulässige, sondern sogar eine optimale Lösung des primalen Problems. Dies ist das Ergebnis des folgenden Satzes.

Satz   **6.31**

Ist Annahme (C) erfüllt, so gilt für die optimale Lösung w_0^*, w_i^*, $i \in I$, des primalen Problems: $w_0^* = g$.

Satz 6.31 lässt sich unter Berücksichtigung von Satz 6.20 und Lemma 6.22 wie der entsprechende Satz 6.9 für das Gesamtgewinnkriterium beweisen.

Die (nicht vorzeichenbeschränkten) Variablen w_i des primalen Problems ergeben den maximalen erwarteten Gewinn g pro Zeitstufe; aus den Variablen $x_{i,a}$ des dualen Problems, das wir nun aufstellen, lässt sich eine optimale Entscheidungsregel ermitteln. Für die praktische Umsetzung ist es jedoch ausreichend, entweder das primale oder das duale Problem zu lösen (vgl. Beispiel 6.11).

Duales Problem:

Maximiere $\displaystyle\sum_{i\in I}\sum_{a\in D(i)} r(i,a)x_{i,a}$

unter den Nebenbedingungen

$$\sum_{i\in I}\sum_{a\in D(i)} x_{i,a} = 1$$

$$\sum_{a\in D(j)} x_{j,a} - \sum_{i\in I}\sum_{a\in D(i)} p_{ij}(a)x_{i,a} = 0, \quad j\in I,$$

$$x_{i,a} \geq 0, \quad i\in I,\ a\in D(i).$$

Wir betrachten einen wichtigen Spezialfall.

6.32   Satz

Sei I endlich und P_f, $f\in F$, irreduzibel. Weiter sei $x^*_{i,a}$, $(i,a)\in D$, eine optimale Lösung des dualen Problems. Dann gilt

(i) Für jedes $i\in I$ existiert genau ein $a\in D(i)$ mit $x^*_{i,a} > 0$. Alle übrigen $x^*_{i,a}$ sind Null.

(ii) Die Entscheidungsregel $f^*\in F$, die sich aus den Aktionen $x^*_{i,a}$ mit $x^*_{i,a} > 0$ bilden lässt, ist d−optimal.

Das duale Problem stellt einen interessanten Zusammenhang zu Satz 2.31(ii) und damit der direkten (jedoch ineffizienten Berechnung) von g gemäß

$$g = \sup_{f\in F} \sum_{i\in I} \pi_i(f)r_f(i)$$

(mit $\pi(f)$ als stationärer Verteilung von P_f) her: Zu jeder Entscheidungsregel $f\in F$ (d.h. Basislösung mit positiven $x_{i,f(i)}$) gehen die Nebenbedingungen mit $\pi_i(f) := x_{i,f(i)}$ in die uns vertraute Form $\sum_{i\in I}\pi_i(f) = 1$, $\pi_j(f) = \sum_{i\in I}\pi_i(f)p_{ij}(f(i))$, $j\in I$, $\pi_i(f) \geq 0$, $i\in I$, über und der zugehörige Zielfunktionswert $\sum_{i\in I}\pi_i(f)r_f(i)$ ist g_f.

Optimalität strukturierter Strategien

Die mit der Optimalität einfach strukturierter Strategien verbundenen Vorteile einer erhöhten Akzeptanz durch die Praxis und einer zum Teil erheblichen Rechenersparnis, die wir im Zusammenhang mit dem Gesamtgewinn-kriterium dargestellt haben, behalten ihre Gültigkeit.

Wir betrachten wiederum die beiden klassischen Beispiele, das Ersetzungs- und das Lagerhaltungsproblem.

Beispiel (Bsp. 6.12 - Forts. 2)   **6.33**

Es liege das Ersetzungsproblem aus Beispiel 6.12 vor. Die Annahmen (A1) und (A2) seien erfüllt. Mit Hilfe von Satz 6.15 erhält man, dass $h(i) := \lim_{\alpha \to 1}(\Psi_\alpha(i) - \Psi_\alpha(0))$ monoton wachsend in i ist. Zusammen mit Lemma 6.13, Beispiel 6.21 und Satz 6.23 folgt dann die Existenz einer $d-$optimalen Entscheidungsregel f^*,

$$f^*(i) = \begin{cases} 1 & \text{für } i \geq i^*, \\ 0 & \text{für } i < i^*, \end{cases}$$

mit i^* als Minimum der Menge $\mathcal{M} := \{i \in I \mid c(i) + \sum_{j \in I} q_{ij} h(j) \geq k + g\}$ (wobei $\min \emptyset = \infty$) und es ist $g = \lim_{\alpha \to 1}(1 - \alpha)\Psi_\alpha(0)$. ◇

Beispiel (Bsp. 6.16 - Forts. 1)   **6.34**

Gegeben sei das Lagerhaltungsmodell aus Beispiel 6.16 mit $q(0) < 1$. Dann ist Annahme (C) erfüllt und damit Satz 6.20 in Verbindung mit (6.10) und (6.11) anwendbar. Zusammen mit Lemma 6.18 erhält man dann die Konvexität von $\lim_{\alpha \to 1}(\Psi_\alpha(\cdot) - \Psi_\alpha(0))$ und schließlich die Existenz einer $d-$optimalen (S^*, S^*) - Bestellpolitik. ◇

Endlich-stufige Modelle   6.4

Modelle mit unendlichem Planungshorizont haben den Vorteil, dass eine stationäre Strategie optimal und damit die Steuerung des Prozesses zeit-unabhängig ist. Daher dient ein unendlich-stufiges Modell häufig als Approxi-mation eines endlich-stufigen Modells. Für viele Anwendungen ist eine derar-tige Vereinfachung jedoch nicht sinnvoll, z.B. bei Modellen, die die Ausübung einer Option mit Verfallsdatum beinhalten.

Sei $N \in \mathbb{N}$ die Anzahl der Stufen, z.B. Tage für die Reservierung für ein be-stimmtes Ereignis. Dann können wir die Tage zählen, die der Reservierungs-prozess bereits läuft oder die Tage, die noch für eine Reservierung bleiben.

Beide Arten zu zählen (vorwärts/rückwärts) sind gleichwertig, haben jedoch Vor- und Nachteile im Hinblick auf die Darstellung. Im Folgenden zählen wir die Stufen rückwärts. Das hat für uns u.a. den Vorteil, dass wir die Wertiteration unmittelbar ökonomisch einordnen und auch die (noch einzuführenden) Modelle mit zufälligem Planungshorizont übersichtlicher darstellen können.

Unter einem **endlich-stufigen MEP** verstehen wir ein Tupel $(N, I, A, D, p_n, r_n, v_0)$ mit $N \in \mathbb{N}$, der Anzahl der Stufen, I, A, D wie im unendlich-stufigen Modell, stufenabhängigem Übergangsgesetz p_n und *reellwertiger*, stufenabhängiger einstufiger Gewinnfunktion r_n ($n = N, N-1, \ldots, 1$) sowie *reellwertiger* terminaler Gewinnfunktion v_0. Dann können wir

$$v_N(i) := \sup_{\delta^{(N)} \in F^N} v_{N, \delta^{(N)}}(i)$$

$$:= \sup_{\delta^{(N)} \in F^N} \mathbf{E}_{\delta^{(N)}} \left[\sum_{n=1}^{N} r_n(X_{N-n}, f_n(X_{N-n})) + v_0(X_N) \mid X_0 = i \right]$$

interpretieren als den maximalen erwarteten N−stufigen Gewinn bei Start im Zustand $i \in I$, wobei F^N die Menge aller N−stufigen Strategien $\delta^{(N)} = (f_N, f_{N-1}, \ldots, f_1)$ bezeichnet. (Die Rückwärtszählung impliziert, dass wir zunächst f_N anwenden, dann f_{N-1} und schließlich auf der letzten Stufe f_1.) Eine Strategie $\delta^{(N)}$ mit $v_{N, \delta^{(N)}}(i) = v_N(i)$ für alle $i \in I$ heißt N−**optimal**.

Bei endlichem Zustandsraum sind alle auftretenden Funktionen wohldefiniert. Um sicherzustellen, dass dies auch bei abzählbarem Zustandsraum der Fall ist, unterstellen wir in diesem Abschnitt die Existenz einer Funktion $b : I \rightarrow (0, \infty)$ und einer Konstanten $\beta > 0$ mit $|r_n(i, a)| \leq b(i)$, $|v_0(i)| \leq b(i)$ und $\sum_{j \in I} p_{n,ij}(a) b(j) \leq \beta b(i)$ für alle $(i, a) \in D$ und $n = 1, \ldots, N$.

6.35   Satz

(i) Für $n = 1, \ldots, N$ und alle $i \in I$ gilt

$$v_n(i) = \max_{a \in D(i)} \left\{ r_n(i, a) + \sum_{j \in I} p_{n,ij}(a) v_{n-1}(j) \right\}. \tag{6.14}$$

(ii) Jede aus den Maximumpunkten $f_n^*(i)$ von (6.14) gebildete Strategie $\delta^{(N)} = (f_N^*, f_{N-1}^*, \ldots, f_1^*)$ ist N−optimal.

Beweis: Man überlegt sich leicht (vgl. Beweis zu Satz 6.4), dass $v_{N, \delta^{(N)}} = U_{f_N} U_{f_{N-1}} \ldots U_{f_1} v_0 \leq U^N v_0$ für alle $\delta^{(N)} = (f_N, f_{N-1}, \ldots, f_1) \in F^N$. Damit ist $v_N \leq U^N v_0$. Umgekehrt sei $\delta'^{(N)} = (f_N', f_{N-1}', \ldots, f_1') \in F^N$ so gewählt, dass $v_n = U_{f'_n} v_{n-1}$ für $n = 1, \ldots, N$. Dann ist $U^N v_0 = v_{N, \delta'(N)} \leq v_N$. $\quad\square$

Die Wertfunktionen $v_1, \ldots, v_N$ und eine optimale Strategie $\delta^{(N)} = (f_N^*, f_{N-1}^*, \ldots, f_1^*)$ werden gewöhnlich durch **Rückwärtsrechnung** gemäß (6.14) bestimmt. Die Analogie zur Wertiteration ist offensichtlich. Man beachte jedoch, dass der Anfangswert v_0 eine feste Bedeutung hat und nicht mehr frei gewählt werden kann.

Alternative Lösungsverfahren wie lineare Optimierung oder Rückwärtsrechnung verbunden mit einer Extrapolation ergeben sich wie im unendlich-stufigen Modell, finden aber in der Praxis kaum Beachtung.

Zwischen endlich- und unendlich-stufigen Modellen besteht ein weiterer Zusammenhang, auf den wir nur hinweisen. Mit Hilfe (sog.) Turnpike-Theoreme kann man zeigen, dass für $N \to \infty$ die Häufungspunkte der optimalen Aktionen des endlich-stufigen Modells optimale Aktionen des unendlich-stufigen Modells sind.

Beispiel (Revenue Management) 6.36

Eine Fluggesellschaft verfügt über eine Kapazität von C Sitzplätzen für einen geplanten (Einzel-)Flug. Sie ist bestrebt, die Tickets bestmöglich, d.h. mit maximalem Erlös zu verkaufen. Hierzu geht sie von folgender Überlegung aus (man spricht in diesem Zusammenhang auch vom dynamischen Modell der Kapazitätssteuerung):

Sie führt K Buchungsklassen mit Preisen $\rho_1 > \rho_2 > \ldots > \rho_K > 0$ pro Sitzplatz ein. Durch diese Preisdifferenzierung verspricht sie sich eine höhere Nachfrage.

Buchungsanfragen werden jeweils nur für einen Sitzplatz entgegen genommen. Der Buchungszeitraum $[0, T]$ wird in N Buchungsperioden eingeteilt. Die Länge einer Buchungsperiode ist so gewählt, dass mit maximal einer Anfrage gerechnet werden kann. Weiter wird unterstellt, dass die Buchungsanfragen $Y_1, Y_2, \ldots, Y_N$ unabhängig sind mit $P(Y_n = k) = q_{kn}$ für Buchungsklasse $k = 1, \ldots, K$ in Buchungsperiode $n = N, N-1, \ldots, 1$. Mit Wahrscheinlichkeit $q_{0n} := 1 - \sum_{k=1}^{K} q_{kn}$ trifft keine Anfrage in Periode n ein; wir sprechen der Einfachheit halber von einer Anfrage für Buchungsklasse 0 (mit $\rho_0 = 0$).

Eine Überbuchung ist möglich, führt jedoch zu Strafkosten $\bar{\rho} \geq \sup_k \rho_k$ pro überbuchtem Sitzplatz. No-shows werden nicht explizit berücksichtigt, können aber durch Modifikation von v_0 unmittelbar einbezogen werden.

Das resultierende Entscheidungsproblem lässt sich durch einen N−stufigen MEP beschreiben mit

(i) $N \in \mathbb{N}$, der Anzahl der Buchungsperioden.

(ii) $I = \{(c, k) \in \mathbb{Z} \times \mathbb{N}_0 \mid c \leq C, \; k \leq K\}$, wobei Zustand $i_n = (c_n, k_n)$ besagt, dass in Periode n noch c_n Sitzplätze zur Verfügung stehen und eine aktuelle Anfrage für Buchungsklasse k_n vorliegt.

(iii) $A = \{0, 1\} \equiv \{ablehnen, \; annehmen\}$ sowie $D(c, k) = A$ für $k > 0$ und $D(c, 0) = \{0\}$ bei c verfügbaren Sitzplätzen.

(iv) $p_{n,ij}(a) = q_{\ell n}$ für $i = (c, k)$, $a \in D(c, k)$, $j = (c - a, \ell)$ und 0 sonst.

(v) $r(i, a) = a\rho_k$ für $i = (c, k) \in I$, $a \in D(i)$.

(vi) $v_0(c, k) = 0$ für $c \geq 0$ und $v_0(c, k) = c \cdot \bar{\rho}$ für $c < 0$.

Die zugehörige Optimalitätsgleichung lautet

$$v_n(c, k) = \max_{a \in D(c,k)} \left\{ a\rho_k + \sum_{\ell=0}^{K} q_{\ell n} v_{n-1}(c - a, \ell) \right\}.$$

Nach Voraussetzung ist $v_0(c, k)$, $k \in \{0, \dots, K\}$, monoton wachsend in c. Durch vollständige Induktion erhält man nun unmittelbar

6.37   **Lemma**

Für $n = 0, \dots, N$ und $k \in \{0, \dots, K\}$ ist $v_n(c, k)$ monoton wachsend in c.

Lemma 6.37 ermöglicht uns, im Zustand $(c, 0)$ die Menge $D(c, 0) = \{0\}$ der zulässigen Aktionen durch $A = \{0, 1\}$ zu ersetzen, da

$$v_n(c, 0) = \sum_{\ell=0}^{K} q_{\ell n} v_{n-1}(c, \ell) \geq \sum_{\ell=0}^{K} q_{\ell n} v_{n-1}(c - 1, \ell) = \rho_0 + \sum_{\ell=0}^{K} q_{\ell n} v_{n-1}(c - 1, \ell)$$

gilt und schließlich zu der Vereinfachung der Optimalitätsgleichung

$$v_n(c, k) = \max_{a \in \{0,1\}} \left\{ a\rho_k + \sum_{\ell=0}^{K} q_{\ell n} v_{n-1}(c - a, \ell) \right\}$$

führt. Ein weiteres Hilfsmittel ist die Konkavität von v_n in c.

Eine Funktion $v : \mathbb{Z} \to \mathbb{R}$ ist bekanntlich konkav, wenn $-v$ konvex ist. Damit ist die Konkavität von v gezeigt, wenn es uns gelingt, dass $\Delta v(i) = v(i+1) - v(i)$ monoton fallend in i ist.

Als äußerst hilfreich erweist sich dabei das folgende Lemma.

Lemma (Stidham)   **6.38**

Sei $v : \mathbb{Z} \to \mathbb{R}$ eine konkave Funktion und sei $w : \mathbb{Z} \to \mathbb{R}$ definiert durch

$$w(i) = \max_{a \in \{0,\dots,m\}} \{a\rho + v(i-a)\}$$

für ein $m \in \mathbb{N}_0$ und $\rho \geq 0$. Dann ist w konkav.

Beweis: Siehe z.B. Barz (2007), Lemma B.1.   □

Nach Voraussetzung ist $v_0(c,k)$, $k \in \{0,\dots,K\}$, konkav in c. Mit Hilfe des Lemmas von Stidham erhält man nun durch vollständige Induktion, dass auch $v_n(c,k)$ konkav in c ist für $n = 1,\dots,N$ und $k \in \{0,\dots,K\}$. Weiter kann man zeigen

Lemma   **6.39**

Für $n = 1,\dots,N$ und $k \in \{1,\dots,K\}$ gilt

(i) $v_n(c,k) = \rho_k + \sum_{\ell=0}^{K} q_{\ell n} v_{n-1}(c-1,\ell)$, $\quad c \geq n$.

(ii) $v_n(c,k) = \sum_{\ell=0}^{K} q_{\ell n} v_{n-1}(c,\ell)$, $\quad c \leq 0$.

Beweis: Siehe Barz (2007), Lemma 5.2.   □

Mit Hilfe von Lemma 6.39 lassen sich die optimalen Aktionen in natürlicher Weise einschränken. (i) besagt, dass es optimal ist, die aktuelle Anfrage zu akzeptieren, wenn die Kapazität an Sitzplätzen größer oder gleich der Anzahl der noch verbleibenden Buchungsperioden ist. Entsprechend (Teil (ii)) lehnt man eine Anfrage ab, wenn kein Sitzplatz mehr zur Verfügung steht, um die Kosten einer Überbuchung zu vermeiden.

Fassen wir nun alle Teilergebnisse zusammen, so erhalten wir die folgende zentrale Strukturaussage

6.40   **Satz**

Es existiert eine N-optimale Strategie $(f_N^*, f_{N-1}^*, \ldots, f_1^*) \in F^N$ mit

$$f_n^*(c, k) = \begin{cases} 1 & \text{für } c > y_{k-1}^*(n) \\ 0 & \text{für } c \leq y_{k-1}^*(n) \end{cases}$$

und $y_{K-1}^*(n) \geq y_{K-2}^*(n) \geq \ldots \geq y_1^*(n) \geq y_0^*(n) = 0$, wobei

$$y_{k-1}^*(n) := \max\{c \in \{0, \ldots, n-1\} \mid \rho_k < \sum_{\ell=0}^{K} q_{\ell n} \Delta v_{n-1}(c-1, \ell)\}.$$

Darüber hinaus gilt $y_{k-1}^*(n-1) \leq y_{k-1}^*(n) \leq y_{k-1}^*(n-1) + 1$.

Beweis: Siehe Barz (2007), Theorem 5.1 und Propositionen 5.1 und 5.2. $\square$

Die Parameter $y_{k-1}^*(n)$ (protection levels) stellen sicher, dass ein Kontingent an Sitzplätzen für Kunden mit höherer Zahlungsbereitschaft zurückgehalten wird. Diese Einschränkung wird jedoch sukzessive zurückgenommen. $\Diamond$

6.41   **Beispiel** (Zuweisung von Praxiskapazität)

In einer medizinischen Einrichtung treffen Patienten mit Termin, Notfallpatienten und Patienten ohne Termin ein. Notfallpatienten und Patienten mit Termin werden behandelt, bei Patienten ohne Termin behält sich die Einrichtung vor, diese abzuweisen.

Wir betrachten einen Behandlungstag. Dieser ist in N Zeitabschnitte gleicher Länge d unterteilt mit Anfangszeitpunkten $t_N, t_{N-1}, \ldots, t_1$. Seien $k_n \in \mathbb{N}_0$ die Anzahl der Patienten, die zum Zeitpunkt t_n bestellt wurden, und $\ell_n \in \{0, \ldots, k_n\}$ die Anzahl der tatsächlich erschienenen Patienten. Weiter seien $e_n \in \mathbb{N}_0$ ($b_n \in \mathbb{N}_0$) die Anzahl der Notfälle (Patienten ohne Termin). ℓ_n, e_n und b_n fassen wir zu einem Umweltzustand $m_n = (\ell_n, e_n, b_n)$ zusammen und unterstellen, dass m_n Realisation einer Markov-Kette (M_n) mit Zustandsraum $M \subset \mathbb{N}_0^3$ und Übergangsmatrix $(q_{m,m'})$ ist.

Zu den zum Zeitpunkt t_n eingetroffenen Patienten kommen noch die bereits wartenden Patienten hinzu (Anzahl $s_n \in \mathbb{N}_0$). In Abhängigkeit von s_n und m_n hat das Management nun zu entscheiden, wie viele Patienten ohne Termin sie zur Behandlung zulässt. Insgesamt werden damit $a_n \in \{\ell_n + e_n, \ldots, \ell_n + e_n + b_n\}$ Patienten zugelassen. Verbunden mit der Zulassung von a_n Patienten ist ein Gewinn $a_n \hat{r}$. Andererseits fallen Wartekosten $c(s_n + a_n)$ an und am Ende des Tages weitere Kosten $\bar{c}(s_N)$ für alle nicht behandelten Patienten.

Die Behandlungsdauer eines Patienten ist exponentialverteilt mit Parameter $\lambda > 0$. Damit ist, wie wir in Abschnitt 3.1 gesehen haben, die Anzahl der Patienten, die in einem Zeitabschnitt behandelt werden, Poisson-verteilt mit Parameter λd. Durch die Behandlung wird die Anzahl der wartenden Patienten von $s_n + a_n$ auf $s_n + a_n - z_n$ abgebaut, wobei z_n Patienten, $0 \le z_n \le s_n + a_n$, mit Wahrscheinlichkeit $[(\lambda d)^{z_n}/z_n!]e^{-\lambda d}$ behandelt werden.

Das Problem, den erwarteten Gewinn an einem Behandlungstag zu maximieren, lässt sich nun zurückführen auf einen endlich−stufigen MEP mit

(i) $N \in \mathbb{N}$, Anzahl der Zeitabschnitte (Länge d) des Behandlungstages.

(ii) $I = \mathbb{N}_0 \times M$ mit $i = (s, m)$ und $m = (\ell, e, b)$.

(iii) $A = \mathbb{N}_0$, $D(s, m) = D(m) = \{\ell + e, \ldots, \ell + e + b\}$ für $m = (\ell, e, b)$.

(iv) Übergängen von (s, m) nach $(s + a - z, m')$ unter Aktion a mit Wahrscheinlichkeit
$$\frac{(\lambda d)^z}{z!} \, e^{-\lambda d} \cdot q_{m,m'}$$

(v) $r(i, a) = a \cdot \hat{r} - c(s + a)$ für $(i, a) = ((s, m), a) \in D$.

(vi) $v_0(i) = -\bar{c}(s)$ für $i = (s, m) \in I$.

Die zugehörige Optimalitätsgleichung lautet
$$v_n(s, m) = \max_{a \in D(m)} \{a \cdot \hat{r} + J_n(s + a, m)\},$$

wobei

$$J_n(s + a, m) := -c(s + a) + \sum_{m' \in M} q_{m,m'} \sum_{z=0}^{s+a} \frac{(\lambda d)^z}{z!} \, e^{-\lambda d} \, v_{n-1}(s + a - z, m').$$

Um auch hier zu einer Strukturaussage zu kommen, unterstellen wir, dass $c(s)$ und $\bar{c}(s)$ monoton wachsend und konvex in s sind. Dann erhält man durch vollständige Induktion, dass $v_n(s, m)$, $m \in M$, monoton fallend und konkav in s ist und schließlich die Existenz einer N−optimalen Strategie $(f_N^*, f_{N-1}^*, \ldots, 1) \in F^N$ mit

$$f_n^*(s, m) = \begin{cases} \min\{\ell + e + b, \ y_n^*(m) - s\} & \text{für } s + \ell + e < y_n^*(m) \\ \ell + e & \text{für } s + \ell + e \ge y_n^*(m) \end{cases}$$

wobei

$$y_n^*(m) := \inf\{s + a \mid J_n(s + a + 1, m) - J_n(s + a, m) < -\hat{r}\}.$$

Weitere Einzelheiten und eine Verallgemeinerung des Modells findet der interessierte Leser in Lange, Waldmann (2012). $\diamond$

6.5   Modelle mit zufälligem Planungshorizont

Im letzten Abschnitt haben wir endlich-stufige Modelle mit einem festen Planungshorizont $N \in \mathbb{N}$ betrachtet; in diesem Abschnitt betrachten wir endlich-stufige Modelle mit einem zufälligen Planungshorizont. Der zufällige Planungshorizont, den wir mit τ bezeichnen, sei eine Zufallsvariable mit Werten in $\mathbb{N}$ und unabhängig von (X_n). Für den einfachsten Fall, dass τ geometrisch verteilt ist mit Parameter $1 - \beta$, stellen wir einen auf den ersten Blick überraschenden Zusammenhang zum unendlich-stufigen Modell her.

Unter einem **MEP mit zufälligem Planungshorizont** verstehen wir ein Tupel $(\tau, I, A, D, p, r, \alpha, v_0)$ mit τ, dem Planungshorizont, einer Zufallsvariablen mit Zähldichte $(q_n, n \in \mathbb{N})$, den Größen I, A, D, p, r wie im unendlich-stufigen Modell, dem Diskontierungsfaktor $\alpha > 0$ und der terminalen Gewinnfunktion $v_0 \in \mathfrak{V}$.

Zu gegebener Strategie $\delta = (f_0, f_1, \ldots) \in F^\infty$ und gegebenem Anfangszustand $i \in I$ bezeichne

$$V_\delta^\tau(i) = \sum_{N=1}^\infty q_N \mathbf{E}_\delta \left[\sum_{n=0}^{N-1} \alpha^n r(X_n, f_n(X_n)) + \alpha^N v_0(X_N) \mid X_0 = i \right]$$

den erwarteten diskontierten Gesamtgewinn über den zufälligen Planungshorizont τ und

$$V^\tau(i) = \sup_{\delta \in F^\infty} V_\delta^\tau(i), \quad i \in I,$$

den maximalen erwarteten diskontierten τ−stufigen Gesamtgewinn.

Eine Strategie δ^* heißt τ−**optimal**, falls $V_{\delta^*}^\tau(i) = V^\tau(i)$ für alle $i \in I$ gilt.

Der folgende Satz stellt den angesprochenen Zusammenhang zum unendlich-stufigen Modell bei geometrisch verteiltem Planungshorizont her.

Satz   **6.42**

Sei τ geometrisch verteilt mit Parameter $1 - \beta > 0$ und $\alpha\beta < 1$. Dann gilt

$$V^\tau(i) = \max_{a \in D(i)} \left\{ r^\tau(i, a) + \alpha\beta \sum_{j \in I} p_{ij}(a) V^\tau(j) \right\}, \quad i \in I, \qquad (6.15)$$

wobei $r^\tau(i, a) := r(i, a) + \alpha(1 - \beta) \sum_{j \in I} p_{ij}(a) v_0(j)$, $(i, a) \in D$, und die Maximumpunkte von (6.15) legen eine τ-optimale Entscheidungsregel fest.

Beweis: Seien $\delta = (f_0, f_1, \ldots) \in F^\infty$ und $i \in I$. Dann erhalten wir zusammen mit $\mathbf{E}_{\delta,i}[\cdot] := \mathbf{E}_\delta[\cdot | X_0 = i]$ für $V_\delta^\tau(i)$ die Darstellung

$$
\begin{aligned}
V_\delta^\tau(i) &= \sum_{N=1}^\infty \beta^{N-1}(1 - \beta) \left[\sum_{n=0}^{N-1} \alpha^n \mathbf{E}_{\delta,i} r(X_n, f_n(X_n)) + \alpha^N \mathbf{E}_{\delta,i} v_0(X_N) \right] \\
&= \sum_{n=0}^\infty \sum_{N=n+1}^\infty \beta^{N-1}(1 - \beta) \alpha^n \mathbf{E}_{\delta,i} r(X_n, f_n(X_n)) \\
&\quad + \sum_{N=1}^\infty \beta^{N-1}(1 - \beta) \alpha^N \mathbf{E}_{\delta,i} v_0(X_N) \\
&= \sum_{n=0}^\infty (\alpha\beta)^n \mathbf{E}_{\delta,i} r(X_n, f_n(X_n)) + \alpha(1 - \beta) \sum_{n=0}^\infty (\alpha\beta)^n \mathbf{E}_{\delta,i} v_0(X_{n+1}).
\end{aligned}
$$

Damit lässt sich V_δ^τ zurückführen auf den diskontierten Gesamtgewinn in einem unendlich-stufigen Modell mit Diskontierungsfaktor $\alpha\beta$ und einstufigen Gewinnen $r^\tau(i, a)$. Die Behauptung des Satzes folgt nun aus Satz 6.4. $\square$

Sei τ wiederum geometrisch verteilt mit Parameter $1 - \beta$. Betrachtet man nun eine Markov-Kette mit Zustandsraum $\{0, 1\}$ und Übergangsmatrix

$$\begin{pmatrix} 1 & 0 \\ 1 - \beta & \beta \end{pmatrix},$$

so kann man τ auch als die Dauer bis zum Eintritt in den absorbierenden Zustand 0 interpretieren. Somit hält sich die Markov-Kette eine zufällige Zeit in dem transienten Zustand 1 auf, bevor sie in den absorbierenden Zustand 0 wechselt.

Die geometrische Verteilung ist ein Spezialfall einer (diskreten) Phasen-Verteilung. Eine Phasen-Verteilung hat die „nette" Eigenschaft, dass sie dargestellt werden kann als Dauer bis zum Eintritt in den absorbierenden Zustand 0 einer endlichen Markov-Kette mit Zustandsraum $\{0, 1, \ldots, m_{max}\}$ und Übergangsmatrix

$$\begin{pmatrix} 1 & 0 \\ \rho & Q_M \end{pmatrix},$$

wobei $Q_M = (q_{ij})_{i,j \in M}$ die substochastische Matrix der Übergänge in der Menge $M := \{1, \ldots, m_{max}\}$ der transienten Zustände und $\rho = (\rho_m, \ m \in M)$ den Spaltenvektor der Übergangswahrscheinlichkeiten in den absorbierenden Zustand 0 bezeichnet.

Nutzen wir diesen Zusammenhang aus und legen eine Phasen-Verteilung für τ zugrunde, so erhalten wir mit

$$r^{ph}(i, m, a) := r((i, m), a) + \alpha \rho_m \sum_{j \in I} p_{ij}(a) v_0(j)$$

wieder einen unendlich-stufigen MEP mit zugehöriger Optimalitätsgleichung

$$V^{ph}(i, m) = \max_{a \in D(i)} \left\{ r^{ph}(i, m, a) + \alpha \sum_{m=1}^{M} q_{m,m'} \sum_{j \in I} p_{ij}(a) V^{ph}(j, m') \right\}.$$

Die Stationarität einer optimalen Strategie ist natürlich nur bzgl. der verallgemeinerten Zustände $(i, m) \in I \times M$ zu verstehen. Eine optimale Aktion hängt damit neben dem Zustand i noch von der Phase m ab.

Interpretiert man die Phasen als Stufen eines endlich-stufigen Modells mit festem Planungshorizont, so erhält man wieder die Resultate des letzten Abschnitts.

Für die Anwendung des Banachschen Fixpunktsatzes ist es erforderlich, dass der Operator U^{ph} der Optimalitätsgleichung $V^{ph} = U^{ph} V^{ph}$ kontrahierend ist. Dies ist zumindest für $\alpha < 1$ erfüllt, lässt sich aber in der Regel unter schwächeren Annahmen, die $\alpha = 1$ einschließen, zeigen. Einzelheiten folgen im nächsten Abschnitt.

6.6   Modelle mit einer absorbierenden Menge

Unendlich-stufige MEP mit einer absorbierenden Menge haben einen strukturierten Zustandsraum I mit einer Teilmenge $I_{ab} \subset I$ ($I_{ab} \neq I$), die für alle $i \in I_{ab}$ und $a \in D(i)$ die folgenden Eigenschaften (1) und (2) aufweist:

(1) $\sum_{j \notin I_{ab}} p_{ij}(a) = 0$.

(2) $r(i, a) = 0$.

Dies bedeutet, dass der Prozess, sobald er in die absorbierende Menge I_{ab} eintritt, diese nicht mehr verlässt. Darüber hinaus sind die einstufigen Gewinne nach Eintritt in die absorbierende Menge Null.

Auf den ersten Blick hat man den Eindruck, dass diese zusätzliche Struktur zu einer Einschränkung der bisherigen Modelle führt. Dieser Eindruck täuscht. Das Gegenteil ist der Fall. Abgesehen vom Durchschnittsgewinnkriterium lassen sich alle bisherigen Modelle als Spezialfälle einordnen.

Wählt man $I_{ab} = \emptyset$ und $\alpha < 1$, so folgt das unendlich-stufige Modell (Gesamtgewinnkriterium). Hauptsächlich sind wir jedoch an Modellen mit $I_{ab} \neq \emptyset$ interessiert.

Die Diskontierung als Voraussetzung für die Anwendung des Banachschen Fixpunktsatzes verliert dabei an Bedeutung. Kontraktion wird im Wesentlichen durch das Absorptionsverhalten des Prozesses erzeugt. Auf diese Weise ergeben sich die endlich-stufigen Modelle mit festem oder zufälligem Planungshorizont als Spezialfälle. Im Folgenden sind wir jedoch an Stopp-Modellen im eigentlichen Sinne interessiert. Ein prominentes Beispiel ist das klassische Hausverkaufsproblem.

Die Menge I_{ab} ist im Allgemeinen nicht eindeutig. Für unsere Überlegungen reicht es aus, eine beliebige aber feste Menge I_{ab} zugrunde zu legen. Die Menge $I_w := I - I_{ab}$ kann dann angesehen werden als eine Menge von transienten Zuständen. I_w heißt **wesentlicher Zustandsraum**, da das Verhalten des Prozesses nur von Interesse ist bis zum Eintritt in die absorbierende Menge I_{ab} und nicht innerhalb von I_{ab}. Sei

$$\tau := \inf\{n \in \mathbb{N} \mid X_n \in I_{ab}\} \leq \infty$$

der Eintrittszeitpunkt in die Menge I_{ab}, d.h. der erste Zeitpunkt, zu dem der Zustandsprozess (X_n) einen Wert in I_{ab} annimmt unter der Voraussetzung, dass er in I_w gestartet ist.

Sei $\delta = (f_0, f_1, \ldots) \in F^\infty$. Zusammen mit τ kann dann

$$V_\delta(i) = \mathbf{E}_\delta \left[\sum_{n=0}^{\infty} \alpha^n r(X_n, f_n(X_n)) \mid X_0 = i \right], \quad i \in I,$$

geschrieben werden als

$$V_\delta(i) = \mathbf{E}_\delta \left[\sum_{n=0}^{\tau-1} \alpha^n r(X_n, f_n(X_n)) \mid X_0 = i \right], \quad i \in I.$$

V_δ ist zumindest für $\alpha < 1$ wohldefiniert, da r nach Voraussetzung beschränkt ist. Wir werden nun einen kritischen Diskontierungsfaktor α^* konstruieren mit der Eigenschaft, dass V_δ wohldefiniert ist für alle $\alpha < \alpha^*$.

Sei $e_0(i) = 1$, $i \in I_w$, und für $n \in \mathbb{N}$ sei

$$e_n(i) := \max_{a \in D(i)} \sum_{j \in I_w} p_{ij}(a) e_{n-1}(j), \quad i \in I_w.$$

Unter Berücksichtigung von

$$e_n(i) = \sup_{\delta \in F^\times} \mathbf{P}_\delta(\tau > n \mid X_0 = i), \quad i \in I_w,$$

kann man dann $\|e_n\| := \sup_{i \in I_w} |e_n(i)|$ interpretieren als obere Schranke für die Wahrscheinlichkeit, dass sich der Prozess zum Zeitpunkt n noch nicht in I_{ab} aufhält.

In Hinderer, Waldmann (2005) wird gezeigt, dass $\|e_n\|^{1/n}$ gegen den Spektralradius $\lambda^* \in [0,1]$ des Operators konvergiert, der der rekursiven Definition von e_n ($e_n = H^n 1$) zugrunde liegt und damit unsere Forderung $\alpha < \alpha^*$ äquivalent ist zu $\alpha^m \|e_m\| < 1$ für ein $m \in \mathbb{N}$.

$V := \sup_{\delta \in F^\times} V_\delta$ sei wieder die Wertfunktion. Eine Entscheidungsregel f^* mit $V_{f^*} = V$ nennen wir I_{ab}–**optimal**.

Wir erhalten nun das zentrale Resultat dieses Abschnitts. Es folgt aus Proposition 2.3 und Theorem 3.1 in Hinderer, Waldmann (2005).

6.43   Satz

Sei $\alpha^m \|e_m\| < 1$ für ein $m \in \mathbb{N}$. Dann gilt:

(i) Eingeschränkt auf I_w ist V ist die einzige beschränkte Lösung von

$$V(i) = \max_{a \in D(i)} \left\{ r(i,a) + \alpha \sum_{j \in I_w} p_{ij}(a) V(j) \right\}, \quad i \in I_w. \tag{6.16}$$

Darüber hinaus ist $V(i) = 0$ für $i \in I_{ab}$.

(ii) Jede aus den Maximumpunkten von (6.16) gebildete Entscheidungsregel ist I_{ab}–optimal.

Die Annahme $\alpha^m \|e_m\| < 1$ für ein $m \in \mathbb{N}$ in Satz 6.43 garantiert, dass der Banachsche Fixpunktsatz anwendbar ist. Damit gilt die Wertiteration.

Aufgrund der ungleichen Zeilensummen ist die in Satz 6.5 betrachtete (MacQueen-)Extrapolation ineffizient. Diese Beobachtung nehmen Hinderer, Waldmann (2005) zum Anlass für eine Weiterentwicklung (Theorem 5.1). Politikiteration und lineare Optimierung lassen sich in natürlicher Weise auf den wesentlichen Zustandsraum I_w reduzieren.

Zur Veranschaulichung greifen wir noch einmal das klassische Hausverkaufsproblem auf, das wir bereits in Beispiel 5.9 kennen gelernt haben.

Beispiel : *Ein Stopp-Problem*   **6.44**

Ein Hausbesitzer plant sein Haus zu verkaufen. Hierzu entscheidet er sich, in einer regionalen Zeitung wöchentlich eine Anzeige aufzugeben und verspricht sich davon Angebote der Höhe $z_0, z_1, \ldots$ als Realisation einer Folge von unabhängigen Zufallsvariablen $Z_0, Z_1, \ldots$ mit Werten in $\{0, \ldots, M\}$ und Zähldichte $P(Z_n = z) = q_z$ für $z = 0, \ldots, M$ und ein $M \in \mathbb{N}$.

Nimmt er das zum Zeitpunkt n vorliegende Angebot z_n an, so erhält er den Verkaufserlös z_n, und das Entscheidungsproblem ist abgeschlossen. Lehnt er das Angebot ab, so entstehen ihm Kosten der Höhe c. Außerdem kann er zu keinem späteren Zeitpunkt mehr auf dieses Angebot zurückgreifen. Zukünftige Verkaufserlöse werden mit dem Faktor $\alpha \in (0, 1)$ diskontiert.

Die Ermittlung einer optimalen Verkaufsstrategie führt auf ein MEP mit absorbierender Menge, wobei

(i) $I = I_w \cup I_{ab}$ mit $I_w := \{0, \ldots, M\}$, dem wesentlichen Zustandsraum, und $I_{ab} := \{i_{ab}\}$, der absorbierenden Menge.

(ii) $A = \{0, 1\} \equiv \{ablehnen, annehmen\}$ sowie $D(i) = A$, $i \in I$.

(iii) $p_{ij}(a) = (1 - a)q_j$ für $i, j \in I_w$, $a \in A$ und $p_{i_{ab}i_{ab}}(a) = 1$, $a \in A$.

(iv) $r(i, a) = ai - (1 - a)c$ für $i \in I_w$, $a \in A$ und $r(i_{ab}, a) = 0)$, $a \in A$.

(v) $\alpha \in (0, 1)$.

Es ist zu erwarten, dass der Hausbesitzer das aktuelle Angebot annehmen wird, wenn es über einem Verkaufserlös liegt, den er erzielen möchte. Dieser Mindesterlös wird neben dem maximal erzielbaren Erlös auch von den laufenden Kosten des Hauses und der Diskontierung abhängen.

Mit Hilfe von Satz 6.43 lässt sich dieser Mindesterlös quantifizieren. Wir erhalten zunächst

$$V(i) = \max\left\{ i, \ -c + \alpha \sum_{j=0}^{M} q_j V(j) \right\}, \quad i \in I_w.$$

Dabei steht der linke Ausdruck in der geschweiften Klammer für Annehmen ($a = 1$), der rechte für Ablehnen ($a = 0$) des Angebots. Sei nun

$$i^* = \min\{i \in I_w \mid i \geq -c + \alpha \sum_{j=0}^{M} q_j V(j)\}.$$

Dann ist die Entscheidungsregel

$$f^*(i) = \begin{cases} 1 & \text{für } i \geq i^* \\ 0 & \text{für } i < i^* \end{cases}$$

nach Satz 6.43 I_{ab}−optimal.

Die Strategie bestätigt die Erwartung: Ein „gutes" Angebot wird angenommen, bei einem „schlechten" Angebot wird weiter gewartet. Präzisiert wird ein „gutes" Angebot durch den Mindesterlös i^*.

In diesem Zusammenhang stellt sich die Frage nach der Dauer bis zum Verkauf des Hauses. Auch diese Frage können wir unmittelbar beantworten. Da die Folge $Z_0, Z_1, \ldots$ unabhängig und identisch verteilt ist, können wir $P(Z \geq i^*) = \sum_{z \geq i^*} q_z$ als „Erfolg" interpretieren und die Dauer bis zum Eintritt durch eine geometrische Verteilung mit Parameter $P(Z \geq i^*)$ beschreiben. Die mittlere Dauer (Anzahl der Angebote) bis zum Verkauf ist somit $1/P(Z \geq i^*)$.   ◊

6.7   Semi-Markovsche Entscheidungsprozesse

Bisher haben wir Entscheidungsprozesse mit den festen Entscheidungszeitpunkten $0, 1, 2, \ldots$ betrachtet. Bei einem Semi-Markovschen Entscheidungsprozess, den wir nun vorstellen wollen, fallen Entscheidungen zu zufälligen Zeitpunkten $t_0, t_1, t_2, \ldots$ an, die gewöhnlich in einem Zusammenhang mit einem Ereignis stehen. Typische Beispiele ergeben sich aus der Steuerung von Wartesystemen (z.B. Zugangskontrolle, Routing).

Befindet sich ein solches System zum Entscheidungszeitpunkt $t_n \geq 0$ im Zustand $i_n \in I$ und wählt der Beobachter die Aktion $a_n \in D(i_n)$, so geht das

System innerhalb der nächsten $z \geq 0$ Zeiteinheiten mit Wahrscheinlichkeit

$$\kappa(i_n, a_n, i_{n+1}, [0, z]) := P_{i_n, a_n}(T_{n+1} - T_n \leq z, X_{n+1} = i_{n+1})$$

in den Nachfolgezustand $i_{n+1} \in I$ über. Sei $z_n = t_{n+1} - t_n$ die realisierte Aufenthaltsdauer im Zustand i_n und damit die Länge der Entscheidungsperiode $[t_n, t_{n+1})$. Verbunden mit dem Aufenthalt im Zustand i_n ist ein Gewinn $\hat{r}(i_n, a_n, i_{n+1}, t_{n+1} - t_n)$, der zum Zeitpunkt t_{n+1} anfällt und mit dem Diskontierungsfaktor $e^{-\nu t_{n+1}}$ auf den Zeitpunkt $t_0 = 0$ diskontiert wird.

Formal lässt sich ein **Semi-Markovscher Entscheidungsprozess** (SMEP) beschreiben durch ein Tupel $(I, A, D, \kappa, \hat{r}, \nu)$ mit

  (i) I, der Zustandsraum, ist eine *abzählbare* Menge.

 (ii) A, der Aktionenraum, ist eine *abzählbare* Menge. $D(i) \subset A$, $i \in I$, ist die *endliche* Menge aller zulässigen Aktionen im Zustand i.

(iii) κ, das Übergangsgesetz von $D := \{(i, a) \mid i \in I, a \in D(i)\}$ nach $I \times \mathbb{R}_+$, spezifiziert die Wahrscheinlichkeiten $\kappa(i, a, j, [0, z])$ eines Übergangs von i nach j innerhalb der nächsten z Zeiteinheiten bei Wahl von $a \in D(i)$.

(iv) $\hat{r} : D \times I \times \mathbb{R}_+ \to \mathbb{R}$, der (reellwertigen, nicht notwendigerweise beschränkten) einstufigen Gewinnfunktion.

 (v) $\nu > 0$, der Diskontierungsrate.

Häufig ist es bequemer, den erwarteten einstufigen Gewinn

$$r(i_n, a_n) := \sum_{i_{n+1} \in I} \int \kappa(i_n, a_n, i_{n+1}, dz_n) e^{-\nu z_n} \hat{r}(i_n, a_n, i_{n+1}, z_n)$$

zu betrachten, der zu Beginn der Entscheidungsperiode $[t_n, t_{n+1})$, also zum Zeitpunkt t_n anfällt.

Eine Strategie $\delta \in F^\infty$ sei definiert wie im MEP. Um sicherzustellen, dass der zugehörige erwartete diskontierte Gesamtgewinn V'_δ,

$$V'_\delta(i) = \mathbf{E}_\delta \left[\sum_{n=0}^\infty e^{-\nu T_{n+1}} \hat{r}(X_n, f_n(X_n), X_{n+1}, T_{n+1} - T_n) \mid X_0 = i \right], \quad i \in I,$$

und die Wertfunktion $V' := \sup_{\delta \in F^\infty} V'_\delta$ wohldefiniert sind, treffen wir die folgende Annahme (G1).

Annahme:

(G1). Es existieren $b : I \to (0, \infty)$, $\rho \in (0, \infty)$ und $\beta \in (0, 1)$ mit

  (i) $\sup_{(i,a)\in D} |r(i,a)|/b(i) \leq \rho$

  (ii) $\sum_{j\in I} \int \kappa(i,a,j,dz) e^{-\nu z} b(j) \leq \beta b(i)$, $(i,a) \in D$.

Die Verwendung der Funktion b, bekannt als bounding function, ermöglicht es, einstufige Gewinne zuzulassen, für die lediglich $r(i,a)/b(i)$ beschränkt ist. Annahme (G1)(ii) kann man dann als verallgemeinerte Kontraktionsbedingung interpretieren.

Eine Strategie δ^* mit $V'_{\delta^*} = V'$ bezeichnen wir als $\nu-$**optimal**. Sei $\mathfrak{V}_b$ die Menge aller Funktionen auf I, für die $\|v\|_b := \sup_{i\in I} |v(i)|/b(i) < \infty$ gilt.

6.45   **Satz**

Ist (G1) erfüllt, so ist V die einzige Lösung der Optimalitätsgleichung in $\mathfrak{V}_b$,

$$V'(i) = \max_{a\in D(i)} \left\{ r(i,a) + \sum_{j\in I} \int \kappa(i,a,j,dz) e^{-\nu z} V'(j) \right\}, \quad i \in I, \quad (6.17)$$

und jede Entscheidungsregel $f^* \in F$, die aus Aktionen $f^*(i)$ gebildet wird, die die rechte Seite von (6.17) maximieren, ist $\nu-$optimal.

Die Berechnung der Optimalitätsgleichung kann wie in Abschnitt 6.2 mit Hilfe der Wertiteration, Politikiteration oder linearen Optimierung erfolgen. Die Extrapolation ist aufgrund der „ungleichen Zeilensummen" nur in modifizierter Form möglich. Sei

$$p_{ij}(a) := \kappa(i,a,j,\mathbb{R}_+) \qquad (6.18)$$

die Wahrscheinlichkeit, bei Wahl von $a \in D(i)$ vom Zustand i in den Nachfolgezustand j zu gelangen und, gegeben j, $Q(i,a,j,\cdot)$ die Verteilungsfunktion der Aufenthaltsdauer Z im Zustand i. Dann ist

$$\kappa(i,a,j,dz) = p_{ij}(a) Q(i,a,j,dz).$$

Besitzt die nichtnegative Zufallsvariable Z eine Zähldichte $q(i,a,j,z)$, so geht die Optimalitätsgleichung über in

$$V'(i) = \max_{a\in D(i)} \left\{ r(i,a) + \sum_{j\in I} p_{ij}(a) \sum_{z} q(i,a,j,z) e^{-\nu z} V'(j) \right\}, \quad i \in I,$$

und wir erhalten im Falle $q(i, a, j, z) = 1$ für $z = 1$ und 0 sonst einen MEP mit Diskontierungsfaktor $e^{-\nu}$ (und unbeschränkter Gewinnfunktion).

Ist Z eine stetige Zufallsvariable mit der Dichte $q(i, a, j, z)$, so erhalten wir

$$V'(i) = \max_{a \in D(i)} \left\{ r(i, a) + \sum_{j \in I} p_{ij}(a)[\int_0^\infty q(i, a, j, z)e^{-\nu z}dz]\, V'(j) \right\}, \quad i \in I,$$

und für den Spezialfall einer $\lambda_{i,a}$−exponentialverteilten Dauer

$$V'(i) = \max_{a \in D(i)} \left\{ r(i, a) + \frac{\lambda_{i,a}}{\lambda_{i,a} + \nu} \sum_{j \in I} p_{ij}(a)V'(j) \right\}, \quad i \in I,$$

und damit einen MEP mit zustands- und aktionsabhängigem Diskontierungsfaktor. Ist darüber hinaus in jedem Zustand nur eine Aktion möglich und ist der einstufige Gewinn gegeben durch eine Rate r_i und damit $r(i, a) = r_i/(\lambda_{i,a} + \nu)$, so erhält man das im Rahmen der bewerteten Markov-Prozesse zu lösende lineare Gleichungssystem aus Satz 4.16(i).

Auch für das Durchschnittsgewinnkriterium lassen sich die Ergebnisse des MEP in natürlicher Weise übertragen. Hierzu schließen wir zunächst aus, dass in ein Intervall endlicher Länge unendlich viele Entscheidungszeitpunkte fallen. Dies erreichen wir durch

Annahme:

(G2). Es existieren $\varepsilon > 0$ und $\tau > 0$ mit $\sum_{j \in I} p_{ij}(a)Q(i, a, j, \tau) \leq 1 - \varepsilon$ für alle $(i, a) \in D$.

Versteht man nun (für $N \to \infty$) unter dem Durchschnittsgewinn den erwarteten Gesamtgewinn in den ersten N Entscheidungsperioden dividiert durch die erwartete Gesamtlänge dieser N Entscheidungsperioden, so hat man im Falle eines endlichen Zustandsraumes eine Optimalitätsgleichung der Form

$$h'(i) = \max_{a \in D(i)} \left\{ r(i, a) - g'\mu_{i,a} + \sum_{j \in I} p_{ij}(a)h'(j) \right\}, \quad i \in I, \qquad (6.19)$$

zu lösen, wobei im Gegensatz zum MEP noch die mittlere Dauer

$$\mu_{i,a} := \sum_{j \in I} p_{ij}(a) \int Q(i, a, j, dz)z$$

des Aufenthalts in $i \in I$ bei Aktion $a \in D(i)$ zu berücksichtigen ist.

Existieren g' und h' in (6.19), so ist g' der maximale erwartete Gewinn pro
Zeiteinheit und eine Entscheidungsregel, die aus Aktionen gebildet wird, die
die rechte Seite maximieren, ist $d-$optimal. Eine hinreichende Bedingung
für die Existenz von (g', h') ist Annahme (C) aus Abschnitt 6.3: Für alle
$f \in F$ hat $P_f = (p_{ij}(f(i))$ (vgl. (6.18)) nur eine rekurrente Klasse. Weitere
Einzelheiten und Beispiele findet der interessierte Leser in Puterman (1994),
Chapter 11, insbesondere Theorem 11.4.6.

6.46   **Beispiel**

Ein Handwerker erhält in unabhängigen, $\lambda-$exponentialverteilten Zeitabständen Anfragen für die Übernahme eines Auftrags. Jeder Auftrag $k \equiv$
$(e_k, z_k) \in K$ ist für ihn verbunden mit einem Gewinn $e_k > 0$, aber auch
mit einer mittleren Zeitdauer $z_k > 0$ für die Ausführung des Auftrags. Lehnt
er den Auftrag ab, ist dieser verloren; nimmt er den Auftrag an, so kann
er während der Ausführung keine neuen Aufträge annehmen. Die einzelnen
Aufträge sind unabhängig; Auftrag k hat die Wahrscheinlichkeit $q_k > 0$. K
ist endlich.

Wie wird sich der Handwerker verhalten, wenn er seinen erwarteten Gewinn
pro Zeiteinheit maximieren möchte?

Das Entscheidungsproblem lässt sich durch einen SMEP beschreiben mit

   (i) $I = K$; i ist der aktuelle Auftrag, über den er zu entscheiden hat.

   (ii) $A = \{0, 1\} \equiv \{ablehnen, annehmen\}$; $D(i) = A$ für $i \in I$.

   (iii) $p_{ij}(a) = q_j$ für $i, j \in I$, $a \in A$.

   (iv) $r(i, a) = ae_i$ für $i \in I$, $a \in A$.

   (v) $\mu_{i,a} = z_i + \frac{1}{\lambda}$ für $i \in I$, $a \in A$.

Annahme (G2) ist erfüllt, da die Wartezeit auf die nächste Anfrage exponentialverteilt ist. Aus dem einfachen Übergangsgesetz, das unabhängig von a
ist, folgt zudem, dass (C) erfüllt ist. Somit ist (6.19) anwendbar:

$$h'(i) = \max \left\{ -g'\frac{1}{\lambda} + \sum_{j \in I} q_j h'(j), \ e_i - g'z_i - g'\frac{1}{\lambda} + \sum_{j \in I} q_j h'(j) \right\}, \quad i \in I.$$

Der Optimalitätsgleichung entnimmt man unmittelbar, dass er Auftrag i nur
dann annimmt, wenn $e_i/z_i > g'$, wenn also der erzielbare Gewinn pro Zeiteinheit größer ist als der mittlere langfristige Gewinn pro Zeiteinheit. $\Diamond$

Bayessche Entscheidungsprozesse

In diesem Abschnitt betrachten wir einen MEP $(I, A, D, p^\vartheta, r^\vartheta)$ im Sinne von Abschnitt 6.2, dessen Übergangswahrscheinlichkeiten $p_{ij}^\vartheta(a)$ und einstufigen Gewinne $r^\vartheta(i,a)$ jedoch von einem dem Beobachter unbekannten Parameter ϑ aus einer abzählbaren Menge Θ abhängen.

Betrachtet man die Entscheidungssituation unter Unsicherheit vom Bayesschen Standpunkt, so unterstellt man, dass der Beobachter über die Kenntnis einer subjektiven Information über ϑ verfügt, die er durch eine **a-priori Verteilung** μ zum Ausdruck bringen kann; μ ist ein W-Maß auf (der Potenzmenge von) Θ (d.h. $\mu(\vartheta) \geq 0$ für alle $\vartheta \in \Theta$ und $\sum_{\vartheta \in \Theta} \mu(\vartheta) = 1$). Sei W_Θ die Menge aller W-Maße auf Θ.

Unter einem **Bayesschen Entscheidungsprozess** (BEP) versteht man dann das Tupel $(I, A, D, \Theta, \mu, (p^\vartheta, \vartheta \in \Theta), (r^\vartheta, \vartheta \in \Theta))$.

Um zu einer optimalen Steuerung des BEM zu gelangen, müssen wir zunächst die Menge der möglichen Strategien erweitern. Dies geschieht durch Einbeziehung der Vorgeschichte des Entscheidungsprozesses und wird zu einem Lernverhalten führen.

Für $n \in \mathbb{N}_0$ sei $\delta_n^H : D^n \times I \to A$ mit $\delta_n^H(h_n) \in D(i_n)$ eine Entscheidungsvorschrift, die in Abhängigkeit von $h_n := (i_0, a_0, \ldots, i_{n-1}, a_{n-1}, i_n)$ eine zulässige Aktion $\delta_n^H(h_n) \in D(i_n)$ festlegt. Die zugehörige Strategie bezeichnen wir mit $\delta^H = (\delta_n^H)$ und die Menge aller $\delta^H = (\delta_n^H)$ mit Δ^H.

Anstelle von F^∞ hätten wir auch beim MEP die Menge Δ^H als Grundlage der Optimierung heranziehen können. Im Gegensatz zum BEP existiert jedoch beim MEP zu jeder Strategie $\delta^H \in \Delta^H$ eine zumindest „ebenso gute" Strategie $\delta \in F^\infty \subset \Delta^H$.

Wir konzentrieren uns im Folgenden auf das Gesamtgewinnkriterium und unterstellen $\alpha \in (0,1)$ sowie $\sup_{i,a,\vartheta} |r^\vartheta(i,a)| < \infty$.

In Abhängigkeit von dem unbekannten Parameter $\vartheta \in \Theta$ bezeichne $V_{\delta^H}^\vartheta$ den erwarteten diskontierten Gesamtgewinn bei Anwendung der Strategie $\delta^H \in \Delta^H$. Das bzgl. der subjektiven Information μ gewichtete Mittel

$$V_{\delta^H}^\mu(i) := \sum_{\vartheta \in \Theta} \mu(\vartheta) V_{\delta^H}^\vartheta(i), \quad i \in I,$$

bezeichnet man dann als den Bayesschen erwarteten diskontierten Gesamtgewinn bei Anwendung der Strategie $\delta^H \in \Delta^H$. Ferner sei

$$V^\mu(i) := \sup_{\delta^H \in \Delta^H} V^\mu_{\delta^H}(i), \quad i \in I,$$

der maximale Bayessche erwartete diskontierte Gesamtgewinn. Eine Strategie
$\delta^H \in \Delta^H$ heißt *Bayes*-**optimal**, falls $V^\mu_{\delta^H}(i) = V^\mu(i)$ für alle $i \in I$ gilt.

Die Information über das unbekannte ϑ ändert sich beim Übergang von n
nach $n+1$ durch die Beobachtung des Prozesses und führt so zu einem Lern-
verhalten. Sei daher $\mu_0(i_0; \vartheta) := \mu(\vartheta)$ für alle $i_0 \in I$, $\vartheta \in \Theta$, und entsprechend
für $n > 0$

$$\mu_n(h_{n-1}, a_{n-1}, i_n; \vartheta) := \frac{p^\vartheta_{i_{n-1}, i_n}(a_{n-1})\mu_{n-1}(h_{n-1}; \vartheta)}{\sum_{\vartheta' \in \Theta} p^{\vartheta'}_{i_{n-1}, i_n}(a_{n-1})\, \mu_{n-1}(h_{n-1}; \vartheta')} .$$

μ_n bezeichnet man auch als **a-posteriori Verteilung** zum Zeitpunkt n; μ_n
enthält also gerade die Information über ϑ aufgrund der subjektiven Information μ und der objektiven Information h_n.

Die Beschreibung des Übergangs von μ_n nach μ_{n+1} lässt sich weiter vereinfachen. Hierzu sei $Y : D \times I \times W_\Theta \to W_\Theta$ definiert durch

$$Y(i, a, j, \eta)(\vartheta) := \frac{p^\vartheta_{ij}(a)\eta(\vartheta)}{\sum_{\vartheta' \in \Theta} p^{\vartheta'}_{ij}(a)\eta(\vartheta')} , \quad \vartheta \in \Theta,$$

falls der Nenner positiv ist, und durch $Y(i, a, j, \eta)(\vartheta) := \eta(\vartheta)$ sonst. Dann ist

$$\mu_{n+1}(h_n, a_n, i_{n+1}; \vartheta) = Y(i_n, a_n, i_{n+1}, \mu_n(h_n; \cdot))(\vartheta), \quad \vartheta \in \Theta.$$

Wir ordnen nun dem BEP einen Markovschen Entscheidungsprozess $\widehat{(\text{MEP})}$
zu, wobei die einzelnen Größen $\hat{I}$, $\hat{A}$, $\hat{D}$, $\hat{p}$, $\hat{r}$ die folgende Bedeutung haben:

(i) $\hat{I} = I \times W_\Theta$; der verallgemeinerte Zustand $(i, \eta) \in \hat{I}$ besteht aus
     dem realen Zustand $i \in I$ und der aktuellen Information $\eta \in W_\Theta$
     über ϑ.

(ii) $\hat{A} = A$; $\hat{D}(i, \eta) = D(i)$ für $(i, \eta) \in \hat{I}$.

(iii) $\hat{p}_{(i,\eta),(j,Y(i,a,j,\eta))}(a) = \sum_{\vartheta \in \Theta} \eta(\vartheta)p^\vartheta_{ij}(a)$ für $(i, a) \in D$, $j \in I$, $\eta \in W_\Theta$.

(iv) $\hat{r}((i, \eta), a) = \sum_{\vartheta \in \Theta} \eta(\vartheta)r^\vartheta(i, a)$ für $(i, a) \in D$ und $\eta \in W_\Theta$.

Die Optimalitätsgleichung des zugeordneten $\widehat{MEP}$ lautet:

$$\hat{V}(i,\eta) = \max_{a \in D(i)} \left\{ \sum_{\vartheta \in \Theta} \eta(\vartheta) r^\vartheta(i,a) + \alpha \sum_{j \in I} \sum_{\vartheta \in \Theta} \eta(\vartheta) p_{ij}^\vartheta(a) \hat{V}(j, Y(i,a,j,\eta)) \right\}.$$

Einzelheiten der Zuordnung (man spricht auch von Reduktion) findet der interessierte Leser in Rieder (1975); ebenso den folgenden Satz, der den zentralen Zusammenhang zwischen einer optimalen Strategie des BEP und einer optimalen Strategie des reduzierten $\widehat{MEP}$ herstellt.

Satz 6.47

(i) $V^\mu(i) = \hat{V}(i,\mu)$, $i \in I$.

(ii) Ist $\hat{f}$ α−optimal im reduzierten $\widehat{MEP}$, so ist $\delta^H = (\delta_n^H)$ mit

$$\delta_n^H(h_n) = \hat{f}(i_n, \mu_n(h_n; \cdot))$$

$Bayes$−optimal.

Nach Satz 6.47(i) stimmt der Gesamtgewinn in beiden Modellen überein. Darüber hinaus existiert nach Satz 6.47(ii) im reduzierten Modell eine stationäre Strategie, die optimal ist. Die Stationarität im reduzierten Modell ist jedoch nur bzgl. des verallgemeinerten Zustands (i,η) zu verstehen; die optimale Aktion hängt also neben dem realen Zustand i_n noch von der aktuellen Information $\mu_n(h_n; \cdot)$ über den unbekannten Parameter ϑ ab.

Bedingt durch den zweidimensionalen Zustandsraum des reduzierten Modells wird der Rechenaufwand zur Lösung der Optimalitätsgleichung sehr groß, da man von jedem verallgemeinerten Zustand (i,η) in die potentiellen Nachfolgezustände $(j, Y(i,a,j,\eta))$ gelangen kann. Hier wird man eine Approximation des Zustandsraums vornehmen müssen, bei der die a-posteriori Verteilungen zu Klassen zusammengefasst werden und nur über einen Repräsentanten der Klasse in das Übergangsgesetz eingehen.

Die Einschränkung von Θ auf eine abzählbare Menge diente lediglich der vereinfachten Darstellung des Bayes-Ansatzes. In der Tat, im Hinblick auf die Verwendung abgeschlossener Familien von a-posteriori Verteilungen (eine neue Beobachtung führt lediglich zu einer Anpassung der Parameter der bestehenden a-posteriori Verteilung), die die Numerik erheblich vereinfacht, erweist sich die Einschränkung als zu restriktiv. Für weitere Einzelheiten zur Aktualisierung von a-posteriori Verteilungen verweisen wir auf die Literatur zur Bayesschen Entscheidungstheorie.

Ergänzende Beweise

Beweis von Satz 6.19

Seien $f \in F$, $(\alpha_n) \uparrow 1$ beliebig und $\rho_{t,f}(i) := \mathbf{E}_f\left[r(X_t, f(X_t)) \mid X_0 = i\right]$ für $i \in I$, $t \in \mathbb{N}_0$. Dann existiert nach Satz 2.11 bzw. Satz 2.15 der Grenzwert $\lim_{n \to \infty} \frac{1}{n} \sum_{t=0}^{n-1} \rho_{t,f}(i)$ und man erhält mit Hilfe des Satzes von Abel (vgl. Satz A.9) für alle $i \in I$

$$\lim_{n \to \infty} \frac{1}{n} \sum_{t=0}^{n-1} \rho_{t,f}(i) = \lim_{\alpha_n \to 1} (1 - \alpha_n) \sum_{t=0}^{\infty} \alpha_n^t \rho_{t,f}(i) \tag{6.20}$$

und damit $G_f(i) = \lim_{\alpha_n \to 1} (1 - \alpha_n) V_{\alpha_n, f}(i)$, $i \in I$.

Sei (f_{α_n}) eine zugehörige Folge α_n–optimaler Entscheidungsregeln. Da I endlich ist, führt die wiederholte Anwendung des Satzes von Bolzano-Weierstraß (jede beschränkte Folge enthält eine konvergente Teilfolge) auf die Existenz einer Teilfolge (α_m) von (α_n) mit der Eigenschaft, dass für alle $i \in I$ die $f_{\alpha_m}(i)$ gegen ein $f^*(i) \in D(i)$ konvergieren. Da I und $D(i)$, $i \in I$, endlich sind, stimmen f_{α_m} und f^* für ein $m_0 \in \mathbb{N}$ und alle $m \geq m_0$ überein. Hieraus folgt

$$G_{f^*}(i) = \lim_{m \to \infty} (1 - \alpha_m) V_{\alpha_m}(i).$$

Für ein beliebiges $\delta \in F^\infty$ ist die Existenz der Grenzwerte in (6.20) nicht gesichert. In diesem Falle kann man eine Variante der von uns gewählten Form des Lemmas von Abel anwenden, die besagt, dass stets die Ungleichung $\lim_{n \to \infty} \inf_{\nu \geq n} b_\nu \leq \lim_{n \to \infty} \inf_{\nu \geq n} \Psi(\alpha_\nu)$ gilt. Insbesondere erhalten wir dann

$$G_{f^*}(i) = \lim_{m \to \infty} (1 - \alpha_m) V_{\alpha_m}(i) \geq \lim_{m \to \infty} \left(\inf_{\nu \geq m} (1 - \alpha_\nu) V_{\alpha_\nu, \delta}(i) \right) \geq G_\delta(i)$$

und schließlich die Behauptungen (i) und (ii). Behauptung (iii) erhält man durch indirekten Beweis. Einzelheiten findet man z.B. in Sennott (1999), Proposition 6.2.3. □

Beweis von Satz 6.20

Ist $f \in F$ eine Entscheidungsregel, für die die zugehörige Markov-Kette nur eine rekurrente Klasse hat, so besteht $P_f^\infty := \lim_{n \to \infty} \frac{1}{n} \sum_{t=0}^{n-1} P_f^t$ aus identischen Zeilen, die mit der stationären Verteilung $\pi(f)$ übereinstimmen. Nach Satz 2.31(ii) erhalten wir für den erwarteten Gewinn pro Zeitstufe $g_f = \sum_{j \in I} \pi_j(f) r_f(j)$. Zusammen mit $e = (1, \ldots, 1)^T$ lässt sich dann $g_f e$ darstellen als $P_f^\infty r_f$. Existenz und Eigenschaften der (Fundamental-)Matrizen

$$H_{\alpha,f} \quad := \quad \sum_{n=0}^{\infty} \alpha^n [P_f^n - (P_f^\infty)^n], \quad \alpha \in (0,1),$$

$$H_f \quad := \quad \lim_{\alpha \uparrow 1} H_{\alpha,f}$$

(u.a. $P_f^\infty P_f^\infty = P_f^\infty$) findet man z.B. in Schäl (1990), §7.

Mit Hilfe von $h_{\alpha,f} := H_{\alpha,f} r_f$, $\alpha \in (0,1)$, und $h_f := H_f r_f$ gilt dann

$$
\begin{aligned}
V_{\alpha,f} \quad &= \quad \sum_{n=0}^{\infty} \alpha^n P_f^n r_f \\
&= \quad \sum_{n=0}^{\infty} \alpha^n (P_f^\infty)^n r_f + \sum_{n=0}^{\infty} \alpha^n [P_f^n - (P_f^\infty)^n] r_f \\
&= \quad \frac{1}{1-\alpha} g_f e + H_{\alpha,f} r_f \\
&= \quad \frac{1}{1-\alpha} g_f e + H_f r_f + (H_{\alpha,f} - H_f) r_f \\
&= \quad \frac{1}{1-\alpha} g_f e + h_f + \zeta_{\alpha,f}, \quad\quad\quad\quad\quad (6.21)
\end{aligned}
$$

wobei $\zeta_{\alpha,f} \to (0,\dots,0)^T$ für $\alpha \to 1$.

Zu beliebigem $\varepsilon > 0$ existiert ein $\alpha_0 \in (0,1)$ mit $|\zeta_{\alpha,f}(i)| < \varepsilon$ und $|(1-\alpha)h_{\alpha,f}(i)| < \varepsilon$ für alle $i \in I$, $\alpha \geq \alpha_0$. Zusammen mit (6.21) folgt dann

$$
\begin{aligned}
U_f h_f \quad &= \quad r_f + \alpha P_f \left[V_{\alpha,f} - \frac{1}{1-\alpha} g_f e - \zeta_{\alpha,f} \right] + (1-\alpha) P_f h_f \\
&= \quad V_{\alpha,f} - \frac{\alpha}{1-\alpha} g_f e - \alpha P_f \zeta_{\alpha,f} + (1-\alpha) P_f h_f \\
&= \quad \frac{1}{1-\alpha} g_f e + h_f + \zeta_{\alpha,f} - \frac{\alpha}{1-\alpha} g_f e - \alpha P_f \zeta_{\alpha,f} + (1-\alpha) P_f h_f \\
&\leq \quad g_f e + h_f + 3\varepsilon e
\end{aligned}
$$

und umgekehrt $U_f h_f \geq g_f e + h_f - 3\varepsilon e$. Somit gilt

$$g_f e + h_f = U_f h_f. \quad\quad\quad\quad\quad (6.22)$$

Zur Existenz von (g,h) mit $ge + h = Uh$ nutzen wir neben (6.22) aus, dass eine d-optimale Strategie f^* existiert und diese für hinreichend großes α auch α-optimal ist (Satz 6.19). Damit ergibt sich

$$g_{f^*} e + h_{f^*} = U_{f^*} h_{f^*} \leq U h_{f^*} = U_{\bar{f}} h_{f^*}$$

für ein $\tilde{f} \in F$ und zusammen mit Lemma 6.22(ii) $g = g_{f^*} \le g_{\tilde{f}} \le g$. Somit sind f^* und $\tilde{f}$ d–optimal. In Analogie zur Abschätzung von $U_f h_f$ folgt weiter

$$U_{\tilde{f}} h_{f^*} \le V_{\alpha,f^*} - \frac{\alpha}{1-\alpha} ge - \alpha P_{\tilde{f}} \zeta_{\alpha,f^*} + (1-\alpha) P_{\tilde{f}} h_{f^*} \le ge + h_{f^*} + 3\varepsilon e.$$

Insgesamt erhalten wir dann $ge + h_{f^*} = U h_{f^*}$. Damit ist Satz 6.23 anwendbar und die Aussagen (i) und (ii) des Satzes 6.20 folgen unmittelbar.   □

6.10   Aufgaben

6.48   Aufgabe

Betrachten Sie einen Markovschen Entscheidungsprozess mit Zustandsraum $I = \{1,2\}$, Aktionenraum $A = \{1,2\}$, Diskontierungsfaktor $\alpha = 0.5$ und den folgenden Übergangswahrscheinlichkeiten und einstufigen Gewinnen:

i	a	$r(i,a)$	$p_{i1}(a)$	$p_{i2}(a)$
1	1	100	0.8	0.2
	2	-50	0.5	0.5
2	1	0	0.3	0.7
	2	150	0.6	0.4

Gesucht ist der maximale erwartete diskontierte Gesamtgewinn und eine α–optimale Entscheidungsregel.

(a) Führen Sie die Wertiteration mit Extrapolation durch. Brechen Sie das Verfahren ab, sobald $w_n^+(i) - w_n^-(i) \le 0.5$, $i \in I$, ist.

n	$v_n(1)$	$v_n(2)$	$f_n(1)$	$f_n(2)$	$w_n^-(1)$	$w_n^+(1)$	$w_n^-(2)$	$w_n^+(2)$
0	0	0	-	-	-	-	-	-
1								
2					210.0			270.0
3	183.0		1			211.5	266.5	267.0

(b) Approximieren Sie V durch $(w_3^+ + w_3^-)/2$. Wie groß ist der relative Fehler dieser Approximation?

(c) Bestimmen Sie mit Hilfe von (a) ein $f \in F$ mit $V_f(1) \ge V(1) - 0.5$.

(d) Erhöhen Sie alle einstufigen Gewinne um 10. Wie ändern sich dann die Werte von $V(i)$? Welchen Einfluss hat die Erhöhung der einstufigen Gewinne auf die Optimalität einer Entscheidungsregel?

(e) Das lineare Gleichungssystem

$$x_1 - 0.5(0.8x_1 + 0.2x_2) = 100$$
$$x_2 - 0.5(0.6x_1 + 0.4x_2) = 150$$

hat die Lösung $x_1 = 1900/9$ und $x_2 = 800/3$.

Überprüfen Sie anhand der Lösung des Gleichungssystems die Entscheidungsregel $f \in F$ mit $f(1) = 1$ und $f(2) = 2$ auf Optimalität.

(f) Löst man die Optimalitätsgleichung mit Hilfe der linearen Optimierung, so nehmen im Endtableau des primalen Problems die Strukturvariablen die Werte $w_1^* = \frac{1900}{9}$, $w_2^* = \frac{800}{3}$ an und die Schlupfvariablen die Werte $s_1^* = 0$, $s_2^* = \frac{425}{3}$, $s_3^* = \frac{1325}{9}$, $s_4^* = 0$. Bestimmen Sie anhand dieser Werte den maximalen erwarteten Gesamtgewinn und eine optimale Strategie.

(g) Löst man die Optimalitätsgleichung mit Hilfe der linearen Optimierung, so nehmen im Endtableau des dualen Problems die Strukturvariablen die Werte $x_{11}^* = \frac{22}{9}$, $x_{12}^* = 0$, $x_{21}^* = 0$, $x_{22}^* = \frac{14}{9}$ an. Die Schattenpreise der Schlupfvariablen sind: $s_1^* \triangleq \frac{1900}{9}$, $s_2^* \triangleq \frac{800}{3}$. Bestimmen Sie den maximalen erwarteten Gesamtgewinn und eine optimale Strategie.

Aufgabe 6.49

Mein Nachbar benötigt für die Fahrt zum Arbeitsplatz und zurück zwei Liter Benzin. Der Tank seines Autos fasst 83 Liter Benzin. Er fährt morgens an einer Tankstelle vorbei. Hat er weniger als zwei Liter Benzin im Tank, so muss er, andernfalls kann er tanken. Der Benzinpreis verändert sich täglich gemäß einer Markov-Kette.

Helfen Sie meinem Nachbarn, eine Tankstrategie zu finden, die seine erwarteten diskontierten Gesamtkosten minimiert.

Aufgabe 6.50

Gegeben sei ein MEP. Als Optimalitätskriterium wird das Gesamtgewinnkriterium gewählt. Überprüfen Sie die folgenden Aussagen auf ihre Richtigkeit:

Aussage	richtig	falsch
Sei $f \in F$ eine Entscheidungsregel, für die die zugehörige Markov-Kette irreduzibel ist. Dann ist f α-optimal.		
Der maximale erwartete Gesamtgewinn $V(i)$ ist unabhängig vom Anfangszustand i.		
Zu jeder Strategie $\pi \in F^\infty$ existiert eine Entscheidungsregel $f \in F$ mit $V_f(i) \geq V_\pi(i)$ für alle $i \in I$.		
Es existiert genau eine α-optimale Strategie.		
Es gilt $\max_{a \in D(i)} \sum_{j \in I} p_{ij}(a) = 1$ für alle $i \in I$.		
Für ein $f \in F$ sei $V_f = V$. Dann ist V Lösung der Operatorgleichung $V = U_f V$.		
Die Optimalitätsgleichung hat genau eine Lösung in $\mathfrak{V}$.		
Ist $r \geq 0$, so ist auch $V \geq 0$ und umgekehrt.		
Sei $\|v - w\| \leq \alpha < 1$. Dann ist $\|Uv - Uw\| \leq \alpha^2$.		
Ist $Uv \leq v$, so ist $v \leq V$.		

6.51   Aufgabe

Betrachten Sie einen MEP mit dem Zustandsraum $I = \{1, 2, 3\}$, Aktionenraum $A = \{1, 2\}$ und den folgenden Übergangswahrscheinlichkeiten und einstufigen Gewinnen:

i	a	$r(i,a)$	$p_{i1}(a)$	$p_{i2}(a)$	$p_{i3}(a)$
1	1	10	0.5	0	0.5
	2	-5	0.8	0.2	0
2	1	6	0.3	0.7	0
	2	5	0.6	0.4	0
3	1	1	0.5	0.5	0
	2	10	0		λ

(a) Ergänzen Sie die fehlende Übergangswahrscheinlichkeit.

(b) Verifizieren Sie, dass Voraussetzung (C) für $\lambda = 1$ nicht erfüllt ist.

(c) Für welche Werte von λ ist Voraussetzung (C) erfüllt?

Aufgabe 6.52

Betrachten Sie den MEP aus Aufgabe 6.48. Gesucht ist der maximale erwartete Gewinn g pro Zeitstufe und eine zugehörige Entscheidungsregel.

(a) Bestimmen Sie die Menge aller stationären Strategien.

(b) Verifizieren Sie, dass die Voraussetzung (C) erfüllt ist.

(c) Führen Sie die Wertiteration mit Extrapolation durch. Ergänzen Sie hierzu die folgende Tabelle.

n	$v_n(1)$	$v_n(2)$	$f_n(1)$	$f_n(2)$	c_n^-	c_n^+
0	0	0	-	-	-	-
1						
2	210	270				
3			1	2	112	114

(d) Bestimmen Sie mit Hilfe von (c) auf der Grundlage von 3 Iterationsschritten eine untere und eine obere Schranke für g.

(e) Geben Sie mit Hilfe von (c) eine obere Schranke für $g - g_{f_3}$ an.

(f) Stellen Sie das im Rahmen der Politikiteration zu lösende lineare Gleichungssystem zur Berechnung von g_f für $f(i) = 1$, $i \in I$, auf.

(g) Löst man die Optimalitätsgleichung mit Hilfe der linearen Optimierung, so nehmen im Endtableau des primalen Problems die Strukturvariablen die Werte $w_0^* = \frac{225}{2}$, $w_1^* = 0$, $w_2^* = \frac{125}{2}$ an und die Schlupfvariablen die Werte $s_1^* = 0$, $s_2^* = \frac{775}{4}$, $s_3^* = \frac{525}{4}$, $s_4^* = 0$. Bestimmen Sie g anhand dieser Werte und eine optimale Strategie.

Aufgabe 6.53

In einem Supermarkt mit einer gemeinsamen Warteschlange sind zwei Kassen ständig besetzt. Bei Bedarf kann jeweils für eine Zeiteinheit (Slot) eine weitere Kasse geöffnet werden. Die Bedienung eines Kunden dauert (unabhängig von der Wahl der Kasse) eine Zeiteinheit.

Zu jedem Zeitpunkt Δt treffen $j \in \{0, \dots, 3\}$ Kunden mit Wahrscheinlichkeit λ_j ein. Ihre Bedienung kann ab dem Zeitpunkt $\Delta(t + 1)$ erfolgen.

Ein wartender Kunde verursacht Kosten der Höhe $c_w > 0$ pro Zeiteinheit; die Öffnung der Zusatzkasse ist mit Kosten der Höhe $c_z > c_w$ verbunden.

Der Leiter des Supermarktes öffnet die Zusatzkasse, wenn zehn Kunden warten. Sollte er die Zusatzkasse schon früher öffnen, damit die erwarteten Kosten pro Zeiteinheit möglichst gering werden?

6.54   Aufgabe

Gegeben sei ein Wartesystem in diskreter Zeit (vgl. Beispiel 6.25) mit zwei unabhängigen Warteräumen, die abwechselnd von einer Station aus bedient werden. Am Warteraum 1 trifft zum Zeitpunkt Δt ein (einzelner) Kunde mit Wahrscheinlichkeit $\lambda \in (0,1)$ ein und (davon unabhängig) an Warteraum 2 mit Wahrscheinlichkeit $\omega \in (0,1)$. Die Bedienungsrate ist $\mu \in (0,1)$.

Zum Zeitpunkt Δt ist zu entscheiden, ob die Station dem Warteraum 1 oder dem Warteraum 2 zugeordnet wird. Ein Wechsel ist mit Kosten der Höhe $\zeta > 0$ verbunden. Andererseits fallen Wartekosten $c_k > 0$ pro Kunde und Zeiteinheit am Warteraum $k \in \{1,2\}$ an.

Gesucht ist eine Bearbeitungsreihenfolge, die die erwarteten Kosten pro Zeiteinheit (Slot) minimiert.

Formulieren Sie das Entscheidungsproblem als einen MEP.

6.55   Aufgabe

Gegeben sei ein MEP mit endlichem Zustandsraum. Als Optimalitätskriterium wird das Durchschnittsgewinnkriterium gewählt. Überprüfen Sie die folgenden Aussagen auf ihre Richtigkeit:

Aussage	richtig	falsch
Für alle $i \in I$ gilt $G(i) = \lim_{\alpha \to 1}(1 - \alpha)V_\alpha(i)$.		
Sei $f \in F$ eine Entscheidungsregel, für die die zugehörige Markov-Kette irreduzibel ist. Dann ist f d−optimal.		
Der maximale erwartete Gewinn $G(i)$ pro Zeitstufe ist unabhängig vom Anfangszustand i.		
Gilt $U_{f_{n+1}}h_{f_n} = Uh_{f_n}$ für $f_{n+1} \neq f_n$ bei der Politikiteration, so ist f_{n+1} d−optimal.		
Ist f^* d−optimal, so ist f^* α−optimal für hinreichend großes α.		
Bei endlichem Aktionenraum existieren nur endlich viele Strategien.		

Aufgabe 6.56

Spieler 1 und Spieler 2 vereinbaren das folgende Spiel mit einem fairen Würfel: Spieler 1 zahlt 4 GE an Spieler 2 und erhält so viele GE zurück, wie die Augenzahl des von Spieler 2 geworfenen Würfels ergibt. Die Besonderheit besteht darin, dass Spieler 1 die geworfene Augenzahl ablehnen kann. In diesem Fall wird der Wurf wiederholt. Spätestens den 4. Wurf muss er jedoch akzeptieren. Mit welcher Rückzahlung kann Spieler 1 rechnen?

(a) Beschreiben Sie das Problem durch einen endlich-stufigen MEP.

(b) Stellen Sie die Optimalitätsgleichung auf und berechnen Sie den maximalen erwarteten Gesamtgewinn.

(c) Zeigen Sie, dass eine Strategie $f^{(N)} = (f_N, f_{N-1}, \ldots, f_1)$ der Form

$$f_n(i) = \begin{cases} 1, & i \geq i_n^* \\ 0, & i < i_n^* \end{cases}$$

mit $i_N^* \geq i_{N-1}^* \geq \ldots \geq i_1^*$ optimal ist und geben Sie eine anschauliche Interpretation des Ergebnisses.

Aufgabe 6.57

Eine Fluggesellschaft verfügt über C Tickets für einen Flug von A nach B, die sie mit maximalem Erlös verkaufen möchte. Zu den diskreten Zeitpunkten $n = N, N-1, \ldots, 1$ erwartet sie eine Anfrage für ein (einzelnes) Ticket mit Wahrscheinlichkeit $\lambda_n \in (0,1)$. Liegt eine Anfrage vor, so nennt sie einen Preis $a \in \{a_1, \ldots, a_M\}$, der mit Wahrscheinlichkeit $q_n(a)$ akzeptiert wird.

Formulieren Sie das Problem als einen endlich-stufigen MEP.

Aufgabe 6.58

Eine nicht näher genannte Person beabsichtigt, sich ein Vermögen durch Einbrüche aufzubauen. Dabei geht sie von der Überlegung aus, dass ein Einbruch mit Wahrscheinlichkeit $0 < p < 1$ Erfolg hat und sie dabei $z \in \{1, \ldots, z_{max}\}$ GE mit Wahrscheinlichkeit q_z erbeutet. Nach jedem erfolgreichen Einbruch will sie, sofern sie ihr Ziel von M GE noch nicht erreicht hat, entscheiden, dennoch aufzuhören, oder noch einen weiteren Einbruch durchzuführen mit dem Risiko, ertappt zu werden und dabei die gesamte Beute aus den bisherigen Einbrüchen zu verlieren.

Wie wird sich die Person verhalten, wenn sie sich in der Theorie der Markovschen Entscheidungsprozesse auskennt?

6.59   Aufgabe

In einem Kasino kann ein Spieler seinen Einsatz $a \in \mathbb{N}$ mit Wahrscheinlichkeit $p < 1/2$ verdoppeln und mit Wahrscheinlichkeit $1 - p$ verlieren. Der Spieler verfügt über ein Startkapital von K GE. Welche Strategie sollte er verfolgen, wenn es sein Ziel ist, möglichst lange zu spielen?

Formulieren Sie die Entscheidungssituation als MEP und zeigen Sie, dass es optimal ist, immer nur eine GE einzusetzen. Welche anschauliche Interpretation hat in diesem Falle die Wertfunktion?

Ist die Strategie noch optimal, wenn es das Ziel des Spielers wäre, nicht möglichst lange zu spielen, sondern das Kasino mit einem Gewinn von G GE zu verlassen?

6.60   Aufgabe

Unterstellen Sie in dem Lagerhaltungsmodell aus Beispiel 6.16, dass die Nachfrageverteilung $q_\vartheta(\cdot)$ von einem dem Beobachter unbekannten Parameter ϑ aus einer endlichen Menge Θ abhängt. Der Beobachter verfüge über eine subjektive Information $\mu(\vartheta)$, $\vartheta \in \Theta$, über den unbekannten Parameter ϑ.

Formulieren Sie das resultierende Entscheidungsproblem unter Unsicherheit als einen BEP und stellen Sie die zugehörige Optimalitätsgleichung auf.

Kapitel A

Anhang

A

A **Anhang**

A

Anhang

Bedingte Wahrscheinlichkeiten

Bei einem zufallsabhängigen Geschehen interessiert man sich häufig für die Wahrscheinlichkeit, mit der ein Ereignis A eintritt unter der Annahme, dass ein Ereignis B bereits eingetreten ist. Wir schreiben dafür $P(A \mid B)$ und sprechen von der **bedingten Wahrscheinlichkeit** von A unter (der Bedingung) B.

Formal ist $P(A \mid B)$ definiert durch

$$P(A \mid B) = \frac{P(A \cap B)}{P(B)},$$

wobei $P(A \cap B)$ die Wahrscheinlichkeit des gleichzeitigen Eintretens von A und B bezeichnet und $P(B) > 0$ vorausgesetzt wird. Im Rahmen der stochastischen Modellbildung geht man in der Regel jedoch umgekehrt vor. Man bestimmt $P(A \cap B)$ mit Hilfe von $P(B)$ und $P(A \mid B)$.

Bilden die Ereignisse $B_1, B_2, \ldots$ eine abzählbare Zerlegung von A (d.h. $B_i \cap B_j = \emptyset$ für alle $i \neq j$ und $\cup_i B_i = A$), so gilt die Beziehung $P(A) = \sum_i P(A \cap B_i)$, die wir mit Hilfe von $P(A \cap B_i) = P(A \mid B_i)P(B_i)$ umschreiben können in

$$P(A) = \sum_i P(A \mid B_i)P(B_i). \tag{A.1}$$

Beziehung (A.1) wird auch als **Formel von der totalen Wahrscheinlichkeit** bezeichnet.

Zwei Ereignisse A und B heißen **unabhängig**, wenn

$$P(A \cap B) = P(A) \cdot P(B)$$

gilt. Das impliziert $P(A \mid B) = P(A)$ und $P(B \mid A) = P(B)$. Zwei Ereignisse A und B sind somit unabhängig, wenn das Eintreten des einen keine Information über die Wahrscheinlichkeit des Eintretens des anderen liefert.

Häufig lassen sich Ereignisse durch Zufallsvariable beschreiben. So tritt bspw. das Ereignis $A = \{X \leq x_0\}$ ein, wenn die Zufallsvariable X einen Wert x annimmt, der kleiner oder gleich x_0 ist. Die zugehörige Wahrscheinlichkeit ist $P(A) = P(X \leq x_0)$. Das Ereignis $B = \{X_1 = x_1, \ldots, X_n = x_n\}$ tritt ein, wenn die Zufallsvariablen $X_1, \ldots, X_n$ die Werte $x_1, \ldots, x_n$ annehmen. Die zugehörige Wahrscheinlichkeit ist $P(B) = P(X_1 = x_1, \ldots, X_n = x_n)$.

Seien X und Y Zufallsvariable mit Werten in einer abzählbaren Menge I. Dann wird für festes $x \in I$ (mit $P(X = x) > 0$) durch

$$P(Y = y \mid X = x) = \frac{P(Y = y, X = x)}{P(X = x)}, \quad y \in I,$$

eine Verteilung (die bedingte Verteilung von Y unter der Bedingung $\{X = x\}$) definiert. $P(Y = y \mid X = x) \geq 0$ folgt aus der Definition; die Normierungsbedingung ergibt sich aus

$$\sum_{y \in I} P(Y = y \mid X = x)$$

$$= \frac{\sum_{y \in I} P(Y = y, X = x)}{P(X = x)} = \frac{P(Y \in I, X = x)}{P(X = x)} = \frac{P(X = x)}{P(X = x)} = 1.$$

Summiert man $P(Y = y \mid X = x)P(X = x)$ über $x \in I$, so folgt weiter

$$P(Y = y) = \sum_{x \in I} P(Y = y \mid X = x)P(X = x).$$

Eng verbunden mit den bedingten Wahrscheinlichkeiten $P(Y = y \mid X = x)$ sind die bedingten Erwartungswerte

$$E(Y \mid X = x) = \sum_{y \in I} y P(Y = y \mid X = x), \quad x \in I.$$

Für diese gelten dieselben Rechenregeln, die wir von den (gewöhnlichen) Erwartungswerten her kennen. Insbesondere ist

$$E(cY \mid X = x) = cE(Y \mid X = x) \quad (c \in \mathbb{R})$$

$$E(Y_1 + Y_2 \mid X = x) = E(Y_1 \mid X = x) + E(Y_2 \mid X = x).$$

Auch bedingte Wahrscheinlichkeiten lassen sich weiter bedingen. Wir erhalten

$$P(Y = y \mid X_0 = x_0)$$
$$= \sum_{x_1 \in I} P(Y = y \mid X_0 = x_0, X_1 = x_1)P(X_1 = x_1 \mid X_0 = x_0).$$

Entsprechend gilt für bedingte Erwartungswerte

$$E(Y \mid X_0 = x_0) = \sum_{x_1 \in I} E(Y \mid X_0 = x_0, X_1 = x_1)P(X_1 = x_1 \mid X_0 = x_0).$$

Bedingte Wahrscheinlichkeiten erweisen sich bei der Modellierung von stochastischen Prozessen als äußerst hilfreich. Sei bspw. $(X_n)_{n \in \mathbb{N}_0}$ ein stochastischer

Prozess mit abzählbarem Zustandsraum I. Dann ist

$$P(X_0 = i_0, \ldots, X_{n+1} = i_{n+1})$$
$$= \quad P(X_{n+1} = i_{n+1} \mid X_0 = i_0, X_1 = i_1, \ldots, X_n = i_n) \cdot P(X_0 = i_0, \ldots, X_n = i_n)$$
$$\vdots$$
$$= \quad P(X_{n+1} = i_{n+1} \mid X_0 = i_0, X_1 = i_1, \ldots, X_n = i_n) \cdot$$
$$\ldots \cdot P(X_1 = i_1 \mid X_0 = i_0) P(X_0 = i_0).$$

Mit $P(X_{n+1} = i_{n+1}) = P(X_{n+1} = i_{n+1}, X_n \in I, \ldots, X_0 \in I)$ folgt weiter

$$P(X_{n+1} = i_{n+1}) = \sum_{x_n \in I} \ldots \sum_{x_0 \in I} P(X_{n+1} = i_{n+1} \mid X_0 = i_0, X_1 = i_1, \ldots, X_n = i_n) \cdot$$
$$\ldots \cdot P(X_1 = i_1 \mid X_0 = i_0) P(X_0 = i_0).$$

Somit lässt sich die zeitliche Entwicklung des Prozesses durch seine Start-verteilung $P(X_0 = i_0)$ und sein Übergangsverhalten $P(X_{n+1} = i_{n+1} \mid X_0 = i_0, X_1 = i_1, \ldots, X_n = i_n)$ beschreiben. Dieses lässt sich häufig weiter verein-fachen. So hängt z.B. bei einer Markov-Kette (vgl. Abschnitt 2) X_{n+1} nur von X_n ab und es ist

$$P(X_{n+1} = i_{n+1})$$
$$= \sum_{x_n \in I} \ldots \sum_{x_0 \in I} P(X_{n+1} = i_{n+1} \mid X_n = i_n) \ldots P(X_1 = i_1 \mid X_0 = i_0) P(X_0 = i_0).$$

Ausgewählte Verteilungen

A.2

Definition: Eine stetige Zufallsvariable X mit der Dichte

$$f(x) = \begin{cases} \alpha e^{-\alpha x} & \text{für } x \geq 0 \\ 0 & \text{für } x < 0 \end{cases}$$

heißt **exponentialverteilt** mit Parameter α ($\alpha > 0$).

$$\begin{aligned} Verteilungsfunktion &: \quad F(x) = 1 - e^{-\alpha x} \text{ für } x \geq 0 \\ Erwartungswert &: \quad E(X) = 1/\alpha \\ Varianz &: \quad Var(X) = 1/\alpha^2 \end{aligned}$$

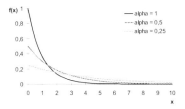 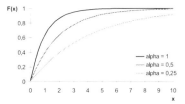

Ausgewählte Exponentialverteilungen

Die Exponentialverteilung wird häufig zur Modellierung zufälliger Dauern herangezogen. Hierzu gehören Lebensdauern von Verschleißteilen, Reparaturzeiten von Maschinen, Rechenzeiten von Jobs, Zwischenankunftszeiten in Wartesystemen.

Ihre Bedeutung liegt nicht zuletzt in ihrer mathematisch einfachen Handhabung. Diese kommt zum Ausdruck durch die folgende Eigenschaft:

$$P(X > s + t \mid X > s) = P(X > t) \quad \text{für alle } s, t \geq 0, \qquad (A.2)$$

die man auch als **Gedächtnislosigkeit** einer Verteilung bezeichnet.

Die Exponentialverteilung besitzt diese Eigenschaft. Ist demzufolge die Lebensdauer X eines Bauteils exponentialverteilt, so besagt (A.2), dass die Restlebensdauer eines s Zeiteinheiten alten Bauteils dieselbe Verteilung hat wie die Lebensdauer eines neuen Bauteils. Ein solches Bauteil präventiv zu erneuern wäre damit suboptimal.

A.1   **Satz** (Gedächtnislosigkeit der Exponentialverteilung)

Die Exponentialverteilung hat kein Gedächtnis. Sie ist zudem die einzige stetige Verteilung mit dieser Eigenschaft.

Beweis: Für alle $s, t \geq 0$ gilt

$$P(X > s + t \mid X > s)$$
$$= \frac{P(X > s + t, X > s)}{P(X > s)} = \frac{P(X > s + t)}{P(X > s)} = \frac{e^{-\alpha(s+t)}}{e^{-\alpha s}} = e^{-\alpha t}.$$

Damit gilt (A.2). Die Umkehrung haben wir bereits im Zusammenhang mit Satz 4.1 bewiesen. □

Wir kommen nun zur Summe von unabhängigen Exponentialverteilungen. Dabei müssen wir unterscheiden, ob die Anzahl der Summanden fest ist oder selbst eine Zufallsvariable. Im Falle einer festen Anzahl von Summanden erhalten wir als Ergebnis eine Erlang-Verteilung (und damit eine spezielle Gamma-Verteilung) und im Falle einer geometrisch verteilten Anzahl von Summanden wieder eine Exponentialverteilung.

Definition : Eine stetige Zufallsvariable X mit der Dichte

$$f(x) = \begin{cases} \dfrac{\alpha^n x^{n-1}}{(n-1)!} \, e^{-\alpha x} & \text{für } x \geq 0 \\ 0 & \text{für } x < 0 \end{cases}$$

heißt **Erlang-verteilt** mit den Parametern n und α ($n \in \mathbb{N}$, $\alpha > 0$).

$$\begin{aligned} Verteilungsfunktion \quad &: \quad F(x) = 1 - \sum_{k=0}^{n-1} \frac{(\alpha x)^k e^{-\alpha x}}{k!} \quad \text{für } x \geq 0 \\ Erwartungswert \quad &: \quad E(X) = n/\alpha \\ Varianz \quad &: \quad Var(X) = n/\alpha^2 \end{aligned}$$

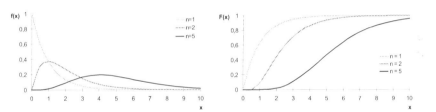

Ausgewählte Erlang-Verteilungen ($\alpha = 1$)

Satz (Summe von Exponentialverteilungen) **A.2**

Die Summe $T = T_1 + \ldots + T_n$ von n unabhängigen, α-exponentialverteilten Zufallsvariablen $T_1, \ldots, T_n$ ist Erlang-verteilt mit den Parametern n und α.

Beweis: Siehe Satz 3.3(ii). $\square$

Definition: Eine diskrete Zufallsvariable X mit der Zähldichte

$$f(x) = \begin{cases} p(1-p)^{x-1} & \text{für } x \in \mathbb{N} \\ 0 & \text{sonst} \end{cases}$$

heißt **geometrisch verteilt** mit Parameter p $(p \in (0,1))$.

$$Verteilungsfunktion \quad : \quad F(x) = 1 - (1-p)^x \quad \text{für } x \in \mathbb{N}$$
$$Erwartungswert \quad : \quad E(X) = 1/p$$
$$Varianz \quad : \quad Var(X) = (1-p)/p^2$$

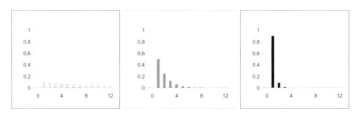

Ausgewählte geometrische Verteilungen $(p = 0.1,\ 0.5,\ 0.9)$

A.3 **Satz** (geometrische Summe von Exponentialverteilungen)

Seien $T_1, T_2, \ldots$ unabhängige, α-exponentialverteilte Zufallsvariable und N eine davon unabhängige geometrisch verteilte Zufallsvariable mit Parameter p. Dann ist $T = T_1 + \ldots + T_N$ exponentialverteilt mit Parameter αp.

Beweis: Siehe z.B. Nelson (1995), Abschnitt 4.5.10. $\square$

Die geometrische Verteilung ist das diskrete Analogon zur Exponentialverteilung. Sie ist die einzige diskrete Verteilung ohne Gedächtnis.

A.4 **Satz** (Gedächtnislosigkeit der geometrischen Verteilung)

Die geometrische Verteilung hat kein Gedächtnis. Sie ist zudem die einzige diskrete Verteilung mit dieser Eigenschaft.

Beweis: Für alle $s, t \in \mathbb{N}$ gilt

$$P(X > s + t \mid X > s)$$
$$= \frac{P(X > s+t, X > s)}{P(X > s)} = \frac{P(X > s+t)}{P(X > s)} = \frac{(1-p)^{s+t}}{(1-p)^s} = (1-p)^t.$$

Damit gilt (A.2). Die Umkehrung findet man z.B. in Nelson (1995), Abschnitt 4.4.11. $\square$

Wir kommen nun zur Summe von unabhängigen geometrischen Verteilungen. Dabei müssen wir unterscheiden, ob die Anzahl der Summanden fest ist oder selbst eine Zufallsvariable. Im Falle einer festen Anzahl von Summanden erhalten wir als Ergebnis eine negative Binomial-Verteilung und im Falle einer geometrisch verteilten Anzahl von Summanden wieder eine geometrische Verteilung.

Definition: Eine diskrete Zufallsvariable X mit der Zähldichte

$$f(x) = \begin{cases} p^n \begin{pmatrix} x-1 \\ x-n \end{pmatrix} (1-p)^{x-n} & \text{für } x = n, n+1, \dots \\ 0 & \text{sonst} \end{cases}$$

heißt **negativ binomial-verteilt** mit den Parametern n und p ($n \in \mathbb{N}$, $p \in (0,1)$).

$$\begin{aligned} Verteilungsfunktion &: & F(x) &= 1 - (1-p)^n \quad \text{für } x \in \mathbb{N} \\ Erwartungswert &: & E(X) &= n/p \\ Varianz &: & Var(X) &= n(1-p)/p^2 \end{aligned}$$

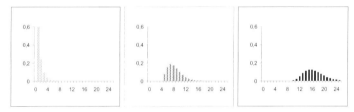

Ausgewählte negative Binomialverteilungen ($n = 1,\ 5,\ 10$ und $p = 0.6$)

Satz (Summe von geometrischen Verteilungen)   **A.5**

Die Summe $T = T_1 + \dots + T_n$ von n unabhängigen, p-geometrisch-verteilten Zufallsvariablen $T_1, \dots, T_n$ ist negativ binomial-verteilt mit den Parametern n und p.

Beweis: Siehe z.B. Nelson (1995), Abschnitt 4.4.12. □

A.6   **Satz**   (geometrische Summe von geometrischen Verteilungen)

Seien $T_1, T_2, \ldots$ unabhängige, p-geometrisch-verteilte Zufallsvariable und N eine davon unabhängige geometrisch verteilte Zufallsvariable mit Parameter α. Dann ist $T = T_1 + \ldots + T_N$ geometrisch verteilt mit Parameter αp.

Beweis: Siehe z.B. Nelson (1995), Abschnitt 4.4.8.   □

A.7   **Bemerkung**   (Geometrische Verteilung mit Wertebereich $\mathbb{N}_0$)

Bei der Definition der geometrischen Verteilung haben wir den Wertebereich $\mathbb{N}$ zugrunde gelegt. Häufig wird auch $\mathbb{N}_0$ als Wertebereich zugrunde gelegt. Dann ist $f(x) = p(1-p)^x$, $x \in \mathbb{N}_0$, und auch $F(x) = 1 - (1-p)^{x+1}$, $x \in \mathbb{N}_0$, $E(X) = (1-p)/p$ und $Var(X) = (1-p)/p^2$ ändern sich entsprechend. Die Aussagen über die Gedächtnislosigkeit und die Verteilung der Summe von geometrisch verteilten Zufallsvariablen lassen sich übertragen. Siehe Nelson (1995), Kapitel 4.4 für weitere Einzelheiten.

Wir kommen nun zur Poisson-Verteilung. Sie beschreibt in sehr guter Näherung die Häufigkeit, mit der ein Ereignis, das als unwahrscheinlich gilt, bei wiederholter Durchführung eintritt. Sie wird daher auch als Verteilung seltener Ereignisse bezeichnet (siehe Abschnitt 3.1 für weitere Einzelheiten).

Definition: Eine diskrete Zufallsvariable X mit der Zähldichte

$$f(x) = \begin{cases} \dfrac{\alpha^x e^{-\alpha}}{x!} & \text{für } x \in \mathbb{N}_0 \\ 0 & \text{sonst} \end{cases}$$

heißt **Poisson-verteilt** mit Parameter α $(\alpha > 0)$.

$$Verteilungsfunktion \quad : \quad F(x) = \sum_{i=0}^{x} \frac{\alpha^i e^{-\alpha}}{i!} \quad \text{für } x \in \mathbb{N}_0$$

$$Erwartungswert \quad : \quad E(X) = \alpha$$

$$Varianz \quad : \quad Var(X) = \alpha$$

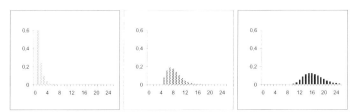

Ausgewählte Poisson-Verteilungen ($\alpha = 0.5,\ 2,\ 5$)

Wir kommen nun zur Summe von unabhängigen Poisson-Verteilungen. Hier gilt ein Additionstheorem, das die Berechnung erheblich vereinfacht.

Satz (Additionstheorem der Poisson-Verteilung)   **A.8**

Sind X und Y unabhängige, Poisson-verteilte Zufallsvariable mit den Parametern α_1 und α_2, so ist $Z = X + Y$ $(\alpha_1 + \alpha_2)$-Poisson-verteilt.

Beweis: Siehe z.B. Nelson (1995), Abschnitt 4.5.5. $\square$

Abschließend gehen wir noch kurz auf die Bernoulli-Verteilung und die Binomialverteilung ein.

Definition: Eine diskrete Zufallsvariable X mit der Zähldichte

$$f(x) = \begin{cases} 1 - p & \text{für } x = 0 \\ p & \text{für } x = 1 \\ 0 & \text{sonst} \end{cases}$$

heißt **Bernoulli-verteilt** mit Parameter p $(p \in (0,1))$.

$$
\begin{aligned}
Verteilungsfunktion \quad &: \quad F(x) = \begin{cases} 1 - p & \text{für } x = 0 \\ 1 & \text{für } x = 1 \end{cases} \\
Erwartungswert \quad &: \quad E(X) = P(X = 1) = p \\
Varianz \quad &: \quad Var(X) = p(1 - p).
\end{aligned}
$$

Jedem Ereignis A kann man eine Zählvariable 1_A mit

$$1_A = \begin{cases} 1 & \text{falls } A \text{ eintritt} \\ 0 & \text{sonst} \end{cases}$$

zuordnen. 1_A ist Bernoulli-verteilt mit $E(1_A) = P(A)$.

Seien $1_A^1, \ldots, 1_A^n$ n unabhängige, p-Bernoulli-verteilte Zufallsvariable. Dann genügt die Summe $X = \sum_{i=1}^{n} 1_A^i$, die angibt, wie häufig das Ereignis A bei n unabhängigen Wiederholungen eintritt, einer Verteilung, die man als Binomialverteilung bezeichnet.

Definition: Eine diskrete Zufallsvariable X mit der Zähldichte

$$f(x) = \begin{cases} \binom{n}{x} p^x (1-p)^{n-x} & \text{für } x = 0, \ldots, n \\ 0 & \text{sonst} \end{cases}$$

heißt **binomial-verteilt** mit den Parametern n und p ($n \in \mathbb{N}$, $p \in (0,1)$).

$$\begin{aligned} Verteilungsfunktion \quad : \quad & F(x) = \sum_{i=0}^{x} \binom{n}{i} p^i (1-p)^{n-i} \quad \text{für } x = 0, \ldots, n \\ Erwartungswert \quad : \quad & E(X) = np \\ Varianz \quad : \quad & Var(X) = np(1-p) \end{aligned}$$

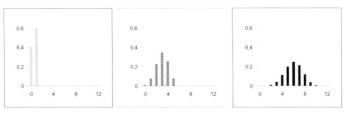

Ausgewählte Binomialverteilungen ($n = 1,\ 5,\ 10$ und $p = 0.6$)

Für den Spezialfall $n = 1$ erhalten wir wieder die Bernoulli-Verteilung mit Parameter p.

A.3 Unendliche Reihen

In diesem Unterabschnitt stellen wir einige (auf unsere Bedürfnisse zugeschnittene) Hilfsmittel aus der Analysis und Wahrscheinlichkeitstheorie zusammen.

Satz (Satz von Abel)   A.9

Sei $a_0, a_1, \ldots$ eine Folge nichtnegativer reeller Zahlen und

$$b_n \quad := \quad \frac{1}{n} \sum_{m=0}^{n-1} a_m \ , \quad n \in \mathbb{N}$$

$$\psi(\alpha) \quad := \quad (1-\alpha) \sum_{m=0}^{\infty} \alpha^m a_m, \quad \alpha \in (0,1).$$

Existiert einer der beiden Grenzwerte $b = \lim_{n\to\infty} b_n$ oder $\psi(1) = \lim_{\alpha\uparrow 1} \psi(\alpha)$, so existiert auch der andere und es gilt $b = \psi(1)$.

Satz (Satz von Fubini)   A.10

Seien I und J abzählbare Mengen und $a_{ij} \geq 0$ für alle $i, j \in I$. Dann gilt

$$\sum_{i\in I}\sum_{j\in J} a_{ij} = \sum_{j\in J}\sum_{i\in I} a_{ij}.$$

Satz (Satz von der monotonen Konvergenz)   A.11

Sei I eine abzählbare Menge und seien a_{in} nichtnegative reelle Zahlen mit $a_{in} \leq a_{i,n+1}$ für alle $i \in I$ und $n \in \mathbb{N}$. Dann gilt

$$\lim_{n\to\infty} \sum_{i\in I} a_{in} = \sum_{i\in I} \lim_{n\to\infty} a_{in}.$$

Satz (Satz von der majorisierten Konvergenz)   A.12

Sei I eine abzählbare Menge und seien a_{in} reelle Zahlen mit $|a_{in}| \leq b_i$ und $\sum_{i\in I} b_i < \infty$ für alle $i \in I$ und $n \in \mathbb{N}$. Existiert $\lim_{n\to\infty} a_{in}$, so gilt

$$\lim_{n\to\infty} \sum_{i\in I} a_{in} = \sum_{i\in I} \lim_{n\to\infty} a_{in}.$$

Nichtnegative Matrizen

Eine (n, n)-Matrix $A = (a_{ij})$ heißt **nichtnegativ**, wenn $a_{ij} \geq 0$ für alle $i, j \in I = \{1, \ldots, n\}$ gilt. Eine nichtnegative Matrix ist eine **stochastische Matrix** (bzw. **substochastische Matrix**), wenn zusätzlich $\sum_{j \in I} a_{ij} = 1$ (bzw. $\sum_{j \in I} a_{ij} \leq 1$) gilt.

Eine stochastische Matrix hat demzufolge nur nichtnegative Elemente und die Zeilensummen sind Eins. Diese Eigenschaft bleibt bei der Multiplikation erhalten. Mit A und B ist dann auch AB eine stochastische Matrix; insbesondere ist $A^k = AA \ldots A$, das k-fache Produkt von A mit sich selbst, wieder eine stochastische Matrix. Auch jede Konvexkombination $\sum_{i \in I} \alpha_i A_i$ (mit $\alpha_i \geq 0$ und $\sum_i \alpha_i = 1$) stochastischer Matrizen ist wieder eine stochastische Matrix.

Die Konvergenz einer Folge $A, A^2, \ldots$ stochastischer Matrizen haben wir im Zusammenhang mit dem asymptotischen Verhalten einer Markov-Kette näher untersucht.

Durch Streichen von Zeilen und Spalten geht eine stochastische Matrix in eine substochastische Matrix über. Dadurch vereinfacht sich auch das Konvergenzverhalten der Folge $A, A^2, \ldots$ der Potenzen von A.

Eine komplexe Zahl λ heißt Eigenwert einer Matrix A, wenn es eine von Null verschiedene Lösung x von $Ax = \lambda x$ gibt. Seien $\lambda_1, \ldots, \lambda_n$ die Eigenwerte von A. Dann heißt die reelle Zahl

$$s(A) := \max_{i=1,\ldots,n} |\lambda_i|$$

Spektralradius von A.

Ist A eine nichtnegative Matrix, so ist $s(A)$ ein Eigenwert von A und der zugehörige Eigenvektor $x \in \mathbb{R}^n$ hat nur nichtnegative Elemente. Eine stochastische Matrix hat den Spektralradius $s(A) = 1$ und der zugehörige Eigenvektor ist $x = (1, \ldots, 1)^T$. Bei einer substochastischen Matrix liegt der Spektralradius zwischen 0 und 1.

Im Hinblick auf die Lösung von nichtlinearen Gleichungssystemen mit substochastischer Koeffizientenmatrix erhalten wir nun die folgende zentrale Aussage:

A.13   **Satz**

Für eine substochastische Matrix A sind die folgenden Aussagen äquivalent:

(a) $s(A) < 1$.

(b) $\lim_{k \to \infty} A^k = 0$.

(c) Die Matrix $E - A$ (E Einheitsmatrix) besitzt eine Inverse $(E - A)^{-1} = \sum_{k=0}^{\infty} A^k$.

(d) Für alle $r \in \mathbb{R}^n$ hat das lineare Gleichungssystem $v = r + Av$ eine eindeutige Lösung.

Nach Satz A.13 hat das lineare Gleichungssystem $v = r + Av$ genau dann eine eindeutige Lösung, wenn $s(a) < 1$ ist. Hilfreich wäre daher noch ein einfach zu überprüfendes Kriterium für $s(A) < 1$. Hierzu sei $e_0(i) = 1$, $i \in I$, und $e_k(i) = \sum_{j \in I} a_{ij} e_{k-1}(j)$ für alle $k \in \mathbb{N}$, $i \in I$. Dann gilt:

Satz   **A.14**

Für eine substochastische Matrix A sind die folgenden Aussagen äquivalent:

(a) $s(A) < 1$.

(b) Es existiert ein $m \in \mathbb{N}$ mit $e_m(i) < 1$ für alle $i \in I$.

Angewandt auf Beispiel 2.1 erhalten wir $e_3(i) < 1$ für alle $i = 1, \ldots, 5$ und so auf bequeme Weise $s(A) < 1$ und schließlich die Eindeutigkeit der Lösungen der Gleichungssysteme.

Lösungen und Kommentare zum Übungsteil

2 Markov-Ketten

Lösung zu Modul: Schmetterling   (Lernziel: Grundlagen)

(a)

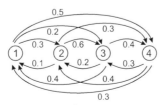

Übergangsgraph der Markov-Kette

(b1) Die gesuchte Wahrscheinlichkeit $P(X_7 = 1 \mid X_5 = 1) = p_{11}^{(2)}$ ergibt sich aus

$$p_{11}^{(2)} = \sum_{k=1}^{4} p_{1k}p_{k1} = p_{11}p_{11} + p_{12}p_{21} + p_{13}p_{31} + p_{14}p_{41} = 0.26.$$

(b2) Gesucht ist $\hat{p} := P(X_7 = 1, X_6 = 1 \mid X_5 = 1)$. Bedingt man bzgl. X_6, so folgt

$$
\begin{aligned}
\hat{p} &= P(X_7 = 1 \mid X_6 = 1, X_5 = 1) \cdot P(X_6 = 1 \mid X_5 = 1) \\
&= P(X_7 = 1 \mid X_6 = 1) \cdot P(X_6 = 1 \mid X_5 = 1) \\
&= (p_{11})^2 \\
&= 0. \quad \Diamond
\end{aligned}
$$

Lösung zu Modul: Glücksspiel   (Lernziel: Absorptionsverhalten)

Seien $t_1, \ldots, t_{10}$ die bei der Simulation beobachteten Spieldauern. Dann sind

$$
\begin{aligned}
E(T) &\approx \frac{1}{10} \sum_{i=1}^{10} t_i =: \bar{t} \\
Var(T) &\approx \frac{1}{9} \sum_{i=1}^{10} (t_i - \bar{t})^2
\end{aligned}
$$

klassische Schätzer für den Erwartungswert und die Varianz der Spieldauer T. Der exakte Wert von $E(T)$ ergibt sich nach Satz 2.6(iii) als Lösung des Gleichungssystems

$$
\begin{aligned}
u_1 &= 1 + pu_2 \\
u_2 &= 1 + (1-p)u_1 + pu_3 \\
u_3 &= 1 + (1-p)u_2 + pu_4 \\
u_4 &= 1 + (1-p)u_3 + pu_5 \\
u_5 &= 1 + (1-p)u_4 + pu_6 \\
u_6 &= 1 + (1-p)u_5 + pu_7 \\
u_7 &= 1 + (1-p)u_6 \\
u_i &\geq 0
\end{aligned}
$$

und hat den Wert $u_4 = 16$

Bei einem Startkapital von 3 GE verringert sich die Gewinnwahrscheinlichkeit von Spieler 1; bei einem Startkapital von 5 GE erhöht sie sich in demselben Maße. Die erwartete Spieldauer ist bei beiden Ausgangssituationen gleich. $\Diamond$

Lösung zu Aufgabe 2.35

(a) Sei Z_n der Gewinn von Spieler A in der n-ten Spielrunde. Dann ist

$$P(Z_n = z) = \begin{cases} 4/6 & \text{für } z = -1 \quad \text{(Wurf ergibt 1, 2, 3 oder 4)} \\ 1/6 & \text{für } z = 0 \quad\;\; \text{(Wurf ergibt 5)} \\ 1/6 & \text{für } z = 1 \quad\;\; \text{(Wurf ergibt 6).} \end{cases}$$

Hieraus ergibt sich für Spieler A ein erwarteter Gewinn $E(Z) = -4/6 + 1/6 = -1/2$ (und damit ein erwarteter Verlust von $1/2$ GE) pro Spielrunde.

Sei X_n das Kapital von Spieler A nach n Spielrunden. Es nimmt einen Wert in $I = \{0, \dots, 4\}$ an, wobei

$$\begin{array}{lcl} i = 0 & : & \text{Spiel beendet mit Ruin von Spieler A} \\ i = 1, 2, 3 & : & \text{Spieler A verfügt über ein Kapital von i GE} \\ i = 4 & : & \text{Spiel beendet mit Ruin von Spieler B} \end{array}$$

X_n genügt der Rekursionsgleichung

$$X_{n+1} = \begin{cases} X_n & \text{für } X_n \in \{0, 4\} \\ X_n + Z_{n+1} & \text{sonst.} \end{cases}$$

Zusammen mit der Unabhängigkeit der Folge $Z_1, Z_2, \dots$ ergibt sich, dass $(X_n)_{n \in \mathbb{N}_0}$ eine Markov-Kette ist mit Zustandsraum I und Übergangsmatrix

$$P = \begin{pmatrix} 1 & 0 & 0 & 0 & 0 \\ 4/6 & 1/6 & 1/6 & 0 & 0 \\ 0 & 4/6 & 1/6 & 1/6 & 0 \\ 0 & 0 & 4/6 & 1/6 & 1/6 \\ 0 & 0 & 0 & 0 & 1 \end{pmatrix}.$$

Die p_{ij} ergeben sich bei Fortsetzung des Spiels (Zustände 1 bis 3) aus den Wahrscheinlichkeiten der Spielergebnisse und nach Beendigung des Spieles (Zustände 0 und 4) durch Fortsetzung der Markov-Kette im absorbierenden Zustand.

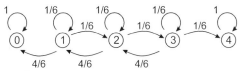

Übergangsgraph der Markov-Kette

(b) Mit Hilfe von

$$P^2 = \begin{pmatrix} 1 & 0 & 0 & 0 & 0 \\ 7/9 & 5/36 & 1/18 & 1/36 & 0 \\ 4/9 & 2/9 & 1/4 & 1/18 & 1/36 \\ 0 & 4/9 & 2/9 & 5/36 & 7/36 \\ 0 & 0 & 0 & 0 & 1 \end{pmatrix}$$

erhält man

$$P(X_2 = 3 \mid X_0 = 2) = p_{23}^{(2)} = 1/18$$

$$P(X_2 < 3 \mid X_0 = 2) = p_{20}^{(2)} + p_{21}^{(2)} + p_{22}^{(2)} = 33/36.$$

Alternativ kann man neben $p_{23}^{(2)} = 1/18$ noch $p_{24}^{(2)} = 1/36$ berechnen und erhält dann $P(X_2 < 3 \mid X_0 = 2) = 1 - p_{23}^{(2)} - p_{24}^{(2)} = 33/36$.

(c) Sei T_J die Dauer des Spiels. Ausgehend von $P_i(T_J > 0) = 1$ für $i \notin J := \{0, 4\}$ lässt sich nach Satz 2.6(i) die gesuchte Wahrscheinlichkeit $P_2(T_J > 2)$ rekursiv berechnen gemäß

$$P_i(T_J > t) = \sum_{k \notin J} p_{ik} P_k(T_J > t - 1) = \sum_{k=1}^{3} p_{ik} P_k(T_J > t - 1).$$

Im einzelnen erhält man

$$\begin{aligned} P_1(T_J > 1) &= p_{11} + p_{12} + p_{13} = 1/3 \\ P_2(T_J > 1) &= p_{21} + p_{22} + p_{23} = 1 \\ P_3(T_J > 1) &= p_{31} + p_{32} + p_{33} = 5/6 \end{aligned}$$

$$P_2(T_J > 2) = p_{21} P_1(T_J > 1) + p_{22} P_2(T_J > 1) + p_{23} P_3(T_J > 1) = 19/36.$$

(d) Um die mittlere Spieldauer zu berechnen, müssen wir zunächst sicherstellen, dass das Spiel eine endliche Spieldauer hat, d.h. $P_k(T_J < \infty) = 1$ für alle $k \notin J$ gilt. Dies überprüfen wir mit Satz 2.6(ii) durch Lösen des Gleichungssystems

$$\begin{aligned} u_1 &= \tfrac{4}{6} + \tfrac{1}{6} u_1 + \tfrac{1}{6} u_2 \\ u_2 &= \tfrac{4}{6} u_1 + \tfrac{1}{6} u_2 + \tfrac{1}{6} u_3 \\ u_3 &= \tfrac{1}{6} + \tfrac{4}{6} u_2 + \tfrac{1}{6} u_3 \\ 0 &\leq u_i \leq 1 \end{aligned}$$

Es hat die (nach Satz A.13 eindeutige) Lösung $u_1 = 1$, $u_2 = 1$, $u_3 = 1$. Zusammen mit Satz 2.6(iii) ist dann $E_i(T_J)$ die (nach Satz A.13 eindeutige)

Lösung des Gleichungssystems

$$u_1 = 1 + \tfrac{1}{6}u_1 + \tfrac{1}{6}u_2$$
$$u_2 = 1 + \tfrac{4}{6}u_1 + \tfrac{1}{6}u_2 + \tfrac{1}{6}u_3$$
$$u_3 = 1 + \tfrac{4}{6}u_2 + \tfrac{1}{6}u_3$$
$$u_i \geq 0$$

Insbesondere ist $u_1 = 102/85$, $u_2 = 60/17$, $u_3 = 342/85$ und damit $E_2(T_J) = 60/17$.

Mit $E(Z) = -1/2$ wird Spieler A benachteiligt. Um zu einem fairen Spiel zu gelangen, müsste man die Spielregeln dahingehend abändern, dass $E(Z) = 0$ gilt. Dies könnte bspw. dadurch erreicht werden, dass die Auszahlung beim Wurf einer 2, 3, oder 4 von 0 GE auf 1 GE erhöht würde.   ◇

Lösung zu Aufgabe 2.36

(a) Absorbierend ($p_{ii} = 1$) sind die Zustände 2 und 5.

(b1) $P_1(T_{\{2\}} < \infty) = 7/32$ ergibt sich nach Satz 2.6(ii) als Lösung des Gleichungssystems

$$u_1 = 0.1 + 0.4u_1 + 0.5u_3$$
$$u_3 = 0.2u_3 + 0.5u_4 + 0.3u_5$$
$$u_4 = 0.2u_1 + 0.1u_3 + 0.5u_4 + 0.2u_5$$
$$u_5 = u_5$$
$$0 \leq u_i \leq 1$$

(mit $u_1 = 7/32$, $u_3 = 1/16$, $u_4 = 1/10$, $u_5 = 0$).

(b2) $P_1(T_{\{2,5\}} < \infty) = 1$ erhält man entsprechend (mit $u_1 = 1$, $u_3 = 1$, $u_4 = 1$).

(c) Zustand 2 wird jetzt mit Wahrscheinlichkeit 0 erreicht, da die Markov-Kette den Anfangszustand 5 nicht verlässt. Der Zustand 5 und damit einer der beiden absorbierenden Zustände wird wieder mit Wahrscheinlichkeit 1 in endlicher Zeit erreicht.   ◇

Lösung zu Aufgabe 2.38

(a) Die Zustände 1, 2, 3 sind rekurrent (positiv-rekurrent), die Zustände 4 und 5 transient. Die zugehörigen rekurrenten Klassen sind $I_{R_1} = \{1, 2\}$ und $I_{R_2} = \{3\}$.

(b1)

$$
\begin{aligned}
P_5(T_2 = 4) &= P(X_4 = 2, X_3 \neq 2, X_2 \neq 2, X_1 \neq 2 \mid X_0 = 5) \\
&= \sum_{i_1 \neq 2} \sum_{i_2 \neq 2} \sum_{i_3 \neq 2} p_{5 i_1} p_{i_1 i_2} p_{i_2 i_3} p_{i_3 2} \\
&= 3/64
\end{aligned}
$$

(b2) $f_{52} = P_5(T_2 < \infty)$ kann man mit Hilfe von Satz 2.14(iii) durch Lösen eines Gleichungssystems bestimmen. Man kann aber auch der Übergangs-matrix unmittelbar entnehmen, dass man mit Wahrscheinlichkeit 1 in einem Schritt vom Zustand 5 in den Zustand 1 und damit in die Klasse I_{R_1} gelangt. Somit ist $f_{52} = f_{5 I_{R_1}} = f_{51} = 1$ (vgl. Satz 2.14 (iv)).

(c) Da der Zustand 3 absorbierend ist, wird er nicht verlassen. Somit sind $E_3(N_3) = \infty$ und $E_3(N_2) = 0$.

(d) Da der Zustand 3 absorbierend ist, wird er unendlich oft angenommen. Somit sind $P_3(N_3 = 5) = 0$ und $P_3(N_3 \geq 5) = 1$. $\Diamond$

Lösung zu Modul: Rückkehrverhalten   (Lernziel: Rückkehrverhalten)

Wir haben die transienten Zustände $i \in I_T = \{1, 2\}$ und die rekurrente Klasse $I_R = \{3, 4, 5\}$. Dem Übergangsgraphen entnimmt man

$$
\begin{aligned}
f_{11} &= p_{12} p_{22} p_{21} + p_{12} (p_{22})^2 p_{21} + p_{12} (p_{22})^3 p_{21} \ldots = p_{12} p_{22} p_{21} (1 - p_{22})^{-1} \\
f_{12} &= p_{12} = 1 \quad \text{(da nur ein Pfeil von 1 wegführt)} \\
f_{1j} &= 1 \quad \text{für } j \in I_R \quad \text{(da der Prozess mit Ws 1 in } I_R \text{ eintritt)} \\
f_{21} &= p_{21} + p_{22} p_{21} + (p_{22})^2 p_{21} + \ldots = p_{21} (1 - p_{22})^{-1} \\
f_{22} &= p_{22} + p_{21} p_{12} \\
f_{2j} &= 1 \quad \text{für } j \in I_R \quad \text{(da der Prozess mit Ws 1 in } I_R \text{ eintritt)} \\
f_{ij} &= 1 \quad \text{für } i, j \in I_R \text{ (nach Satz 2.14(i))} \\
f_{ij} &= 0 \quad \text{für } i \in I_R \text{ und } j \in I_T \text{ (nach Satz 2.14(ii)).} \quad \Diamond
\end{aligned}
$$

Lösung zu Aufgabe 2.40

(a)

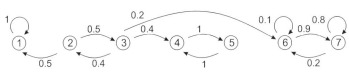

Übergangsgraph der Markov-Kette

(b) Die Zustände 1, 6 und 7 haben die Periode 1, die übrigen Zustände die Periode 2.

(c) Die Zustände 1, 4, 5, 6 und 7 sind rekurrent und bilden die drei rekurrenten Klassen $I_{R_1} = \{1\}$, $I_{R_2} = \{4, 5\}$ und $I_{R_3} = \{6, 7\}$.

(d) Die mittleren Rückkehrzeiten μ_{ii} der rekurrenten Zustände lassen sich über die Definition $E(T_i) = \sum_{n \in \mathbb{N}} n P(T_i = n)$ bestimmen. Bequemer ist jedoch der Weg über die stationären Verteilungen der irreduziblen Klassen I_{R_ν}, da nach Satz 2.20 gilt: $\pi_i^{(\nu)} = 1/\mu_{ii} > 0$ für alle $i \in I_{R_\nu}$.

Speziell für I_{R_1} gilt dann $\pi_1^{(\nu)} = 1 = 1/\mu_{11}$. Für I_{R_2} muss das zu lösende Gleichungssystem (2.10) $u_4 = u_5$ erfüllen. Zusammen mit (2.11) und (2.12) gilt dann $\pi_4^{(2)} = \pi_5^{(2)} = 1/2$ und schließlich $\mu_{44} = \mu_{55} = 2$. Für I_{R_3} liefert die Bedingung $u_6 = 0.1 u_6 + 0.2 u_7$ zusammen mit $u_6, u_7 \geq 0$ und $u_6 + u_7 = 1$ die stationäre Verteilung $\pi_6^{(3)} = 2/11$, $\pi_7^{(3)} = 9/11$ und damit $\mu_{66} = 11/2$, $\mu_{77} = 11/9$.

(e) Mit Hilfe von Satz 2.14 (i)-(iii) gilt $f_{ij} = 1$ für $i, j \in I_{R_\nu}$, $f_{ij} = 0$ für $i \in I_{R_\nu}$ und $j \notin I_{R_\nu}$ sowie $f_{ij} = 0$ für $i \in I_{R_\nu}$ und $j \in I_T = \{2, 3\}$.

Noch zu berechnen sind die Eintrittswahrscheinlichkeiten $f_{iI_{R_\nu}}$ (für $i \in I_T$ und $\nu = 1, 2, 3$) in die rekurrenten Klassen. Hierzu haben wir nach Satz 2.14 (iv) die folgenden Gleichungssysteme zu lösen:

I_{R_1}: $f_{21} = f_{2I_{R_1}} = 5/8$, $f_{31} = f_{3I_{R_1}} = 1/4$ als Lösung von

$$
\begin{aligned}
f_{2I_{R_1}} &= 0.5 + 0.5 f_{3I_{R_1}} \\
f_{3I_{R_1}} &= 0.4 f_{2I_{R_1}}
\end{aligned}
$$

I_{R_2}: $f_{24} = f_{25} = f_{2I_{R_2}} = 1/4$, $f_{34} = f_{35} = f_{3I_{R_2}} = 1/2$ als Lösung von

$$
\begin{aligned}
f_{2I_{R_2}} &= 0.5 f_{3I_{R_2}} \\
f_{3I_{R_2}} &= 0.4 + 0.4 f_{2I_{R_2}}
\end{aligned}
$$

I_{R_3}: $f_{26} = f_{27} = f_{2I_{R_3}} = 1/8$, $f_{36} = f_{37} = f_{3I_{R_3}} = 1/4$ als Lösung
von

$$
\begin{aligned}
f_{2I_{R_3}} &= 0.5 f_{3I_{R_3}} \\
f_{3I_{R_3}} &= 0.2 + 0.4 f_{2I_{R_3}}.
\end{aligned}
$$

Die weiteren mit * bezeichneten Elemente der Matrix

$$
F = \begin{pmatrix}
1 & 0 & 0 & 0 & 0 & 0 & 0 \\
5/8 & * & * & 1/4 & 1/4 & 1/8 & 1/8 \\
1/4 & * & * & 1/2 & 1/2 & 1/4 & 1/4 \\
0 & 0 & 0 & 1 & 1 & 0 & 0 \\
0 & 0 & 0 & 1 & 1 & 0 & 0 \\
0 & 0 & 0 & 0 & 0 & 1 & 1 \\
0 & 0 & 0 & 0 & 0 & 1 & 1
\end{pmatrix}
$$

sind für die asymptotische Entwicklung der Markov-Kette irrelevant.

(f) Neben den stationären Verteilungen der rekurrenten Klassen, die man durch $\pi_j^{(\nu)} = 0$ für $j \notin I_{R_\nu}$ auf I fortsetzt, erhält man mit jeder Konvex-kombination

$$
\pi_j = \sum_{\nu=1}^{3} \lambda_\nu \pi_j^{(\nu)}
$$

(wobei $\lambda_\nu \geq 0$ und $\sum \lambda_\nu = 1$ gilt) eine weitere stationäre Verteilung. Insbesondere ist dann mit $\lambda_1 = 1 - \lambda_2 - \lambda_3, \lambda_2, \lambda_3 \in [0,1]$ jede Verteilung

$$
\begin{aligned}
(\pi_1, \pi_2, \pi_3, \pi_4, \pi_5, \pi_6, \pi_7) &= (1 - \lambda_2 - \lambda_3) \cdot (1,0,0,0,0,0,0) \\
&\quad + \lambda_2 \cdot (0,0,0,\tfrac{1}{2},\tfrac{1}{2},0,0) \\
&\quad + \lambda_3 \cdot (0,0,0,0,0,\tfrac{2}{11},\tfrac{9}{11}) \\
&= (1 - \lambda_2 - \lambda_3, 0, 0, \tfrac{1}{2}\lambda_2, \tfrac{1}{2}\lambda_2, \tfrac{2}{11}\lambda_3, \tfrac{9}{11}\lambda_3)
\end{aligned}
$$

stationär. $\Diamond$

Lösung zu Aufgabe 2.41

Die Zuordnung einer Stelle (über den Mitarbeiter, der sie inne hat) zu einer Lohngruppe lässt sich (über die Zeit betrachtet) beschreiben durch eine Markov-Kette mit Zustandsraum $I = \{1,2,3\} \equiv \{L_1, L_2, L_3\}$ und Übergangsmatrix

$$P = \begin{pmatrix} 0.9 & 0.1 & 0 \\ 0.1 & 0.8 & 0.1 \\ 0.1 & 0 & 0.9 \end{pmatrix}.$$

Die Markov-Kette hat einen endlichen Zustandsraum und ist irreduzibel. Damit existiert nach Satz 2.20 genau eine stationäre Verteilung, die sich als Lösung des Gleichungssystems

$$\begin{aligned} u_1 &= 0.9u_1 + 0.1u_2 + 0.1u_3 \\ u_2 &= 0.1u_1 + 0.8u_2 \\ u_3 &= 0.1u_2 + 0.9u_3 \qquad (u_1, u_2, u_3 \geq 0, \ u_1 + u_2 + u_3 = 1) \end{aligned}$$

ergibt. Die zugehörige Lösung ist $\pi = (1/2, 1/4, 1/4)$. Zusammen mit Satz 2.31(ii) ergeben sich hieraus die langfristig zu erwartenden Kosten von $0.5 \cdot 2000 + 0.25 \cdot 3000 + 0.25 \cdot 4000 = 2750$ GE pro Mitarbeiter. $\diamond$

Lösung zu Aufgabe 2.43

Aus der Definition des Erwartungswertes von T folgt $E(T) = \sum_{t=1}^{\infty} tP(T = t)$. Nutzt man noch $t = \sum_{j=0}^{t-1} 1$ aus, so folgt die Behauptung durch Vertauschung der Summationsreihenfolge aus

$$E(T) = \sum_{t=1}^{\infty} \sum_{j=0}^{t-1} P(T = t) = \sum_{j=0}^{\infty} \sum_{t=j+1}^{\infty} P(T = t) = \sum_{j=0}^{\infty} P(T > j).$$

Entsprechend ergibt sich für eine stetige Zufallsvariable T mit der Dichte $f(t)$, wobei $f(t) = 0$ für $t < 0$:

$$\begin{aligned} E(T) &= \int_0^{\infty} t f(t) dt \\ &= \int_0^{\infty} \left(\int_0^t 1 ds \right) f(t) dt = \int_0^{\infty} \int_s^{\infty} f(t) dt ds = \int_0^{\infty} P(T > s) ds. \quad \diamond \end{aligned}$$

3 Poisson-Prozesse

Lösung zu Modul: Fischer   (Lernziel: Verdünnung eines Poisson-Prozesses)

Fassen Sie die vorbeiziehenden Fische als Poisson-Prozess mit Parameter λ auf. Dann ist die Zeit, die jeweils vergeht, bis ein Fisch wieder in Höhe der Angel ist, exponential-verteilt mit Parameter λ. Der Angler verändere den Strom der vorbeiziehenden Fische, indem er mit Wahrscheinlichkeit p einen vorbeiziehenden Fisch fängt. Man spricht von einer Verdünnung des Poisson-Prozesses. Die weiterschwimmenden Fische bilden dann einen Poisson-Prozess mit Parameter $\lambda(1-p)$, der unabhängig ist von dem ursprünglichen Prozess und dem Prozess der gefangenen Fische. Die Zeit, die der Angler auf einen anbeißenden Fisch warten muss, ist exponential-verteilt mit Parameter λp. Insbesondere muss er im Mittel $1/\lambda p$ Zeiteinheiten warten, bis ein Fisch anbeißt. $\Diamond$

Lösung zu Aufgabe 3.11

Sei $N(t)$ die Anzahl der bis zum Zeitpunkt $t \geq 0$ vorbeiziehenden Fische. $\{N(t), t \geq 0\}$ ist nach Voraussetzung ein Poisson-Prozess mit Parameter $\alpha = 0.5$.

(a) Ein vorbeiziehender Fisch beißt mit Wahrscheinlichkeit $p = 1/20$ an und mit Wahrscheinlichkeit $1 - p = 19/20$ nicht an. Nach Satz 3.9 zerfällt damit $\{N(t), t \geq 0\}$ in zwei unabhängige Teilprozesse $\{N_1(t), t \geq 0\}$ (mit Parameter αp) der gefangenen und $\{N_2(t), t \geq 0\}$ (mit Parameter $\alpha(1-p)$) der nicht gefangenen Fische. Nach Eigenschaft (ii) des Poisson-Prozesses ist dann $N_1(s+t) - N_1(s)$ Poisson-verteilt mit Parameter $\alpha p t$.

(b) $E(N(t)) = \alpha p t = 5$ gilt für $t = 200$. Damit muss er im Mittel 3 Stunden 20 Minuten auf sein Essen warten. Bereits nach einer Stunde hat er sein Essen nur mit Wahrscheinlichkeit 0.02 beisammen, da

$$P(N_1(60) \geq 5) = 1 - P(N_1(60) \leq 4) = 1 - \sum_{k=0}^{4} \frac{(\alpha p \cdot 60)^k}{k!} e^{-\alpha p \cdot 60} = 0.0186.$$

(c) Die Zuwächse in disjunkten Intervallen sind nach Eigenschaft (iii) des Poisson-Prozesses unabhängig. Damit hat die Fangquote der ersten Stunde keinen Einfluss auf die Folgezeit und es ist

$$P(N_1(120) - N_1(60) = 1, \ N_1(180) - N_1(120) = 1 \mid N_1(60) = 0)$$
$$= P(N_1(120) - N_1(60) = 1) \cdot P(N_1(180) - N_1(120) = 1)$$
$$= \left(60\alpha p \ e^{-60\alpha p}\right) \cdot \left(60\alpha p \ e^{-60\alpha p}\right) = 0.1120. \quad \Diamond$$

4 Markov-Prozesse

Lösung zu Aufgabe 4.17

Sei $X(t)$ die Anzahl der defekten Komponenten zum Zeitpunkt $t \geq 0$.

$\{X(t), t \geq 0\}$ ein stochastischer Prozess mit Zustandsraum $I = \{0, \ldots, 5\}$. In den Zuständen $i = 0, 1, 2$ ist das System intakt, in den Zuständen $i = 3, 4, 5$ ist das System defekt. Da im System, solange es nicht intakt ist, keine weitere Komponente ausfallen kann (und gleichzeitig nicht mehrere Komponenten ausfallen können oder nur mit Wahrscheinlichkeit Null), werden bei Start mit einem intakten System, also in einem der Zustände 0,1,2 (oder auch im defekten Zustand 3) die Zustände 4 und 5 nicht erreicht und können weggelassen werden. Damit reduziert sich der Zustandsraum auf $I = \{0, 1, 2, 3\}$.

Die (Rest-)Aufenthaltsdauern T_i in den Zuständen $i = 0, 1, 2, 3$ ergeben sich aus den (Rest-)Lebensdauern $A_1, \ldots, A_{5-i}$ der intakten Komponenten und der (Rest-)Dauer R der in Reparatur befindlichen Komponenten. Diese sind nach Satz A.1 wieder exponentialverteilt mit Parameter λ bzw. μ. Damit gilt nach Satz 4.13 für

$$i = 0 \quad : \quad T_0 = \min\{A_1, \ldots, A_5\} \text{ ist } \alpha_0\text{-exponentialverteilt}$$
$$\text{mit } \alpha_0 = 5\lambda$$
$$i = 1, 2 \quad : \quad T_i = \min\{A_1, \ldots, A_{5-i}, R\} \text{ ist } \alpha_i\text{-exponentialverteilt}$$
$$\text{mit } \alpha_i = (5 - i)\lambda + \mu$$
$$i = 3 \quad : \quad T_3 = R \text{ ist } \alpha_3\text{-exponentialverteilt mit } \alpha_3 = \mu$$

und für die zugehörigen Übergangswahrscheinlichkeiten q_{ij}

$$i = 0 \quad : \quad q_{01} = 1$$

$$i = 1, 2 \quad : \quad q_{i,i+1} = P(\min\{A_1, \ldots, A_{5-i}\} < R) = \tfrac{(5-i)\lambda}{(5-i)\lambda+\mu}$$

$$q_{i,i-1} = P(\min\{A_1, \ldots, A_{5-i}\} > R) = \tfrac{\mu}{(5-i)\lambda+\mu}$$

$$i = 3 \quad : \quad q_{32} = 1$$

Hieraus resultieren die Übergangsraten

$$b_{i,i+1} \quad = \quad \alpha_i q_{i,i+1} = (5-i)\lambda \quad \text{für } 0 \le i \le 2$$

$$b_{i,i-1} \quad = \quad \alpha_i q_{i,i-1} = \mu \quad\quad\quad \text{für } 1 \le i \le 3$$

Bequemer ist es natürlich, den Übergangsgraphen mit Hilfe der Raten der konkurrierenden Exponentialverteilungen direkt aufzustellen.

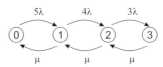

Übergangsgraph des 3-von-5 System mit heißer Reserve

Mit Hilfe des Übergangsgraphen kann man nun unmittelbar das Gleichungssystem zur Berechnung der stationären Verteilung aufstellen

$$
\begin{aligned}
5\lambda\pi_0 &= \mu\pi_1 \\
(4\lambda + \mu)\pi_1 &= 5\lambda\pi_0 + \mu\pi_2 \\
(3\lambda + \mu)\pi_2 &= 4\lambda\pi_1 + \mu\pi_3 \\
\mu\pi_3 &= 3\lambda\pi_2 \quad\quad (\pi_i \ge 0, \ \textstyle\sum_i \pi_i = 1)
\end{aligned}
$$

und erhält für $\lambda = 1$, $\mu = 5$ die Lösung $\pi_0 = 100/328$, $\pi_1 = 100/328$, $\pi_2 = 80/328$, $\pi_3 = 48/328$. Auf der Grundlage der stationären Verteilung ergibt sich dann:

durchschnittliche Verfügbarkeit   : $\pi_0 + \pi_1 + \pi_2 = 0.85$

durchschnittliche Anzahl
ausgefallener Komponenten   : $0\pi_0 + 1\pi_1 + 2\pi_2 + 3\pi_3 = 1.23$

Auslastungsgrad des Mechanikers   : $\pi_1 + \pi_2 + \pi_3 = 0.70.$

Nach Satz 4.16 (ii) gilt für die erwarteten Kosten pro Zeiteinheit:

$$g = \sum_{j=0}^{3} \pi_j r(j) = 0\pi_0 + (50+25)\pi_1 + (50+2\cdot25)\pi_2 + (50+3\cdot25+100)\pi_3 = 80.18.$$

Wir betrachten nun noch zwei Extremfälle: Für $\mu \to 0$ geht die erwartete Reparaturzeit $1/\mu$ gegen unendlich und wir haben quasi ein System ohne Reparatur, das ausfällt, sobald 3 Komponenten ausgefallen sind. Für $\mu \to \infty$

geht die erwartete Reparaturzeit $1/\mu$ gegen Null und wir haben ein redundantes System, das immer intakt ist und auch mit 3 Komponenten auskommen würde.

Abschließend betrachten wir noch den Einfluss eines zweiten Mechanikers auf die Kenngrößen des Systems. Mit Hilfe des Übergangsgraphen

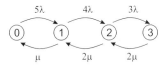

Übergangsgraph des 3-von-5 System mit heißer Reserve
(2 Bedienungskanäle)

kann man dann das Gleichungssystem zur Berechnung der stationären Verteilung aufstellen und erhält für $\lambda = 1$, $\mu = 5$ die Lösung $\pi_0 = 100/252$, $\pi_1 = 100/252$, $\pi_2 = 40/252$, $\pi_3 = 12/252$. Auf der Grundlage der stationären Verteilung ergeben sich dann: Durchschnittliche Verfügbarkeit: $\pi_0 + \pi_1 + \pi_2 = 0.95$, durchschnittliche Anzahl ausgefallener Komponenten: $0\pi_0 + 1\pi_1 + 2\pi_2 + 3\pi_3 = 0.86$, Auslastungsgrad der Mechaniker: $0.5\pi_1 + \pi_2 + \pi_3 = 0.40$.

Der Markov-Prozess ist wieder irreduzibel. Nach Satz 4.16 (ii) gilt dann für die durchschnittlichen Kosten pro Zeiteinheit: $g = \sum_{j=0}^{3} \pi_j r(j) = 0\pi_0 + (50 + 25)\pi_1 + (2 \cdot 50 + 2 \cdot 25)\pi_2 + (2 \cdot 50 + 3 \cdot 25 + 100)\pi_3 = 66.66$. Die weiteren Einzelheiten überlassen wir dem Leser.   ◊

Lösung zu Aufgabe 4.18

Die Situation an der Tankstelle lässt sich durch 8 Zustände beschreiben.

i=1 : Tankstelle leer

i=2 : Station 1 belegt

i=3 : Beide Stationen belegt

i=4 : Beide Stationen und Warteplatz belegt

i=5 : Station 1 frei, Station 2 belegt, Warteplatz frei

i=6 : Station 1 belegt, Bedienung an Station 2 abgeschlossen, Warteplatz frei

i=7 : Station 1 frei, Station 2 belegt, Warteplatz belegt

i=8 : Station 1 belegt, Bedienung an Station 2 abgeschlossen, Warteplatz belegt

Sei $X(t) = i$ die Belegung der Tankstelle zum Zeitpunkt $t \geq 0$. Dann ist $\{X(t), t \geq 0\}$ ein Markov-Prozess mit Zustandsraum $I = \{1, \ldots, 8\}$ und Übergangsgraph

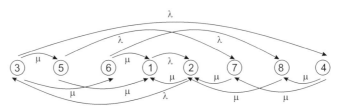

Übergangsgraph des Markov-Prozesses

Können die Autos aneinander vorbeifahren, so fallen die Einschränkungen durch die hintereinander angeordneten Stationen weg und wir können die Belegung der Tankstelle durch die Anzahl $i = 0, \ldots, 3$ der Autos auf dem Gelände beschreiben. Der zugehörige stochastische Prozess $\{X(t), t \geq 0\}$ ist ein Geburts- und Todesprozess mit Zustandsraum $I = \{0, 1, 2, 3\}$ und Übergangsgraph

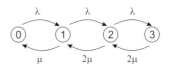

Übergangsgraph des $M/M/2/3$ - Systems

und damit ein $M/M/2/3$ - Wartesystem (vgl. Abschnitt 5.1). $\Diamond$

Lösung zu Modul: Jagdrevier (Lernziel: stationäre Verteilung)

(a) Sei $X(t)$ die Anzahl der Vögel zum Zeitpunkt $t \geq 0$. Dann lässt sich die Entwicklung der Population durch einen Markov-Prozess mit Zustandsraum $I = \{0, \ldots, n\}$ und Übergangsraten $b_{i,i+1} = k\lambda$ für $i = 0, \ldots, n-1$ und $b_{i,i-1} = m\mu$ für $i = 1, \ldots, n$ ($b_{ij} = 0$ sonst) beschreiben. Somit sind lediglich Übergänge in benachbarte Zustände möglich und es liegt ein Geburts- und Todesprozess vor.

(b) Nach Satz 4.11 existiert eine stationäre Verteilung und diese ist eindeutig. Ein Blick auf (4.10) und (4.11) zeigt, dass die stationäre Verteilung nur vom Verhältnis $\lambda : \mu$ abhängt.

(c) Ist $(k\lambda)/(m\mu) = 1$, so folgt $\pi_i = 1/(n+1)$, $i \in I$, aus (4.10) und (4.11).

(d) Mit Hilfe des Übergangsgraphen

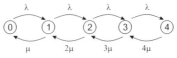

Übergangsgraph des Markov-Prozesses

kann man leicht das Gleichungssystem zur Berechnung der stationären
Verteilung aufstellen. Alternativ erhält man auch aus (4.9) die Beziehun-
gen $\pi_1 = \pi_0$, $\pi_2 = (1/2)\pi_0$, $\pi_3 = (1/6)\pi_0$, $\pi_4 = (1/24)\pi_0$ und durch
Normierung $\pi_0(1 + 1 + 1/2 + 1/6 + 1/24) = 1$ schließlich $\pi_0 = 0.37$.

(e) In (c) haben wir vollkommene Zufälligkeit. Daher die Gleichverteilung; in
    (d) haben wir eine starke Zunahme der Todesrate bei gleichzeitig konstan-
    ter Geburtsrate. Dadurch wird der Bestand automatisch „klein" gehalten.
    $\Diamond$

5 Anwendungen

Lösung zu Modul: $M/M/1$ - System   (Lernziel: Null-Rekurrenz des Markov-
Prozesses)

Im Falle des $D/D/1$ - Wartesystems mit (konstanten) Zwischenankunftszeiten $1/\lambda$ und (konstanten) Bedienungszeiten $1/\mu$ ist die Anzahl der Kunden
im System (im wesentlichen) konstant.

Liegt ein $M/M/1$ - Wartesystem vor, so existiert nach Satz 4.12 keine stationäre Verteilung und es ist $\lim_{t\to\infty} p_{ij}^{(t)} = 0$. $\Diamond$

Lösung zu Modul: $M/M/1/k$ - System   (Lernziel: Vergleich von Wartesystemen)

Ein Vergleich der Formeln von L, W und $1/\mu$ liefert, dass L und W im
Modell $M/M/1$ größer sind als im Modell $M/M/1/k$. Die durchschnittliche
Bedienungszeit $1/\mu$ ist in beiden Systemen gleich. $\Diamond$

Lösung zu Modul: $M/M/c$ - System   (Lernziel: Vergleich von Wartesystemen)

Der Einfachheit halber sei $c = 2$. W_q (bzw. W_q') bezeichne die Wartezeit in
einem $M/M/1$ - System (bzw. $M/M/2$ - System) mit Ankunftsrate λ (bzw.

2λ) und Bedienungsrate μ. Dann folgt aus Beispiel 5.1 mit $\rho = \lambda/\mu$

$$
\begin{aligned}
W_q - W_q' &= \frac{\rho^2}{1-\rho} \cdot \frac{1}{\lambda} - \frac{(2\lambda/\mu)^2}{2!} \cdot \frac{(2\lambda/2\mu)\pi_0}{(1-2\lambda/2\mu)^2} \cdot \frac{1}{\lambda} \\
&= \frac{\rho^2 \pi_0}{\lambda(1-\rho)} \left[\frac{1}{\pi_0} - \frac{2\rho}{1-\rho} \right] \\
&= \frac{\rho^2 \pi_0}{\lambda(1-\rho)} \left[1 + 2\rho + \frac{2\rho^2}{1-\rho} - \frac{2\rho}{1-\rho} \right] \\
&= \frac{\rho^2 \pi_0}{\lambda(1-\rho)} \\
&\geq 0 \qquad \Diamond
\end{aligned}
$$

Lösung zu Aufgabe 5.17

(a) Das Jackson Netzwerk ist offen, da $\lambda_1 = 2 > 0$ und $w_1 = 1 - \sum_{j=1}^{3} p_{1j} = 0.5 > 0$ gilt.

(b) Die Gesamtankunftsraten $\gamma_1 = 13/2$, $\gamma_2 = 15/2$, $\gamma_3 = 25/4$ ergeben sich als Lösung des Gleichungssystems (5.3)

$$
\begin{aligned}
\gamma_1 &= 2 + 0.6\gamma_2 \\
\gamma_2 &= 5 + 0.4\gamma_3 \\
\gamma_3 &= 0.5\gamma_1 + 0.4\gamma_2.
\end{aligned}
$$

(c) Wegen $\gamma_k/\mu_k < 1$ für $k = 1, 2, 3$ besitzt das System nach Satz 5.5 eine stationäre Verteilung, die in der Produktform

$$
\pi_{(i_1, i_2, i_3)} = \prod_{k=1}^{3} \left(\frac{\gamma_k}{\mu_k} \right)^{i_k} \left(1 - \frac{\gamma_k}{\mu_k} \right) = \left(\frac{1}{2} \right)^{i_1} \frac{1}{2} \cdot \left(\frac{5}{6} \right)^{i_2} \frac{1}{6} \cdot \left(\frac{5}{8} \right)^{i_3} \frac{3}{8}
$$

darstellbar ist. Insbesondere gilt $\pi(0,0,0) = 1/32$, $L = \sum_{k=1}^{3} \frac{\gamma_k}{\mu_k - \gamma_k} = 23/3$ und $W = L/(\sum_{k=1}^{3} \lambda_k) = 23/21$. $\Diamond$

Lösung zu Fallstudie: Bürgerbüro

Die Ausgangssituation kann durch ein $M/M/1$ - Wartesystem mit $\lambda = 1/12$ und $\mu = 1/10$ beschrieben werden.

Durch das Aufstellen der Stühle und das dadurch geänderte Verhalten der Kunden entsteht in $M/M/1/K$ - System mit $\lambda = 1/12$, $\mu = 1/10$ und $K = 5$.

Die standardisierte Software soll ein $M/D/1$ - System mit $\lambda = 1/12$ und konstanten Bedienungszeiten $B = 10$ bringen, tatsächlich handelt es sich um ein $M/G/1$ - System mit $E(B) = 10$ und $Var(B) = 25$.

Auf der Grundlage der zugehörigen stationären Verteilungen (vgl. Beispiele 5.1-5.3) ergeben sich die folgenden Kenngrößen:

$$
\begin{array}{llllll}
M/M/1 & : & L = 5.00 & W = 60.00 & \pi_0 = 0.17 \\
M/M/1/K & : & L = 1.98 & W = 26.40 & \pi_0 = 0.25 \\
M/D/1 & : & L = 2.92 & W = 35.00 & \pi_0 = 0.17 \\
M/G/1 & : & L = 3.43 & W = 41.25 & \pi_0 = 0.17
\end{array}
$$

Durch die Beschränkung der Warteplätze reduziert sich für die Bürger, die kein volles Büro vorfinden, die Verweildauer W und es erhöht sich die Wahrscheinlichkeit π_0, sofort bedient zu werden.

Mit Einführung der neuen Software bleibt die Wahrscheinlichkeit π_0, sofort bedient zu werden, unverändert. Die Verweildauer reduziert sich jedoch aufgrund der geringeren Varianz der Bedienungszeit.

Lösung zu Fallstudie: Internetcafé

Aus der Problembeschreibung ergeben sich die folgenden Annahmen:

- Schonender Umgang mit den Ressourcen, aber keine Restriktionen bei finanziellen Transaktionen.
- Die Zwischenankunftszeiten der Kunden, die Arbeitszeiten am PC, die Wartezeiten der Kunden an den Tischen und die Wartezeiten an der Bar sind exponentialverteilt mit Parameter $\lambda = 12$, $\mu_{PC} = 6$, $\mu_{Tisch} = 2$ bzw. $\mu_{Bar} = 8$ (und unabhängig).
- Ein Kunde, der an einem PC arbeitet, bringt pro Stunde einen Gewinn $g_{PC} = 5$ GE; ein am Tisch (an der Bar) wartender Kunde pro Stunde einen Gewinn von $g_{Tisch} = 3$ ($g_{Bar} = -1$) GE.
- Das Internetcafé ist 300 Stunden pro Monat geöffnet.
- Kurze Einschwingphasen ermöglichen einen Vergleich auf der Grundlage der stationären Verteilungen.

(a) Erste Schritte als Unternehmer (Planzahlen)

Unter der Annahme, dass keine Ressourcen verschwendet werden dürfen, werden zunächst die Tische auf den Stellflächen A als Arbeitsplätze eingerichtet und wenn diese nicht ausreichen, müssen auch die Tische auf den Stellflächen B weichen. Der Tisch auf Stellfläche C ist damit ausschließlich für wartende Kunden vorgesehen. Sei c_1 (bzw. c_2) die Anzahl der Arbeitsplätze (bzw. Sitzplätze).

Relevant sind die folgenden Alternativen mit den Werten:

Anordnung	c_1	c_2	$Gewinn/Monat$
I	2	10	4519,47 GE
II	3	7	3153,16 GE
III	4	4	3035,17 GE

Beispielsweise bezeichnet Anordnung II, dass die beiden Tische auf A als Arbeitsplätze eingerichtet sind, ein Tisch auf B als Arbeitsplatz dient und der andere 3 Sitzplätze bietet. Die restlichen 4 Sitzplätze sind am Tisch auf C.

Sei $K = c_1 + c_2$. Jede dieser Anordnungen repräsentiert ein Wartesystem, das sich durch einen Geburts- und Todesprozess beschreiben lässt. Es unterscheidet sich jedoch von einem $M/M/c_1/K$ - System, da die Kunden unter Umständen das System verlassen ohne vorher bedient worden zu sein!

Der Geburts- und Todesprozess hat den Zustandsraum $I = \{0, \ldots, K\}$, wobei entweder alle i Kunden bedient werden ($i \leq c_1$) oder c_1 Kunden bedient werden und die restlichen Kunden warten ($i > c_1$). Für die Geburtsraten gilt $\lambda_i = \lambda$ (für $i < K$), für die Todesraten erhalten wir

$$\mu_i = \begin{cases} i \cdot \mu_{PC} & \text{für } 1 \leq i \leq c_1 \\ c_1 \cdot \mu_{PC} + (i - c_1) \cdot \mu_{Tisch} & \text{für } c_1 < i \leq K. \end{cases}$$

Auf der Grundlage der stationären Verteilung π (sie ergibt sich aus (4.10) und (4.11)) folgt für den erwarteten Gewinn pro Monat:

$$G_{(c_1, c_2)} = 300 \cdot \left[\sum_{i=0}^{c_1} i \cdot g_{PC} \cdot \pi_i + \sum_{i=c_1+1}^{K} [c_1 \cdot g_{PC} + (i - c_1) \cdot g_{Tisch}] \cdot \pi_i \right].$$

(b) Weitere Warteplätze an der Bar (Planzahlen)

Sei c_3 die Anzahl der Plätze an der Bar. Es existieren die folgenden Anordnungen mit den Werten:

Anordnung	c_1	c_2	c_3	$Gewinn/Monat$
I'	2	6	6	4473,89 GE
II'	3	3	6	3089,70 GE
III'	4	0	6	2850,71 GE

Mit $K = c_1 + c_2 + c_3$ hat der zugehörige Geburts- und Todesprozess den Zustandsraum $I = \{0, \ldots, K\}$, wobei entweder alle i Kunden bedient werden ($i \leq c_1$) oder c_1 Kunden bedient werden und die restlichen an den Tischen warten ($c_1 < i \leq c_2$) oder c_1 Kunden bedient werden, c_2 Kunden an den Tischen warten und die restlichen an der Bar Platz genommen haben ($i > c_1 + c_2$). Für die Geburtsraten gilt

$\lambda_i = \lambda$ (für $i < K$), für die Todesraten erhalten wir

$$
\mu_i = \begin{cases}
i \cdot \mu_{PC} & \text{für } 1 \leq i \leq c_1 \\
c_1 \cdot \mu_{PC} + (i - c_1) \cdot \mu_{Tisch} & \text{für } c_1 < i \leq c_1 + c_2 \\
c_1 \cdot \mu_{PC} + c_2 \cdot \mu_{Tisch} + (i - c_1 - c_2) \cdot \mu_{Bar} & \text{für } c_1 + c_2 < i \leq K.
\end{cases}
$$

Auf der Grundlage der stationären Verteilung π ergibt sich dann für den erwarteten Gewinn pro Monat:

$$
\begin{aligned}
G_{(c_1, c_2, c_3)} = {} & 300 \cdot \left[\sum_{i=0}^{c_1} i \cdot g_{PC} \cdot \pi_i + \sum_{i=c_1+1}^{c_1+c_2} [c_1 \cdot g_{PC} + (i - c_1) \cdot g_{Tisch}] \cdot \pi_i \right. \\
& \left. + \sum_{i=c_1+c_2+1}^{c_1+c_2+c_3} [c_1 \cdot g_{PC} + c_2 \cdot g_{Tisch} + (i - c_1 - c_2) \cdot g_{Bar}] \cdot \pi_i \right]
\end{aligned}
$$

(c) Das „grüne Café" (Planzahlen)

Durch die Nebenbedingung, dass mindestens 11 Pflanzen benötigt werden, um den gewünschten Effekt zu erzielen, ergeben sich die folgenden Anordnungen:

Anordnung	c_1	c_2	c_3	Gewinn/Monat
I"	2	6	0	4007,23 GE
II"	3	3	0	3124,64 GE
III"	4	0	0	2714,29 GE
IV"	2	6	3	5011,06 GE
V"	3	3	3	3230,35 GE
VI"	4	0	3	2914,55 GE

Die Struktur des stochastischen Prozesses ändert sich nicht gegenüber (b). Lediglich μ_{Tisch} und μ_{Bar} verkleinern sich. Bei 11 Pflanzen (Anordnungen IV" - VI") gilt: $\mu_{Tisch} = 1$ und $\mu_{Bar} = 4$. Bei 14 Pflanzen (Anordnungen I" - III") gilt: $\mu_{Tisch} = 60/69$ und $\mu_{Bar} = 80/23$.

(d) Erweiterung des Internetcafés (Planzahlen)

Durch die Wegnahme der Barhocker und die Begrünung (14 Pflanzen) ergeben sich drei nicht dominierte Anordnungen. Diese werden um die Varianten ergänzt, bei denen durch die Anmietung des zusätzlichen Raums 3 weitere Arbeitsplätze angeboten werden können.

Anordnung	c_1	c_2	$Gewinn/Monat$
I"'	2	6	4007,23 GE
II"'	3	3	3124,64 GE
III"'	4	0	2714,29 GE
IV"'	5	6	932,74 GE
V"'	6	3	2504,00 GE
VI"'	7	0	2489,68 GE

Der Geburts- und Todesprozess ist wie in (a) aufgebaut. Die zusätzliche Miete von 500 GE ist bei den betroffenen Anordnungen im Gewinn pro Monat berücksichtigt (vom Brutto-Gewinn abgezogen).

(e) Theorie trifft Praxis

Auf der Grundlage der stationären Verteilung ergeben sich die folgenden Kennzahlen, die wir, bezogen auf einen Tag, den beobachteten Werten gegenüberstellen:

	Notizen	stationäre Verteilung
Nutzung der PCs :	17 h 20 min	22 h 25 min
Nutzung der Warteplätze :	4 h 14 min	4 h 40 min
Gewinn an diesem Tag:	99,37 GE	126,13

Wir hoffen, dass es dem Leser inzwischen leicht fällt, diesen scheinbaren Widerspruch aufzuklären.

6 Markovsche Entscheidungsprozesse

Lösung zu Aufgabe 6.48

(a) Wertiteration mit Extrapolation ergibt

n	$v_n(1)$	$v_n(2)$	$f_n(1)$	$f_n(2)$	$w_n^-(1)$	$w_n^+(1)$	$w_n^-(2)$	$w_n^+(2)$
0	0	0	-	-	-	-	-	-
1	100.0	150.0	1	2	200.0	250.0	250.0	300.0
2	155.0	210.0	1	2	210.0	215.0	265.0	270.0
3	183.0	238.0	1	2	211.0	211.5	266.5	267.0

(b) Der relative Fehler der Approximation $(w_3^+ + w_3^-)/2$ ist kleiner oder gleich $\|(w_3^+ - w_3^-)/2w_3^-\| = 0.0012$.

(c) Für f_3 gilt $V - V_{f_3} \leq w_3^+ - w_3^- = 0.5$ und damit die Behauptung.

(d) Erhöht man die einstufigen Gewinne um eine Konstante c, so hat dies einen Einfluss auf die Wertfunktion (sie erhöht sich um $c/(1-\alpha)$), nicht aber auf die Optimalität einer Entscheidungsregel.

(e) Für $f(i) = i$, $i \in I$, stimmen das angegebene Gleichungssystem und $V_f = U_f V_f$ überein. Wendet man den Operator U auf V_f an, so ist $U V_f = U_f V_f$ und damit V_f optimal.

(f) Zusammen mit Satz 6.9 ist $V(1) = w_1^* = 1900/9, V(2) = w_2^* = 800/3$. Die Schlupfvariablen s_i^*, die den Wert Null annehmen, legen die optimalen Aktionen fest (vgl. Beispiel 6.11); insbesondere sind $s_1^* = 0$ (entspricht Aktion 1 im Zustand 1) und $s_4^* = 0$ (entspricht Aktion 2 im Zustand 2).

(g) Nach Satz 6.10 führen die positiven Strukturvariablen x_{ij}^* auf die optimalen Aktionen; insbesondere sind $x_{11}^* > 0$ (entspricht Aktion 1 im Zustand 1) und $x_{22}^* > 0$ (entspricht Aktion 2 im Zustand 2). Die Schattenpreise der Schlupfvariablen liefern die Wertfunktion (vgl. Beispiel 6.11). Insbesondere gilt $s_1^* \triangleq 1900/9 = V(1)$, $s_2^* \triangleq 800/3 = V(2)$. $\Diamond$

Lösung zu Aufgabe 6.49

Das Entscheidungsproblem lässt sich reduzieren auf einen MEP mit

(i) $I = \{s_{min}, \dots, s_{max}\} \times \{0, \dots, 83\}$; s_i bezeichnet den Benzinpreis, ℓ_j die Benzinmenge im Tank.

(ii) $A = \{0, \dots, 83\}$, $D(s, \ell) = D(\ell)$ und $D(\ell) = \{0, \dots, 83 - \ell\}$ für $\ell \geq 2$ und $D(\ell) = \{2 - \ell, \dots, 83 - \ell\}$ für $\ell \leq 1$.

(iii) $p_{ij}(a) = p_{(s,\ell),(s',\ell')}(a) = q_{ss'}$ für $\ell' = \ell + a - 2$ und 0 sonst; die Übergangsmatrix $Q = (q_{ss'})$ steht für die Benzinpreisveränderung.

(iv) $r(i, a) = -a \cdot s$ für $i = (s, \ell)$, $a \in D(\ell)$.

Für $\alpha \in (0, 1)$ ergibt sich dann die anzustrebende Tankstrategie aus der Lösung der Optimalitätsgleichung

$$\Psi(s, \ell) = \min_{a \in D(\ell)} \left\{ a \cdot s + \alpha \sum_{s' = s_{min}}^{s_{max}} q_{ss'} \Psi(s', \ell + a - 2) \right\}$$

(in der Darstellung als Minimierungsproblem). $\Diamond$

Lösung zu Aufgabe 6.51

Die fehlende Übergangswahrscheinlichkeit ist $1 - \lambda$. Dies setzt jedoch voraus, dass $\lambda \in [0, 1]$ ist. Für $\lambda = 1$ besitzt bspw. die der Entscheidungsregel $f(i) = 2$, $i \in I$, zugeordnete Markov-Kette zwei rekurrente Klassen. Damit ist Voraussetzung (C) nicht erfüllt. Für $\lambda < 1$ hingegen besitzen alle Markov-Ketten nur eine rekurrente Klasse und Voraussetzung (C) ist erfüllt. ◊

Lösung zu Aufgabe 6.52

(a) Es gibt insgesamt vier Entscheidungsregeln (und damit stationäre Strategien) $f_1(1) = 1$, $f_1(2) = 1$; $f_2(1) = 1$, $f_2(2) = 2$; $f_3(1) = 2$, $f_3(2) = 1$; $f_4(1) = 2$, $f_4(2) = 2$.

(b) Für alle $f \in F$ haben die Übergangsmatrizen der zugeordneten Markov-Ketten nur positive Einträge. Damit sind alle zugeordneten Markov-Ketten irreduzibel und die Voraussetzung (C) ist erfüllt.

(c) Wertiteration mit Extrapolation ergibt

n	$v_n(1)$	$v_n(2)$	$f_n(1)$	$f_n(2)$	c_n^-	c_n^+
0	0	0	-	-	-	-
1	100	150	1	2	100	150
2	210	270	1	2	110	120
3	322	384	1	2	112	114

(d) Zusammen mit Satz 6.29(i) gilt: $112 = c_3^- \le g \le c_3^+ = 114$.

(e) Mit Satz 6.29(ii) folgt für $f(i) = i$, $i \in I$, weiter: $g - g_{f_3} \le c_3^+ - c_3^- = 2$.

(f) Wählt man $h_f(1) = 0$, so hat man das lineare Gleichungssystem

$$\begin{aligned} x_g - 0.2x_2 &= 100 \\ x_g + 0.3x_2 &= 0 \end{aligned}$$

für $f(i) = 1$, $i \in I$, zu lösen.

(g) Zusammen mit Satz 6.31 ist $g = w_0^* = 225/2$. Die Schlupfvariablen s_i^*, die den Wert Null annehmen, legen die optimalen Aktionen fest; insbesondere sind $s_1^* = 0$ (entspricht Aktion 1 im Zustand 1) und $s_4^* = 0$ (entspricht Aktion 2 im Zustand 2). ◊

Lösung zu Aufgabe 6.53

Die Entscheidungssituation lässt sich durch einen MEP beschreiben mit

(i) $I = \{0, \ldots, 10\}$; i bezeichnet die Anzahl wartender Kunden.

(ii) $A = \{0, 1\} \equiv \{\textit{Zusatzkasse nicht öffnen}, \textit{Zusatzkasse öffnen}\}$; $D(i) = A$ für $i < 10$ und $D(10) = \{1\}$.

(iii) $p_{ij}(a) = \lambda_\ell$ für $i \in I$, $a \in D(i)$, $j = \max\{0, i - 2 - a\} + \ell$.

(iv) $r(i, a) = -c_w i - a c_z$ für $(i, a) \in D$.

Die zugehörige Optimalitätsgleichung lautet

$$g + h(i) = \max_{a \in D(i)} \left\{ -a c_z - c_w i + \sum_{\ell=0}^{3} \lambda_\ell h(\max\{0, i - 2 - a\} + \ell) \right\}, \quad i \in I. \quad \Diamond$$

Lösung zu Aufgabe 6.54

Der zugehörige MEP besteht aus:

(i) $I = \mathbb{N}_0 \times \mathbb{N}_0 \times \{1, 2\}$; $i = (i_1, i_2, s)$ gibt die Anzahl i_k der Kunden am Warteraum k an, s die Zuordnung der Station.

(ii) $A = \{1, 2\}$; Aktion a legt fest, welchem Warteraum die Station zugeordnet wird; $D(i) = A$ für $i \in I$.

(iii) Die Übergangswahrscheinlichkeiten ergeben sich durch Fallunterscheidung. Für $s = 1$, $i_1, i_2 > 0$, $a = 1$ gilt:

$(i_1, i_2, 1) \to (i_1 - 1, i_2, 1)$ Ws $\mu(1 - \lambda)(1 - \omega)$

$(i_1, i_2, 1) \to (i_1, i_2, 1)$ Ws $\mu\lambda(1 - \omega) + (1 - \mu)(1 - \lambda)(1 - \omega)$

$(i_1, i_2, 1) \to (i_1 + 1, i_2, 1)$ Ws $(1 - \mu)\lambda(1 - \omega)$

$(i_1, i_2, 1) \to (i_1 - 1, i_2 + 1, 1)$ Ws $\mu(1 - \lambda)\omega$

$(i_1, i_2, 1) \to (i_1, i_2 + 1, 1)$ Ws $\mu\lambda\omega + (1 - \mu)(1 - \lambda)\omega$

$(i_1, i_2, 1) \to (i_1 + 1, i_2 + 1, 1)$ Ws $(1 - \mu)\lambda\omega$

Analog für die restlichen Fälle.

(iv) $r(i_1, i_2, s, a) = -c_1 i_1 - c_2 i_2$ für $s = a$ und
$r(i_1, i_2, s, a) = -\zeta - c_1 i_1 - c_2 i_2$ für $s \neq a$.

Ist $\lambda + \omega < \mu$, so sind die Voraussetzungen (C1) und (C2) erfüllt und Satz 6.24 anwendbar. Siehe Sennott (1999), Seite 166 f. $\Diamond$

Lösung zu Aufgabe 6.56

Die Spielsituation lässt sich durch einen 3−stufigen MEP beschreiben mit

(i) $I = \{0, 1, \ldots, 6\}$; $i = 0$ steht für Spielende, $i > 0$ für Ergebnis des letzten Wurfes.

(ii) $A = \{0, 1\} \equiv \{weiterspielen, beenden\}$; $D(i) = A$ für $i \in I$.

(iii) $p_{n,ij}(0) = 1/6$ für $i, j > 0$, $p_{n,i0}(1) = 1$ für $i > 0$, $p_{n,00}(a) = 1$ für $a \in A$ und 0 sonst.

(iv) $r_n(i, a) = a \cdot i$ für $i \in I$, $a \in A$.

(v) $v_0(i) = i$ für $i \in I$.

Die Optimalitätsgleichung reduziert sich für $n = 3, 2, 1$ auf $v_n(0) = 0$ und $v_n(i) = \max\{i, \sum_{j=1}^{6} \frac{1}{6} v_{n-1}(j)\}$ für $i > 0$. Rückwärtsrechnung ergibt dann $v_1(i) = \max\{i, \frac{7}{2}\}$, $v_2(i) = \max\{i, \frac{17}{4}\}$, $v_3(i) = \max\{i, \frac{14}{3}\}$ und damit die optimale Strategie $(f_3, f_2, f_1) \in F^3$, wobei $f_1(i) = 1$ für $i \geq 4$ und $f_2(i) = f_3(i) = 1$ für $i \geq 5$.

Sei $\rho_n := \frac{1}{6} \sum_{j=1}^{6} v_{n-1}(j)$ und somit $v_n(i) = \max\{i, \rho_n\}$ für $i > 0$. Dann ist $f_n(i) = 1$ für $i_n^* := \min\{i \in \mathbb{N} \mid i \geq \rho_n\}$. Es bleibt noch zu zeigen, dass ρ_n monoton fallend in n ist. Wegen $v_n(i) = \max\{i, \rho_n\} \geq \rho_n$ für alle $i > 0$ folgt dies unmittelbar aus $\rho_{n+1} = \frac{1}{6} \sum_{j=1}^{6} v_n(i) \geq \frac{1}{6} \sum_{j=1}^{6} \rho_n = \rho_n$. Das Ergebnis ist nicht überraschend. Mit zunehmender Dauer des Spiels (abnehmender Anzahl von Wahlmöglichkeiten) nimmt der Anspruch von Spieler 1 ab. ◊

Lösung zu Aufgabe 6.57

Das in der Aufgabe beschriebene Grundmodell des Dynamic Pricing (im Rahmen des Revenue Management) lässt sich zurückführen auf einen N−stufigen MEP mit

(i) $I = \{0, \ldots, C\}$; i bezeichnet die Restkapazität an Sitzplätzen.

(ii) $A = \{a_0, a_1, \ldots, a_M\}$; $D(i) = A$ für $i > 0$ und $D(0) = \{a_0\}$, wobei der zusätzliche Angebotspreis a_0 so gewählt ist, dass $q_n(a_0) = 0$ für $n = 1, \ldots, N$.

(iii) Für $i > 0$, $a \in A$ ist $p_{n;ij}(a) = \lambda_n q_n(a)$ für $j = i - 1$ und $p_{n;ij}(a) = (1 - \lambda_n) + \lambda_n(1 - q_n(a)) = 1 - \lambda_n q_n(a)$ für $j = i$. Weiter ist $p_{n;00}(a_0) = 1$.

(iv) $r_n(i, a) = a \lambda_n q_n(a)$ für $i \in I$, $a \in D(i)$.

(v) $v_0(i) = 0$ für $i \in I$ (da keine Überbuchung zugelassen ist).

Die zu lösende Optimalitätsgleichung lautet

$$v_n(i) = \max_{a \in D(i)} \left\{ \lambda_n q_n(a)[a + v_{n-1}(i - 1)] + [1 - \lambda_n q_n(a)]v_{n-1}(i) \right\}, \quad i \in I. \quad \Diamond$$

Lösung zu Aufgabe 6.58

Das Entscheidungsproblem des Einbrechers lässt sich reduzieren auf einen MEP mit absorbierender Menge und

(i) $I = I_w \cup I_{ab}$, wobei $i \in I_w := \{0, \ldots, M + z_{max}\}$ das bisher erbeutete Geld bezeichnet und i_{ab}^1 (Festnahme) und i_{ab}^2 (bereits zur Ruhe gesetzt) die beiden absorbierenden Zustände.

(ii) $A = \{0, 1\} \equiv \{fortsetzen, abbrechen\}$; $D(i) = A$ für $i < M$, $i \in I_{ab}$ und $D(i) = 1$ für $i \geq M$.

(iii) $p_{ij}(0) = p q_{j-i}$ für $i < M$, $1 \leq j - i \leq z_{max}$, $p_{ij}(0) = 1 - p$ für $i < M$, $j = i_{ab}^1$ und $p_{ij}(1) = 1$ für $i \in I_w$, $j = i_{ab}^2$.

(iv) $r(i, a) = a \cdot i$ für $i \in I_w$, $a \in D(i)$.

Für $\alpha = 1$ ist $\|e_1\| = p < 1$ und man erhält (reduziert auf den wesentlichen Zustandsraum I_w) die Optimalitätsgleichung

$$V(i) = \max \left\{ i, \; p \sum_{z=1}^{z_{max}} q_z V(i + z) \right\}, \quad i < M,$$

und $V(i) = i$ für $i \geq M$. Ferner kann man zeigen, dass ein $i^* \leq M$, $i^* :=$ $\inf\{i < M \mid i \geq p\sum_{z=1}^{z_{max}} q_z V(i+z)\}$ (mit $\inf\{\emptyset\} = M$) existiert, so dass $f^* \in F$ mit $f^*(i) = 1$ für $i \geq i^*$ und $f^*(i) = 0$ für $i < i^*$ optimal ist. $\Diamond$

Lösung zu Aufgabe 6.60

Der BEP lässt sich reduzieren auf einen $\widehat{\text{MEP}}$ mit

(i) $\hat{I} = \{-m, \ldots, M\} \times W_\Theta$; $(i, \eta) \in \hat{I}$ besteht aus dem Lagerbestand $i \in I$ und der aktuellen Information $\eta \in W_\Theta$ über ϑ.

(ii) $\hat{A} = A$ und $\hat{D}(i, \eta) = D(i) = \{\max\{0, i\}, \ldots, M\}$ für $(i, \eta) \in \hat{I}$; a ist der Lagerbestand unmittelbar nach der Bestellentscheidung.

(iii) $\hat{p}_{(i,\eta),(j,Y(i,a,j,\eta))}(a) = \sum_{\vartheta \in \Theta} \eta(\vartheta) q_\vartheta(a - j)$, $(i, a) \in D$, $a - j \in \{0, \ldots, m\}$, $\eta \in W_\Theta$.

(iv) $\hat{r}((i, \eta), a) = -c(a - i) - \alpha \sum_{z=0}^{m} \sum_{\vartheta \in \Theta} \eta(\vartheta) q_\vartheta(z) l(a - z)$ für $(i, a) \in D$ und $\eta \in W_\Theta$.

Die Optimalitätsgleichung des zugeordneten $\widehat{\text{MEP}}$ lautet:

$$\hat{V}(i, \eta) = \max_{a \in D(i)} \left\{ -c(a - i) - \alpha \sum_{z=0}^{m} \sum_{\vartheta \in \Theta} \eta(\vartheta) q_\vartheta(z) l(a - z) \right.$$
$$\left. + \alpha \sum_{z=0}^{m} \sum_{\vartheta \in \Theta} \eta(\vartheta) q_\vartheta(z) \hat{V}(j, Y(i, a, j, \eta)) \right\}.$$

Die resultierende Bestellpolitik hängt damit neben dem Lagerbestand i_n noch von der aktuellen Information $\mu_n(h_n; \cdot)$ über den unbekannten Parameter ϑ ab. $\Diamond$

Symbolverzeichnis

$\mathbb{N}$	Menge der natürlichen Zahlen	
$\mathbb{N}_0$	Menge der nichtnegativen ganzen Zahlen	
$\mathbb{Z}$	Menge der ganzen Zahlen	
$\mathbb{R}$	Menge der reellen Zahlen	
$\mathbb{R}_+$	Menge der nichtnegativen reellen Zahlen	
$P(A\vert B)$	bedingte Wahrscheinlichkeit von A unter B	219
$P_i(A)$	bedingte Wahrscheinlichkeit von A unter $\{X_0 = i\}$	18
$E_i(T)$	bedingter Erwartungswert von T unter $\{X_0 = i\}$	18
p_{ij}	Übergangswahrscheinlichkeit einer homogenen Markov-Kette	15
$P = (p_{ij})$	Übergangsmatrix einer homogenen Markov-Kette	15
$p_{ij}^{(n)}$	n-Schritt Übergangswahrscheinlichkeit einer homogenen Markov-Kette	15
$p_{ij}(t)$	Übergangswahrscheinlichkeit eines homogenen Markov-Prozesses in t Zeiteinheiten	83
$\dot{p}_{ij}(t)$	Ableitung der Übergangswahrscheinlichkeit $p_{ij}(t)$	83
b_{ij}	Übergangsrate des Markov-Prozesses	83
$B = (b_{ij})$	Generator des Markov-Prozesses	83
$\pi_j(t)$	Zustandswahrscheinlichkeit zum Zeitpunkt t	15, 83
$\pi(t)$	Verteilung der Zustände zum Zeitpunkt t	16, 83
π_j	stationäre Wahrscheinlichkeit eines Zustands einer Markov-Kette / eines Markov-Prozesses	35, 88
π	stationäre Verteilung einer Markov-Kette / eines Markov-Prozesses	35, 88
$i \to j$	Zustand j ist von Zustand i aus erreichbar	24
$i \leftrightarrow j$	Zustände i und j sind verbunden	24
I	Zustandsraum eines stochastischen Prozesses	4
I_{R_ν}	rekurrente Klasse einer Markov-Kette	30
I_T	Menge der transienten Zustände einer Markov-Kette	30
f_{ij}	Wahrscheinlichkeit eines Übergangs von i nach j in endlicher Zeit	26

Literatur

[1] Allen, A. O. (1990): Probability, Statistics and Queueing Theory (2nd ed); Academic Press, San Diego.

[2] Bäuerle, N. / Rieder, U. (2011): Markov Decision Processes with Applications to Finance; Springer, Berlin, Heidelberg, New York.

[3] Bamberg, G. / Baur, F. (2002): Statistik (12. Aufl.); R. Oldenbourg, München.

[4] Barz, C. (2007): Risk-Averse Capacity Control in Revenue Management; Springer, Berlin, Heidelberg, New York.

[5] Berger, M.A. (1993): An Introduction to Probability and Stochastic Processes; Springer, New York.

[6] Brémaud, P. (1999): Markov Chains, Gibbs Fields, Monte Carlo Simulation, and Queues; Springer, New York.

[7] Büning, H. / Naeve, P. / Trenkler, G. / Waldmann, K.-H. (2000): Mathematik für Ökonomen im Hauptstudium; R. Oldenbourg, München.

[8] Hinderer, K. / Waldmann K.-H. (2005): Algorithms for countable state Markov decision models with an absorbing set; SIAM J. Control Optim. 43, 2109-2131.

[9] Lange, V. / Waldmann, K.-H. (2012): Allocation of surgery capacity to multiple types of patients; zur Veröffentlichung eingereicht.

[10] Nelson, R. (1995): Probability, Stochstic Processes and Queueing Theory; Springer, New York.

[11] Nickel, S. / Stein, O. / Waldmann, K.-H. (2011): Operations Research; Springer, Berlin, Heidelberg, New York.

[12] Norris, J. R. (1997): Markov Chains; Cambridge University Press, Cambridge.

[13] Puterman, M. L. (1994): Markov Decision Processes: Discrete Stochastic Dynamic Programming; J. Wiley, New York.

[14] Rieder, U. (1975): Bayesian Dynamic Programming; Adv. Appl. Prob. 7, 330-348.

[15] Ross, S. M. (1996): Stochastic Processes (2nd ed); J. Wiley, New York.

[16] Schäl, M. (1990): Markoffsche Entscheidungsprozesse; B.G. Teubner, Stuttgart.

[17] Sennott, L. I. (1999): Stochastic Dynamic Programming and the Control of Queuing Systems; J. Wiley, New York.

[18] Serfozo, R. (1999): Intoduction to Stochastic Networks; Springer, New York.

[19] Sundt, B. (1993): An Introduction to Non-Life Insurance Mathematics (3rd ed); VVW Karlsruhe.

[20] Taylor, H. M. / Karlin, S. (1994): An Introduction to Stochastic Modeling (Revised Edition); Academic Press, San Diego.

[21] Tijms, H. C. (1994): Stochastic
Models - An Algorithmic Approach; J.
Wiley, New York.

[22] Zipkin, P. H. (2000): Foundations
of Inventory Management;
McGraw-Hill, Boston.

Index